Babak Kaweh

Das
Coaching-Handbuch
für Ausbildung und Praxis

VAK Verlags GmbH
Kirchzarten bei Freiburg

Bibliografische Information der Deutschen Bibliothek
Die Deutsche Bibliothek verzeichnet diese Publikation in der
Deutschen Nationalbibliografie; detaillierte bibliografische Daten
sind im Internet über http://dnb.ddb.de abrufbar.

VAK Verlags GmbH
Eschbachstraße 5
79199 Kirchzarten
Deutschland
www.vakverlag.de

© VAK Verlags GmbH, Kirchzarten bei Freiburg 2005
Grafiken: Babak Kaweh
Lektorat: Norbert Gehlen
Umschlag & Layout: Karl-Heinz Mundinger, VAK
Satz: Goar Engeländer, Bad Lippspringe
Druck: GEMI s.r.o., Prag
Printed in Czechia
ISBN-13: 978-3-935767-62-0
ISBN-10: 3-935767-62-5

Inhaltsübersicht

Detailliertes Inhaltsverzeichnis

Teil III: Checklisten, Akronyme und Fragen

HINWEISE DES VERLAGS

Dieses Buch informiert über Struktur, Methoden und Modelle des Coaching. Die vorgestellten Konzepte werden nach bestem Wissen so wiedergegeben, wie von ihren Urhebern beschrieben. Die dargestellten Verfahrensweisen haben sich als sicher und effektiv bewährt. Wer sie anwendet, tut dies in eigener Verantwortung.

Etwaige Aussagen zu therapeutischen Themen sind nicht als Grundlage für Selbstbehandlung gedacht. Autor und Verlag beabsichtigen nicht, individuelle Diagnosen zu stellen oder Therapieempfehlungen zu geben. Hier beschriebene Verfahren sind nicht als Ersatz für professionelle therapeutische Behandlung bei entsprechenden Problemen zu verstehen.

Die Arbeitsblätter und Checklisten in Teil III dürfen für den privaten Gebrauch kopiert werden.

ICH WIDME DIESES BUCH ...

Monawar, Elli, Hilda, Silvia, Mahasti, Simin und Leyla Kaweh.

Als Großmutter, Mutter, Schwester, Ehefrau und Töchter haben diese Frauen mir
sehr früh und eindrucksvoll das Thema Coaching nahe gebracht!

DANKSAGUNG

Folgenden Kolleginnen und Kollegen, Autorinnen und Autoren möchte ich an
dieser Stelle für ihr Feedback und ihre wertvollen Tipps danken:

Prof. Dr. Karl Garnitschnig
Klaus Grochowiak
Annegret Hallanzy
Inke Jochims
Dr. Manuela Mätzener
Fritz Maywald
Martina Schmidt-Tanger
Thies Stahl

Ich danke auch all meinen Klienten, Kollegen, direkten und indirekten Lehrern,
die mir meine Erkenntnisse und Erfahrungen ermöglicht haben.

Ganz besonderer Dank gebührt meinem Kollegen und Agenten,
Herrn Dr. Christian Dräxler, ferner Frau Monika Ecker
und Frau Mag. Birgit Glantschnig sowie Norbert Gehlen,
dem Lektor des Verlags VAK, und allen Mitarbeitern des Verlags,
ohne die dieses Buch nicht zustande gekommen wäre.

B. K.

Vorwort

Dieses Buch bietet eine umfassende Darstellung der vielfältigen Aspekte des Coaching. Dazu gehört die Würdigung bereits vorhandener Methoden und Ansätze genauso wie die Weiterentwicklung zu einem zeitgemäßen Coaching-Modell. So kann das Buch den an einer Coaching-Ausbildung Teilnehmenden als Lehr- oder Übungsbuch und erfahrenen Coachs als Nachschlagewerk und Denkanstoß dienen. Darüber hinaus stellt es auch Führungskräften wichtige Informationen zum Thema Coaching zur Verfügung. Es will ein Überblick schaffendes Grundlagenwerk zu diesem Thema sein.

Dieses Buch kann nicht den Anspruch erfüllen, sämtliche gegenwärtig relevanten Coaching-Konzepte vollständig und erschöpfend zu untersuchen. Es soll vielmehr zum Reflektieren anregen und den Hintergrund beschreiben für das, was in einer fundierten Ausbildung vertieft wird.

Dieses Buch wurde aus der Praxis für die Praxis geschrieben. Es ist vor allem aus der Erfahrung meiner rund zwanzigjährigen Praxis als Coach und Trainer entstanden – und es wurde vor allem für die Menschen geschrieben, die dieses Wissen und die daraus entstandene Methodik in ihrer Arbeit praktisch umsetzen wollen. Es wurde aber auch für alle jene geschrieben, die gerade eine Ausbildung zum Coach beginnen. Der Textteil wurde bewusst knapp gehalten, so dass das Lesen nicht mehr Zeit erfordert als unbedingt erforderlich.

An einigen Stellen dieses Buches habe ich englischsprachige Bezeichnungen verwendet und manchmal versucht, englische Begriffe oder Akronyme einzudeutschen. Das Wort Coaching selbst ist auch englisch und in vielen Fällen gibt es keine treffenden deutschen Äquivalente.

Ich ersuche alle Leserinnen, die vielen „männlichen" Begriffe zu entschuldigen. Eine geschlechtsneutrale Formulierung aller verwendeten Begriffe erscheint mir unmöglich und die ständige Doppelformulierung hätte die Lesbarkeit erschwert. Natürlich spreche ich mit jedem „männlichen" Begriff auch alle Kolleginnen und Leserinnen an!

Der Begriff Coaching wird in der Fachliteratur vielfältig und manchmal widersprüchlich definiert; ebenso unterschiedlich ist die Abgrenzung – und die Definition der Gemeinsamkeiten – zwischen Coaching, Moderation, Mediation, Supervision und Training.

Jedem Leser dieses Buches steht es selbstverständlich frei, welchen der beschriebenen Coaching-Ansätze er verwendet. Ich habe bewusst eine Vielfalt von Optionen angeboten, die Auswahl und die Art der Anwendung liegt beim Coach selbst.

Aufbau des Buches

Der Aufbau dieses Buches führt vom Globalen zum Detail und folgt damit dem empfohlenen Coaching-Ablauf – zuerst verschafft sich der Coach einen Überblick und erst dann geht er ins Detail.

Teil I gibt Ihnen eine Definition des Begriffs Coaching und die Abgrenzung zu Supervision und Mediation sowie einen Überblick über den Ablauf des Coaching-Prozesses und seine wesentlichen Elemente – sowohl für Einzel-Coaching wie auch für Team- oder Gruppen-Coaching.

Bitte beachten Sie: Die Verweise auf andere Textstellen von Teil I werden im Text erwähnt, Verweise auf die in Teil II im Detail beschriebenen Modelle und Methoden sind in dieser Form hervorgehoben: **➜ Beispiel**

In gleicher Art finden Sie hier die Querverweise auf die Checklisten und Fragen in Teil III.

Teil II geht ins Detail – hier finden Sie viele der im ersten Teil erwähnten Modelle und Methoden ausführlich beschrieben. Dieser Teil wird Ihnen unabhängig von den anderen Teilen des Buches auch als Nachschlagewerk dienen.

Teil III stellt nützliche Instrumente und Hilfsmittel zur Verfügung. Das sind einerseits Checklisten, die Sie bei Ihrer Arbeit als Coach frei verwenden dürfen. Andererseits finden Sie hier ein Verzeichnis aller in Teil I erwähnten Akronyme und ein Fragenregister.

Teil IV schließt das Buch mit den Anmerkungen (Endnoten), dem Literaturverzeichnis, dem Adressen-, dem Stichwort- und dem Namensverzeichnis ab.

Ich freue mich über Feedback und Ergänzungsvorschläge an die E-Mail-Adresse b.kaweh@coachingakademie.com oder an den Verlag.

Babak Kaweh

Teil I

Die Struktur des Coaching

1 Coaching – was ist das?

Coaching ist – einfach gesagt – anlassbezogenes Lernen. Der „Anlass" des Klienten ist sein Anliegen, sein „Problem", an dem er unter Mithilfe des Coachs arbeiten möchte.

Abgrenzung

Die Abgrenzung zu Begriffen wie Training, Supervision, Mediation und Moderation ist eine Herausforderung. Diese Begriffe überschneiden sich in hohem Maße; dies wird von den dahinterstehenden Schulen und Ausbildungseinrichtungen sorgsam und misstrauisch beobachtet. Die hier in aller Kürze versuchte Abgrenzung erhebt daher keinen Anspruch auf vollständige Berücksichtigung aller Aspekte:

TRAINING

Training ist *themenbezogenes* Lernen. Das heißt, dass es hier keine „Klienten" gibt, sondern Teilnehmer am Training, Lernende. Ebenso gibt es ein vorgegebenes Thema. Der Lernende kommt zum Training, weil ihn das Thema interessiert, das ein Trainer anbietet. Er bringt also Lernbereitschaft mit, aber nicht notwendigerweise ein Anliegen oder Problem.

Das ist die Ausgangssituation, wie sie sein sollte. Ein weiterer Unterschied zwischen Coaching und Training ist der, dass es beim Training in aller Regel kein Vorgespräch gibt, bei dem sich die beiden Parteien kennen lernen können. Ein Trainer hat wenig Möglichkeiten, einen Teilnehmer vorweg abzulehnen. Selbst während des Trainings kann er das nur dann, wenn extrem wichtige Gründe auftreten. Der Trainer muss also unter Umständen auch mit Teilnehmern arbeiten, die das Thema eigentlich gar nicht interessiert. Eine weitere Gruppe von Teilnehmern sind jene, die sich als zu stark „belastet" erweisen, um das Training sinnvoll absolvieren zu können.

Ziel eines Trainings wird in allen Fällen sein, dass die Teilnehmer mit mehr Wissen als vorher nach Hause gehen. Das muss aber nicht unbedingt mit persönlicher Weiterentwicklung zu tun haben.

Training überschneidet sich mit Coaching, wenn im Laufe einer Veranstaltung entweder bei einzelnen Teilnehmern oder bei einer ganzen Gruppe ein persönliches Anliegen auftritt. Dann wird der Trainer im ersten Fall zum Einzel-Coach.

Es liegt in seinem Geschick, ob er fähig ist, dieses Coaching – für die anderen Teilnehmer unauffällig – in den weiteren Ablauf des Trainings einzubauen. Wenn eine ganze Gruppe oder sogar alle Teilnehmer dasselbe Anliegen haben, das über den Gegenstand des Trainings hinausgeht, wird der Trainer vor der Wahl stehen, dieses Anliegen in das Training einzubeziehen. Er wird den Ablauf ändern oder sogar getrenntes Team-Coaching anbieten. In allen Fällen wird damit der Trainer auch zum Coach. Es ist nicht gerade verwunderlich, dass viele Coachs auch als Trainer arbeiten und umgekehrt.

> **Training ist themenbezogenes Lernen** – die Teilnehmer eines Trainings haben eines gemeinsam: das Interesse an dem Thema, über das sie mehr wissen wollen. Grundvoraussetzung ist die Lernbereitschaft. Ein eigentliches Anliegen oder Problem muss es nicht geben.

SUPERVISION

Supervision ist Anleitung zum selbständigen Lernen und meist Begleitung im Berufskontext. Supervision hat sich historisch aus der Anleitung und Begleitung von Mitarbeitern im Bereich der Sozialarbeit und der Psychotherapie entwickelt. Das betrifft die Einführung in diese Berufe ebenso wie auch die Betreuung *während* der beruflichen Tätigkeit. Heute finden sich Supervisionen auch in Bereichen wie Gesundheitswesen, Pädagogik, in Verwaltungssystemen und zunehmend auch in der Wirtschaft.

> **Supervision ist Anleitung zum selbständigen Lernen** und stammt aus dem Bereich sozialer Berufe, wird heute aber vermehrt auch für andere Berufsgruppen angewandt. Supervision dient zur Einführung in den Beruf und zur Begleitung während der Berufstätigkeit. Ein Supervisor leitet zur Reflexion der berufsbezogenen Handlungen an.

→ Wie definieren andere Supervision?

MEDIATION

Mediation setzt einen Konflikt voraus und wird Gerichts- und Behördenverfahren (zum Beispiel Zivilrechtsverfahren) entweder vorgelagert oder zur Seite gestellt. Der Unterschied zum Einzel-Coaching ist also, dass es mehrere Klienten gibt und das Anliegen immer ein Konflikt zwischen diesen Klienten ist. Freiwilligkeit ist auch bei der Mediation ein Kriterium.

Mediation wird zur Konfliktklärung eingesetzt. Anliegen ist in jedem Fall ein Konflikt zwischen mehreren Konfliktpartnern, die sich an einen neutralen Dritten wenden. Der Mediator führt die Konfliktparteien zu einer einvernehmlichen Lösung, indem er die Verhandlungen unterstützt und für eine „Win-win-Situation" sorgt.

→ **Wie definieren andere Mediation?**

MODERATION

Begleitung einer Gruppe. Moderation ist die Begleitung eines Teams oder einer anderen Gruppe in einem definierten Kontext. Der Moderator ist der Organisator, der die Moderationssitzung vorbereitet, für das notwendige Moderationsmaterial sorgt und die Gruppe schließlich begleitet. Der Moderator trägt die Verantwortung für das äußere Gelingen der Moderationssitzung.

Der Moderator wird immer Coach sein müssen, wenn es sich um die Moderation eines Teams oder einer Gruppe handelt. Hier ist nach meiner Ansicht der einzige Unterschied zum Coaching der, dass es keinen klaren Klientenauftrag bezüglich eines Problems gibt. Der Auftrag des Moderators beinhaltet üblicherweise, eine Besprechung, eine Teamsitzung, ein Entscheidungsgremium, ein Projekt im Hinblick auf ein definiertes Thema zu leiten.

Im Kapitel über Team-Coaching wird das Thema Moderation in diesem Buch noch ausführlich behandelt.

Coaching-Fähigkeiten sind hier gefragt, denn im üblichen Fall heißt es, dass es sehr wohl ein Problem gibt, allerdings oft ein nicht ausgesprochenes. Das eigentliche Anliegen wird es sein, dass der Auftraggeber es dem Team, der Gruppe, dem Gremium und dessen Leiter nicht zutraut, das Problem alleine zu lösen. Diese größte Schnittstelle zwischen Moderation und Coaching wird in der Grafik auf Seite 17 durch die große Überlappung deutlich.

Moderation ist die Begleitung einer Gruppe oder eines Teams in einem definierten Kontext. Das kann ein Projekt, eine Besprechung, eine Entscheidungssitzung sein. Der Moderator sollte über Coaching-Fähigkeiten verfügen. Moderation ist daher weitgehend mit Team- und Gruppen-Coaching gleichzusetzen.

Definition

Coaching ist anlassbezogenes Lernen – diese am Beginn des Kapitels gegebene Definition erscheint mir doch etwas zu knapp.

Der Begriff Coaching stammt aus dem englischsprachigen Raum, hier vor allem aus dem sportlichen Kontext: beratende Betreuung von Sportlern während Wettkampf und Training. Vom Coach kommen nicht nur taktische Anweisungen, sondern auch Unterstützung des Sportlers beim Umgang mit Erfolg und Misserfolg.

In den achtziger Jahren tauchte der Begriff Coaching in der Managementliteratur im Zusammenhang mit Personalentwicklung und Leistungsverbesserung auf. Heute sind Coaching-Klienten Menschen aus unterschiedlichen Berufsgruppen und Hierarchieebenen. Im weiteren Verlauf des Buches beziehe ich mich auf das, was im deutschsprachigen Raum unter Coaching in diesem Sinne verstanden wird.

Ich überlasse es jedem Coach, die für ihn passende Formulierung auszuwählen. Genauso bleibt ihm die Verantwortung zur Einhaltung der gesetzlichen bzw. gewerberechtlichen Vorschriften.

Coaching beruht auf Freiwilligkeit. Der Klient wählt freiwillig einen Coach aus, mit dem er an seinem Anliegen oder Problem arbeiten will.

Coaching braucht einen Anlass. Coaching ist anlassbezogenes Lernen, das heißt, es muss ein Anlass vorliegen, der vom Klienten wichtig genommen wird. Dieser Anlass kann ein Problem oder ein anderes Anliegen im privaten oder beruflichen Bereich sein.

Coaching verlangt Engagement vom Klienten, das bedeutet die Bereitschaft mitzuarbeiten und selbst Entscheidungen zu treffen.

Coaching verlangt Lernbereitschaft vom Klienten, das heißt die Bereitschaft, neue Erkenntnisse zuzulassen und Veränderungen zu ermöglichen.

Coaching ist ziel- und zukunftsorientiert und baut auf der gegenwärtigen Situation des Klienten auf, sollte aber ebenso systemische Ansätze berücksichtigen.

Coaching ist zeitlich begrenzt, das heißt der Coach selbst gibt einen maximalen Zeitraum und den Arbeitsumfang vor und achtet auf dessen Einhaltung.

Der Coach ist Begleiter des Klienten, auf einem Weg, der diesen schließlich zur Klärung seines Anliegens führt. Dieses Ergebnis darf nicht vom Coach kommen, er ist weder Lehrer noch Berater.

Aus dieser Vielfältigkeit von Coaching und aus den Überschneidungen mit Moderation, Training, Mediation und Supervision ergibt sich die Notwendigkeit einer möglichst umfassenden Darstellung des Themas.

Coaching ist anlassbezogenes Lernen. Der Coach begleitet den Klienten bei der Realisierung eines Anliegens oder bei der Lösung eines Problems. Klient und Coach wählen sich wechselseitig und im Idealfall auf der Basis von Freiwilligkeit aus. Coaching gelingt – genau wie Psychotherapie – nur dann, wenn der Coach fähig ist, eine angemessene Beziehung zum Klienten aufzubauen. Beide müssen wirtschaftlich voneinander so unabhängig sein, dass die Beziehung im Notfall von beiden Seiten beendet werden kann. Dabei hat der Coach immer die größere Verantwortung als der Klient. Deshalb kann der Coach einen Klienten auch zurückweisen. Coaching verlangt vom Klienten Engagement und die Bereitschaft mitzuarbeiten. Der Coach begleitet den Lösungsprozess zeitlich begrenzt und bietet keine Ergebnisse an, sondern ermöglicht es dem Klienten, eigene Lösungen zu finden.

→ Wie definieren andere Coaching?

Der Begriff Coaching ist nun definiert – im nächsten Abschnitt geht es um die wichtigste Person beim Coaching, um den Klienten.

2 Für wen?

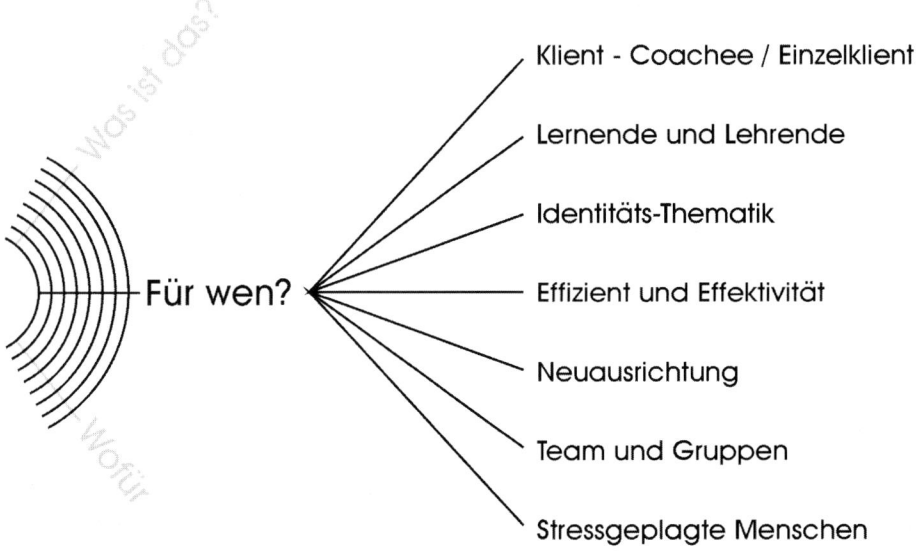

Für wen?

Klient - Coachee / Einzelklient

Lernende und Lehrende

Identitäts-Thematik

Effizient und Effektivität

Neuausrichtung

Team und Gruppen

Stressgeplagte Menschen

Die verschiedenen Arten von Klienten: C.L.I.E.N.T.S.

Einzelklienten (Coachees)

Nicht jeder Mensch, der sich an einen Coach wendet, ist auch ein Klient. Ohne Klient kein Coaching – das klingt banal, ist aber eine der wichtigsten Grundregeln, die jeder Coach befolgen sollte: Wenn jemand zu ihm kommt, sollte er sorgfältig überprüfen, ob gewisse „Mindestvoraussetzungen" erfüllt sind.

Ein Klient bringt im Idealfall Folgendes mit:

● **Der Klient kommt freiwillig und aus eigenem Antrieb** zum Coach. Das heißt, dass ein Coach keine Klienten „anwerben" oder „überreden" darf. Der Coach muss auch überprüfen, ob der Klient von jemandem „geschickt" wurde – zum Beispiel von seinem Chef oder seinem Partner/seiner Partnerin. Diese Frei- willigkeit ist besonders bei Team- und Gruppen-Coaching nicht vollständig gegeben. Nicht alle Mitglieder eines Teams werden das Coaching freiwillig akzeptieren – hier hat der Coach Überzeugungsarbeit zu leisten.

- **Der Klient hat ein Anliegen** oder ein Problem, an dem er – unter Mithilfe des Coachs – arbeiten möchte. Es ist in vielen Fällen für den Coach recht schwierig, vom Klienten eine gültige Definition des Anliegens zu bekommen – hier beginnt bereits die Coaching-Arbeit!

- **Der Klient bringt die Bereitschaft zur aktiven Mitarbeit mit.** Wenn der Klient davon ausgeht, dass der Coach *für ihn arbeiten* müsse (– er bezahle ja schließlich für das Coaching), ist der Coaching-Erfolg in Frage gestellt.

- **Der Klient akzeptiert, dass das Coaching zeitlich begrenzt ist**. Coaching ist keine Langzeitbegleitung und vor allem keine Therapie. Wird der Coaching-Erfolg nicht in einer begrenzten Anzahl von Coaching-Sitzungen erreicht, so wird ein verantwortungsvoller Coach meist abbrechen.

Offensive und Defensive. „Echte" Klienten können offensiv oder defensiv sein:

Der offensive Klient wird es dem Coach einerseits leicht machen, weil er von sich aus über seine Geschichte, sein Anliegen, seine Ziele spricht. Er wird aber schwer auf die vom Coach vorgegebene Struktur einzustimmen sein.

Der defensive Klient braucht einen Coach, der ihn aus der Reserve lockt, bei dem er seine Defensive, seine geschützte Position aufgibt und seine Probleme und Wünsche offen legt. → **Checkliste: Kriterien für echte Klienten**

Nicht immer sind die Menschen, die einen Coach aufsuchen, echte Klienten. In solchen Fällen liegt es beim Coach zu entscheiden, ob er den Auftrag annimmt bzw. weiterführt. Etwas muss ihm in einem solchen Fall bewusst sein: Seine Arbeit wird dadurch schwieriger, besonders was das zu erreichende Ergebnis betrifft.

Es wird für einen erfahrenen Coach vielleicht möglich sein, manche solcher „Nicht-Klienten" in echte Klienten zu verwandeln. Er kann etwa den ständig Klagenden dazu bringen, an *einem* konkreten Anliegen zu arbeiten, oder den distanzierten Besucher so für Coaching interessieren, dass er einen konkreten Coaching-Anlass auch für sich sieht, oder den frustrierten Resignierenden aus seiner Isolation herausholen. Wichtig dabei: Die Freiwilligkeit des Klienten darf nicht manipuliert werden! → **Die 7 „Nicht-Klienten"**

Ein echter Klient kommt freiwillig zum Coach, hat ein klar definiertes Anliegen und ist bereit, aktiv mitzuarbeiten. Erfüllt der Klient die geforderten Mindestkriterien nicht, so bleibt es dem Coach überlassen, ihn abzulehnen oder anzunehmen. Die Wahrscheinlichkeit des Erfolgs der Coaching-Arbeit wird dabei das Kriterium sein.

23

Die „echten" Klienten lassen sich in unterschiedliche Gruppen aufteilen:

LERNENDE UND LEHRENDE

Lernende jeden Alters können Coaching in Anspruch nehmen. Das beginnt im Vorschulalter und hat nach oben keine Altersbegrenzung.

Der Anspruch an den Coach wird die Unterstützung beim Erarbeiten neuer Kenntnisse und Fähigkeiten sein – bei Erwachsenen auch die Unterstützung bei Veränderungsprozessen im Zusammenhang mit dem Wechsel des Berufes oder des Arbeitsplatzes.

Vermutlich wird es auch um mangelndes Selbstvertrauen, um Zweifel an den eigenen Fähigkeiten gehen, um Überforderung oder um Angst vor Veränderungen.

Das Anliegen des Klienten wird es in diesem Fall meist sein, sein Lernziel rasch und erfolgreich zu erreichen. Der Coach kann ihn nicht nur bei der Zieldefinition unterstützen, sondern auch das Selbstvertrauen des Klienten dadurch stärken, dass er ihm leichter erreichbare Teilziele aufzeigt. Auch frühere positive Lernerfahrungen und unterstützende Ressourcen des Klienten können vom Coach deutlich gemacht werden. **➞ Checkliste: Lernziel des Klienten**

Lehrende, das sind nicht nur Lehrer, die mit Jugendlichen und Erwachsenen arbeiten, sondern auch Trainer, egal ob sie selbständig arbeiten oder diese Funktion innerhalb eines Unternehmens ausüben.

Auch hier wird es oft um Selbstzweifel oder Überforderung gehen – oder um die Frage des Berufswechsels.

MENSCHEN AUF DER SUCHE NACH DER EIGENEN IDENTITÄT

In der Regel ist Identitätsarbeit kein Coaching, sondern Psychotherapie, manchmal Langzeit- und manchmal Kurzzeittherapie. Identitätsarbeit sprengt im Allgemeinen einen Coaching-Vertrag. Der Coach muss sich selbst prüfen, ob er entsprechende Ausbildungen hat, um einen solchen Prozess begleiten zu können. Die Devise sollte sein, dass der Coach nur solche Klienten annehmen darf, bei denen er meint, sinnvoll helfen zu können. Er muss sich immer wieder sorgfältig prüfen, ob er nützlich ist, und muss im Zweifelsfall das Coaching beenden.

In vielen Fällen wird ein Coach mit Menschen auf der Suche nach ihrer Identität konfrontiert sein. Solche Klienten haben oft schon einen beachtlichen Entwicklungsprozess hinter sich, der von der materiellen Ebene über die Sinnebene bis zu der Frage geführt hat: Wer bin ich? Oder: Wer will ich sein?

Da abgesehen von der Erziehung oft auch das private oder berufliche Umfeld den Menschen Identitäten aufzuzwingen versuchen, kommt es auf der Suche nach der eigenen Identität zu Identitätskrisen. Es kommt zu Phasen des Zweifelns, ob das, was man sein *soll*, auch das ist, was man sein *möchte*.

Ein Coach kann in diesen Fällen beim Prozess der Identitätsfindung unterstützen. Die Suche nach der eigenen Identität kann aber auch mit einem Selbst-Coaching-Prozess eingeleitet werden. → **Checkliste: Selbst-Coaching**

MENSCHEN UNTER LEISTUNGSDRUCK

Besonders im unternehmerischen Umfeld wird es der Coach mit Menschen unter Leistungsdruck zu tun bekommen. Dieser Leistungsdruck kann ein selbst auferlegter Zwang zur Perfektion sein. In vielen Fällen wird dieser Zwang zur Leistung fremdbestimmt sein – bei Kindern und Jugendlichen durch Eltern und Lehrer, später durch den Arbeitgeber.

Von der elterlichen Seite können nach dem Antreiber-Konzept von T. Kahlen (1974) aus der Transaktionsanalyse fünf Forderungen wie diese zur Wirkung kommen:

● „Du bist nur o. k., wenn du perfekt bist."

● „Du bist nur o. k., wenn du dich beeilst."

● „Du bist nur o. k., wenn du dich anstrengst."

● „Du bist nur o. k., wenn du gefällig bist."

● „Du bist nur o. k., wenn du stark bist."

Ein Coach kann in diesem Fall dem Klienten helfen, sinn-lose von sinn-vollen Anforderungen zu unterscheiden und aus eigenem Antrieb und Willen Ziele zu definieren. Die Lust an der Zielerreichung wird in den meisten Fällen die Effizienz erhöhen und trotzdem den Leistungsdruck nehmen.

MENSCHEN IN VERÄNDERUNGSPROZESSEN

Leben ist Veränderung – allerdings sind die Veränderungszyklen besonders im Berufsleben in den letzten Jahrzehnten deutlich kürzer geworden. In der ersten Hälfte des 20. Jahrhunderts gab es noch viele Familienbetriebe, die von Generation zu Generation nahezu unverändert weitergegeben wurden. Das ist heute sogar bei den traditionellsten Handwerksbetrieben oder Grundstoffherstellern nahezu unmöglich. Ein Unternehmen, das sich nicht verändert, wird von der Konkurrenz oder der technischen Entwicklung überrannt.

Veränderungen erzeugen bei Menschen immer Angst, besonders dann, wenn der Weg in die Veränderung nicht aus freiem Willen beschritten wird. Der Coach kann dem Klienten helfen, aus eigenem Antrieb positive Ziele zu formulieren und an deren Erreichbarkeit zu glauben. → **Checkliste: Veränderung**

STRESSGEPLAGTE MENSCHEN

Auch Stress wird – wie Leistungsdruck – in vielen Fällen vom Klienten selbst verursacht. Der Coach kann hier eine sinnvolle und positive Zieldefinition unterstützen und den Klienten dabei unterstützen, sein Selbstvertrauen zu stärken. Empfehlenswert ist, sich in diesem Zusammenhang mit den Arten und der Physiologie von Stress zu beschäftigen. (Eine sehr gute Zusammenfassung enthält zum Beispiel das Buch von Charles T. Krebs: *Nährstoffe für ein leistungsfähiges Gehirn*, siehe Literaturverzeichnis.)

Glaubenssätze. Gerade Stress entsteht oft aus irrationalen Grundannahmen und Glaubenssätzen wie „Ich habe zu wenig Zeit" oder „Das schaffe ich sicher nicht".

Selbst auferlegter Stress. In vielen Fällen wird Stress vom Klienten „selbst gemacht" sein, vielleicht aus falsch verstandenem Leistungszwang oder aus Imagegründen. In diesen Fällen kann Stress im Verlauf des Coaching in Lust an Leistung verwandelt werden.

Umweltbedingter Stress. Umweltbedingte Stressfaktoren sind:

- aktive **Antreiber** aus der elterlichen Erziehung (siehe Transaktionsanalyse),
- chronische **körperliche Symptome** oder Gebrechen,
- Stress als **Kompensation im Alter**.
  Der alternde und somit natürlich langsamer werdende Mensch könnte als Kompensation der sich rasant entwickelnden Welt und der heute üblichen schnellen Abläufe unbewusst Stress erzeugen, um mitzukommen.

→ **Checkliste: Stress**

Teams und Gruppen

Der „Klient" kann auch eine Gruppe von Klienten sein – eine Familie, eine Arbeitsgemeinschaft, ein Projektteam, die Abteilung eines Unternehmens.

Grundsätzlich gelten hier dieselben Grundbedingungen wie bei Einzelklienten:

- Das Anliegen der Gruppe muss klar definiert sein und wichtig genommen werden,

- die Mitglieder der Gruppe müssen freiwillig mitmachen und bereit sein, Leistung einzubringen,
- das Coaching wird auch hier zeitlich begrenzt sein.

Einer der grundlegenden Vorteile des externen Coachs gegenüber dem Teamleiter ist, dass er als neutraler Externer gesehen wird, der Anregungen geben kann, ohne sofort negative Emotionen und Abwehrreaktionen zu verursachen.

Zieldefinition. Der Coach hat die Aufgabe, auf positive Zielformulierung zu achten. Er wird regelmäßig überprüfen, ob das Team auf dem Weg zur Zielerreichung ist, und wenn nötig Änderungen der Vorgehensweise anregen.

→ **Checkliste: Zieldefinition**

Kriterien zur Zielerreichung. Wichtig ist es auch, zu Beginn des Coaching-Prozesses Erfolgskriterien zu finden, an denen gemessen werden kann, ob das Ziel erreicht ist. Auch hier ist auf Zustimmung des Teams zu achten.

Entscheidungsgewalt. Der Coach muss sich bewusst sein, dass er keine Weisungs- oder Entscheidungsgewalt hat. Entscheidungen trifft der Teamleiter mit dem Team, nicht der Coach. Auch werden nicht alle Teammitglieder von Beginn an dem Coaching zustimmen, also freiwillig mitmachen. Hier ist zusätzliche Überzeugungsarbeit des Coachs angebracht.

→ **Checkliste: Teamziel**

Der Coach braucht **Flexibilität und Einfühlungsvermögen**, um mit den unterschiedlichen Arten von Klienten arbeiten zu können. Breite Kenntnis von Modellen und Methoden wird diese Arbeit erleichtern.

Im weiteren Verlauf gehen wir nun also einmal davon aus, dass ein Klient und ein Coach zueinander gefunden haben. Welche verschiedenen Möglichkeiten des Coaching für diesen Klienten es gibt, erfahren Sie im nächsten Abschnitt.

3 Wofür?

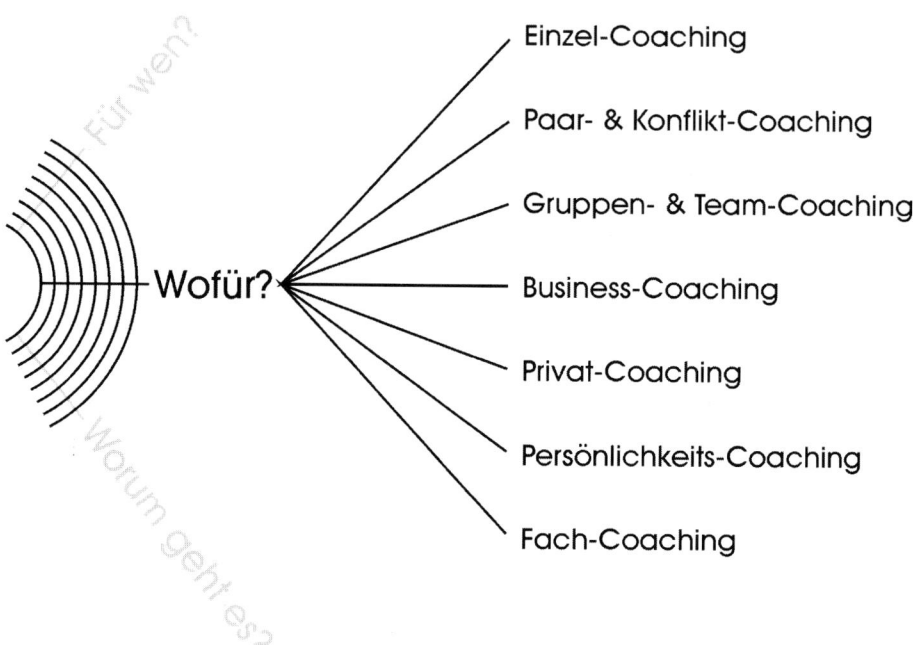

Anlässe und Themen, Ziele und Funktion des Coaching

Die 7 Arten des Coaching. Coaching kann nach unterschiedlichen Kriterien in 7 Arten eingeteilt werden:

Nach der Art der Klienten:

EINZEL-COACHING

... ist für Coaching-Klienten, die ein Einzelanliegen haben. Darunter fällt neben dem „klassischen" Sport-Coaching das Management-Coaching, das Mitarbeiter-Coaching und jede Art von Coaching mit Privatpersonen, die mit einem persönlichen Anliegen zum Coach kommen. Auch wenn ihr Anliegen im Zusammenhang mit ihrer Familie, ihrem Unternehmen und/oder ihrem Erfolg steht, kommen sie im Idealfall allein und aus eigenem Antrieb zum Coach. Selbst falls sie nicht aus eigenem Antrieb kommen, kann das Coaching glücken, wenn der Coach es schafft den Klienten zu überzeugen.

Freiwilligkeit. Bei einem Einzelklienten ist es für den Coach einfach, dessen Freiwilligkeit zu überprüfen und sein Anliegen exakt zu definieren. Auch auf das Umfeld des Klienten kann aus dessen Aussagen geschlossen werden.

(Details zum Einzel-Coaching siehe Kapitel 5 A, Seite 42 ff.)

PAAR-COACHING UND KONFLIKT-COACHING

In diesem Fall kommen ein Paar oder zwei (gegebenenfalls auch drei) Konfliktpartner zum Coach.

Voraussetzungen. Die Voraussetzungen jedes Einzelnen der Klienten sind vom Coach zu überprüfen: Freiwilligkeit, ein Anliegen und die Bereitschaft zur Mitarbeit. Vom Partner überredete und zum Coaching mitgenommene Personen müssen häufig erst motiviert oder, wenn dies nicht gelingt, nach Hause geschickt werden.

Anliegen und Ziel. Das Anliegen muss so definiert werden, dass jeder Einzelne der Klienten vorbehaltlos zustimmen kann. Das wird nicht immer einfach sein und stellt in vielen Fällen bereits einen Teil des Coaching-Prozesses dar. Auch wenn die Partner mit einem gemeinsamen Problem zum Coach kommen, ist dieses nochmals gemeinsam zu definieren und das Coaching-Ziel festzulegen.

Unparteiisch bleiben

Ein wesentlicher Anspruch an den Coach ist es, dass er nicht für einen der Klienten Partei ergreifen darf. Das gilt besonders für Konflikt-Coaching. Ist er – vielleicht aufgrund eigener Erlebnisse oder Probleme – nicht neutral, muss er den Coaching-Auftrag gegebenenfalls ablehnen oder an einen Kollegen weitergeben.

➜ Konfliktmodelle

GRUPPEN-COACHING

… umfasst sowohl Team-Coaching im Unternehmenskontext als auch das Coaching jeder Art von Gruppe. Das können Kleingruppen sein (also nach der Rangdynamik Gruppen von mehr als zwei Personen mit einem gemeinsamen Ziel) oder auch Großgruppen (nach der Rangdynamik Gruppen mit mehr als zwölf Mitgliedern). Wichtig ist das gemeinsame Anliegen. **➜ Rangdynamik**

Beispiele sind:

- Die Moderation von Teamsitzungen, besonders in Konfliktsituationen oder bei schwierigen Entscheidungen,
- die Begleitung eines Projektteams in komplexen und risikoreichen Projekten,
- die Begleitung eines Unternehmensbereiches in Veränderungsprozessen,

● die Unterstützung des Topmanagements eines Unternehmens zum Erreichen eines definierten Zieles.

Interventionen im Gruppen-Coaching können unterschiedlich ablaufen. Verschiedene Prozesse unterstützen diesen Ablauf.

→ **Da-Vinci-Prozess,** → **Dialog-Prozess,** → **Talking Stick**

Nach dem Kontext:

BUSINESS-COACHING

… umfasst jedes Coaching in *Unternehmen*, egal für welche Hierarchieebene und Gruppengröße. Business-Coaching kann Einzel-Coaching bei Problemen im Arbeitskontext sein oder Coaching zur Konfliktlösung oder Team-Coaching für Gruppen unterschiedlicher Größe.

PRIVAT-COACHING

… umfasst das private Lebensumfeld des Klienten, die Entwicklung seiner Persönlichkeit, seines Verhaltens, seiner Partnerschaft oder seiner Fähigkeiten.

Überschneidungen. Logischerweise wird es dabei Überschneidungen geben. Jeder Klient für Business-Coaching hat auch ein privates Umfeld – und bei Betrachtung des privaten Lebensumfeldes ist natürlich auch der Einfluss des Arbeitsumfeldes zu berücksichtigen. Der wesentliche Unterschied wird das Anliegen sein.

Im **Sport-Coaching** als Sonderform des Einzel-Coaching wird neben der Zielerreichung der Wert „Leistung" besonders im Vordergrund stehen.

Nach dem Ziel:

PERSÖNLICHKEITS-COACHING

… hat als Ziel die Entwicklung der Persönlichkeit. Dazu gehören etwa Gesundheits-Coaching und Fitness-Coaching, aber auch (im Unternehmensbereich) Performance-Coaching. Ziel wird meist die Steigerung der persönlichen Leistungsfähigkeit und der Lust an der Leistung sein.

Selbstbewusstsein und ein positives Selbstbild sind die Grundlage für unterschiedlichste Zielsetzungen.

FACH-COACHING

... hat zum Ziel die Fachkompetenz des Klienten und seine Kenntnisse in einem definierten Fachbereich oder Kontext zu steigern und/oder eine bestimmte Fähigkeit zu entwickeln, wie zum Beispiel die Fähigkeit Mitarbeiter zu führen.

Wir unterscheiden zwischen:
- Einzel-Coaching, Paar- oder Konflikt-Coaching, Team-Coaching (nach der Art der Klienten)
- Business-Coaching, Privat-Coaching (nach dem Kontext)
- Persönlichkeits-Coaching, Fach-Coaching (nach dem Ziel)
Überschneidungen sind zu beachten!

Welche Art des Coaching vom Klienten gewünscht wird, hängt wesentlich davon ab, welches Anliegen dieser hat und welche Ziele er erreichen will. Darum geht es im nächsten Abschnitt.

4 Worum geht es?

Am Beginn der Coaching-Arbeit stehen das Erfassen der Ausgangssituation und die Definition des Zieles. Eine schnelle Erstbetrachtung ermöglicht das von Robert Dilts[1] entwickelte **S.C.O.R.E.-Modell**. S.C.O.R.E. ist ein Akronym[2] für:

- *Symptom* – die Art, wie ein Problem erkennbar wird,
- *Cause* – die Ursachen für das Symptom,
- *Outcome* – Ziel, angestrebter Zustand,
- *Resources* – zur Verfügung stehende Ressourcen,
- *Effect* – Auswirkungen der Zielerreichung.

Das nachfolgende Modell P.O.R.T.A.L.E. geht deutlich darüber hinaus:

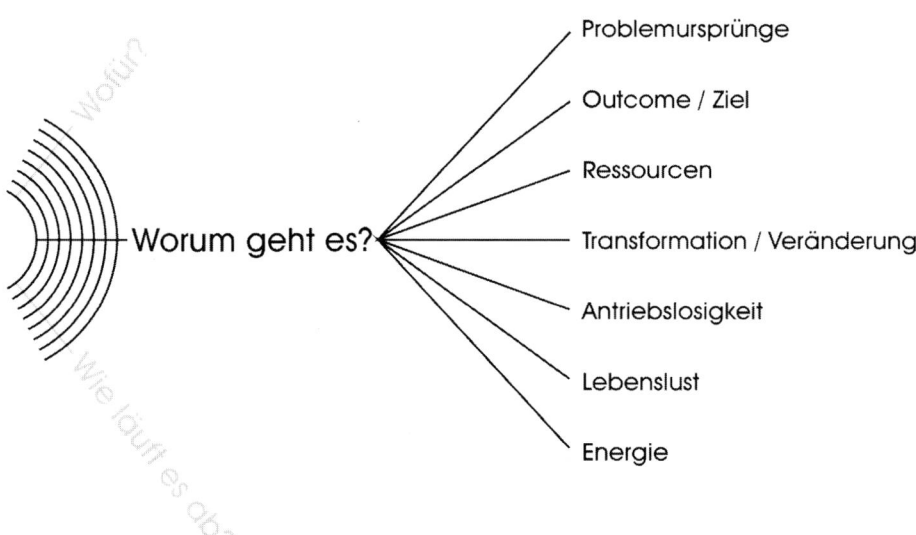

P.O.R.T.A.L.E. = die 7 Türen zur Welt des Coaching

Problem

Das Vorhandensein eines Problems oder Anliegens ist eine der Grundvoraussetzungen dafür, dass der Coach einen Klienten annimmt. Wir können 7 Problemursprünge unterschiedlicher Natur unterscheiden:

DIE PERSÖNLICHKEIT DES KLIENTEN

Persönlichkeitsentwicklung ist eines der häufigsten Anliegen, die ein Klient beim Coach vorbringt. Vielleicht nennt er sein Anliegen zunächst nicht so, aber sein Ziel kristalliert sich schnell heraus: die Entwicklung seiner Persönlichkeit. Wichtig ist dabei:

- die Steigerung des Wahrnehmungs- und Urteilsvermögens,
- die Steigerung der Fähigkeit zur Problemlösung und Zielerreichung,
- das Bewusstmachen und die Festigung der eigenen Wertehierarchie,
- das Finden einer persönlichen Mission.

→ **„Problemklienten" nach Irvin D. Yalom**

DAS SELBSTBILD DES KLIENTEN

Das Selbstbild des Klienten wird im Verlauf eines Coaching-Prozesses schärfer, konturierter und für ihn besser erkennbar werden. Andererseits geht es um die Betonung und Stärkung der positiven Aspekte – Stärken werden gestärkt statt Schwächen bestätigt.

Der Coach hilft dem Klienten, die positiven Seiten seines Selbst zu sehen und zu würdigen. Coaching hilft aber auch mit, angestrebte Fähigkeiten und Einstellungen zu entwickeln und zu festigen.

KONFLIKTE MIT ANDEREN PERSONEN / IM EINFLUSSBEREICH ANDERER PERSONEN

In vielen Fällen wird das Anliegen des Klienten mit einem Konflikt zu tun haben. Das kann ein Konflikt in der Familie oder im beruflichen Umfeld sein. In diesem Fall sind Personen beteiligt, die nicht anwesend sind – besondere Vorsicht des Coachs ist daher angebracht. Eigene Schwächen werden vom Klienten gerne auf andere Personen abgeschoben, der Klient stellt sich selbst als wehrloses Opfer dar. Wer sich als Opfer darstellt, fühlt sich im Innersten völlig hilflos. Die Opferrolle hat zum Ziel eine Beziehung herzustellen, die den anderen motivieren soll, sich entweder zu ändern oder „die" Lösung anzubieten. Das nennt man auch eine symbiotische Beziehung. Die beziehungsgestaltende Wirkung eines solchen Wunsches ist häufig ein Machtkampf um Kontrolle. Ein solches Projekt, der andere möge sich ändern, damit man sich selbst wieder gut fühlt, gelingt nicht.

Der Coach muss in allen Fällen den Klienten aus einer (möglichen) Opferrolle herausholen und ihm klar machen, dass die problemlösenden Aktivitäten allein von ihm ausgehen können. Dazu muss er ihm zeigen, *woher* das Gefühl der Hilflosigkeit kommt, in welchen Situationen es ursprünglich entstanden ist und inwiefern der Klient heute mehr Ressourcen hat, eine Situation ähnlichen oder gleichen Typs zu bewältigen.

KONFLIKTE IM ARBEITSUMFELD

Das Arbeitsumfeld wird bei allen Problemen eine mehr oder weniger starke Rolle spielen. Besonderes Gewicht werden Probleme des Arbeitsumfelds im *Management*-Coaching haben. Hier geht es um Erfolg, Karriere, mögliche Frustrationen. Auch bei Problemen im Arbeitsumfeld hat der Coach darauf zu achten, dass die Verantwortung für notwendige Aktivitäten zur Problemlösung nicht auf andere Menschen abgeschoben wird. Ganz besonders gilt dies bei klar hierarchischen Beziehungen. Der Chef, der selbst ein Problem hat, könnte die bestehende Hierarchie unbewusst nutzen, um Mitarbeiter in eine symbiotische Beziehung zu verstricken, wenn er sich davor fürchtet das Problem lösen zu müssen – sei es etwa aus eigener systemischer Verstrickung heraus. Da hier die Mitarbeiter häufig nicht nein sagen können, kommt es zu Lähmung und Entmutigung im Mitarbeiterstab, zu demotivierten Mitarbeitern. Im Management-Coaching ist es für den Coach sehr bedeutsam, dass er „Chefs in der Opferrolle" schnell erkennt und entsprechend taktvoll, aber wirkungsvoll mit dem Problem umgeht.

KONFLIKTE IM PRIVATEN UMFELD / BEZIEHUNGSPROBLEME

Auch das private Umfeld wird bei vielen Anliegen von Klienten eine mehr oder weniger große Rolle spielen. Selbst bei Management- und Karriere-Coaching ist eine klare Trennung zwischen Arbeitswelt und privatem Umfeld nicht immer denkbar.

Beziehungsprobleme im *Einzel-Coaching* mit *einem* der Partner zu lösen ist für den Coach eine besondere Herausforderung. Die Veränderung eines der Partner wird sicher Auswirkungen auf die Partnerschaft haben – im positiven oder negativen Sinn. Echtes Partnerschafts-Coaching ist jedoch nur möglich, wenn *beide* Partner als Klienten zum Coach kommen und ein gemeinsames Anliegen mitbringen. Hier befindet sich Coaching im Grenzbereich zur Mediation.

UMGANG MIT VERÄNDERUNGEN

Veränderungen erzeugen in der Regel Angst. In den meisten Fällen wird der Coach vom Klienten mit den befürchteten negativen Aspekten einer Veränderung konfrontiert – Angst um den Arbeitsplatz, vor der Notwendigkeit, neue Erfahrungen zu machen, vor der Notwendigkeit, das eigene Verhalten zu ändern. Für den Coach ist es wichtig zu berücksichtigen, dass nicht alle Ängste real sind.

In allen diesen Fällen geht es für den Coach darum, einerseits dem Klienten zu ermöglichen, die positiven Aspekte der Veränderung zu erkennen und zu würdigen. Anderseits kann er es durch Stärkung des Selbstbildes dem Klienten möglich machen, seine Fähigkeiten besser zu erkennen und einzusetzen.

MUSTER, PRÄGUNGEN UND GLAUBENSSÄTZE, DIE GEÄNDERT ODER AUFGEGEBEN WERDEN SOLLEN

Alte Verhaltensmuster, Prägungen aus Kindheit, Erziehung und Schule sind die größten Hemmnisse beim Erreichen von Zielen oder beim Zusammensein mit anderen. Ein Klient wird selten den Wunsch nach Änderung solch eines Musters, solch eines Glaubenssatzes als Anliegen vorbringen. Es liegt beim Coach, bei der Arbeit mit dem Anliegen des Klienten diese Hemmnisse deutlich zu machen.

Glaubenssätze. Wesentlich ist auch hier, neben den hemmenden die schützenden Aspekte solcher Glaubenssätze hervorzuheben. Denn Glaubenssätze – die ihren Ursprung ja in der Erziehung haben – werden Kindern kaum in böser Absicht, sondern immer als Schutz eingeprägt. Somit entwickelt sich der Großteil der Verhaltensmuster aus Schutzreaktionen. Der Coach muss mit dem Klienten für diesen Schutzaspekt eine gleichwertige oder höherwertige Alternative erarbeiten.

Der erste Schritt: das Anliegen formulieren

Beim Formulieren des Problems oder Anliegens durch den Klienten ist besonders zu beachten, dass …

- es sich um ein *persönliches* Anliegen handelt (Beispiel: „Ich weiß nicht, ob ich mich selbständig machen oder weiterhin fest angestellt bleiben soll.")
- es nicht um ein *allgemeines* Anliegen geht, das weit über die Person des Klienten hinausreicht (Beispiel: „Es soll keinen Krieg mehr auf der Welt geben.")
- das Anliegen den Klienten betrifft, also betroffen macht,
- er das Problem aus eigener Kraft und mit eigenen Mitteln lösen kann (also nicht etwa: „Ich möchte aus eigener Kraft fliegen können.")

● dem Klienten bewusst ist, dass die Lösung seines Anliegens eine deutliche positive Auswirkung hat, die auch für andere bemerkbar ist.

→ **Checkliste: Anliegen (Formulierung)**

Problem-Check. Eine besondere Form des Problem-Checks stellt das L.E.A.V.E.-Modell von Martina Schmidt-Tanger[3] dar. → **L.E.A.V.E.**

Outcome

Nach jedem Check folgt die Zieldefinition. Es ist ein wesentlicher Aspekt des Coaching und kann ein hartes Stück Arbeit werden, den Klienten dabei zu unterstützen, sein Ziel zu definieren.

ZIELDEFINITION

Der Coach unterstützt den Klienten bei der Zieldefinition und achtet auf richtige Zielformulierung. Falsch formulierte Ziele erschweren den Erfolg oder stellen ihn sogar in Frage. Viktor Frankl[4] schreibt: „Wo ein Ziel ist, dort ist auch ein Wille." Das unterstreicht die Wichtigkeit der richtigen Zieldefinition.

→ **Zieldefinition**

Der Coach achtet auch auf die Ausgewogenheit der Zielformulierung: Ist das Ziel zu hoch gesteckt, verliert der Klient leicht den Mut. Ist das Ziel zu leicht erreichbar, fehlt die nötige Herausforderung.

Beispiele für Ziel-Check-Modelle finden Sie in Teil II: Das R.E.A.C.H-Modell von Martina Schmidt-Tanger[5], das B.E.L.L.A.-Prinzip von Wolfgang Brylla[6] und das SMART PURE CLEAR-Modell von John Withmore[7].

→ **R.E.A.C.H., → B.E.L.L.A., → SMART PURE CLEAR**

Eine zusammenfassende Integration der wesentlichen Ziel-Check-Modelle stellt mein SMARTE-POWER-Modell dar. → **SMARTE-POWER-Modell**

Ressourcen

Die nachfolgend beschriebenen 7 Aspekte von Ressourcen lassen sich unterscheiden und mit dem Akronym **H.E.L.P.E.R.S.**[8] einprägsam zusammenfassen:

HELFENDER KONTEXT

Der Kontext des Klienten, das ist dessen materielles und immaterielles Umfeld, also der Ort, an dem er sich befindet, die Dinge und Menschen, die ihn umgeben, genauso wie die Informationen, die ihm zur Verfügung stehen. Dieser Kontext kann für den Klienten unterstützend wirken, aber auch behindernd.

Eine der wesentlichen Aufgaben des Coachs ist es, dem Klienten bewusst zu machen, was er alles an Ressourcen aus diesem Kontext zur Verfügung hat. Virginia Satir[9] nennt das „nährende Beziehungen". **➔ Checkliste: Helfender Kontext**

EFFEKTE

Die Auswirkungen des Einsatzes der Ressourcen des Klienten sind sorgfältig zu überprüfen, egal ob sie auf den ersten Blick positiv oder negativ erscheinen. Neben den Auswirkungen auf den Klienten selbst ist zu prüfen, welche Auswirkungen der Ressourceneinsatz auf das Umfeld des Klienten hat. Es ist also an dieser Stelle das erste Mal Zeit für einen Ökologie-Check.

➔ Checkliste: Ressourceneinsatz – Auswirkungen
➔ Checkliste: Ökologie-Check

LERNEN

Der Begriff „Lernen" ist oft aufgrund traumatischer Erlebnisse der Schulzeit negativ belegt. Ähnlich wie beim Veränderungs-Coaching nimmt der Coach auch hier die Angst vor neuen Wissensbereichen und zeigt dem Klienten auf, dass er über die Fähigkeiten verfügt, auch diesen Lernschritt zu meistern. Gut ist es, frühere positive Lernerfahrungen in Erinnerung zu rufen. Hier wäre ein neuer *Rahmen* für den Klienten sehr hilfreich.

➔ Checkliste: Lernaufgaben des Klienten

POSITIVES PACEN

Der Begriff *Pacen* entstammt dem NLP[10]. Das „Spiegeln" des Gegenübers stellt einen Aspekt des Pacens dar. Der Coach übernimmt vorübergehend Aussagen, Repräsentationssysteme oder die Körperhaltung des Klienten, um den Kontakt zu vertiefen. **➔ Pacing und Leading**

Ein Effekt des „Spiegelns" kann ebenfalls durch Klären folgender unterstützender Fragen erreicht werden:

● Gibt es anderswo im Bereich des Klienten schon Lösungen?

● Gibt es Beispiele, wo der Klient bei ähnlichen Problemen positive Erfahrungen gemacht hat?

● Können durch *Modeling*[11] fehlende Ressourcen ergänzt werden?

ERWARTUNGEN

Zu hoch gesteckte Erwartungen versetzen den Klienten in Leistungsdruck – zu niedrig angesetzte Erwartungen zeigen dem Coach mangelndes Selbstbewusstsein des Klienten. Besonders Erwartungen anderer setzen Menschen oft unter Druck. Aufgabe des Coachs ist es, den Klienten dazu anzuregen, in ihn gesetzte Erwartungen sorgfältig zu überprüfen.   **➜ Checkliste: Erwartungen des Klienten**

RESSOURCEN (ANDERE)

Es gibt auch Ressourcen, die nicht aus dem Kontext des Klienten stammen. Das können materielle Ressourcen sein (Geld) oder immaterielle, wie etwa Wissen und Fähigkeiten, die der Klient erworben hat oder erwerben kann. Gerade in Veränderungsprozessen werden diese Ressourcen großen Einfluss haben, da der Klient möglicherweise auf sie mehr Einflussmöglichkeiten hat als auf seinen Kontext.   **➜ Checkliste: Ressourcen (andere)**

SYNERGIEN

Synergien zwischen den verfügbaren Ressourcen verstärken die positive Auswirkung der Ressourcen des Klienten. Dazu gehören auch unterstützende Beziehungsnetzwerke.   **➜ Checkliste: Synergien**

Transformation

Auch beim Thema Transformation / Veränderung lassen sich 7 Aspekte unterscheiden: C.H.A.N.G.E.S.

CREATIVITY – KREATIVITÄT

Kreativität ist eine der notwendigen Schlüsselfähigkeiten zum Initiieren von Veränderungen. Kreativität kann nicht erlernt werden, sondern ist als Fähigkeit in jedem Menschen vorhanden. Kreativität kann daher nur wieder freigesetzt und eingesetzt werden. Allerdings gibt es Methoden, die Kreativität anregen und die man erlernen kann. Beispiele findet man unter anderem bei Vera Birkenbihl oder Tony Buzan.

Zu Kreativität gehört *Mut* – wie zu jeder Veränderung. Neue und unbekannte Wege müssen beschritten werden. Kreativität allein genügt allerdings nicht, wenn man eine anhaltend positive Veränderung herbeiführen will. Neben den Qualitäten der Muße sind zur Realisierung und Umsetzung auch „Macher"-Qualitäten nötig.   **➜ Disney-Modell**

HILFE ZUR SELBSTHILFE

Ein wesentliches Kriterium für die erfolgreiche Arbeit eines Coachs ist es, dass er den Klienten zu verstärkter Selbsthilfe anregt. Nur dann ist der positive Erfolg einer Coaching-Sitzung langfristig gewährleistet. Eines der Erfolgskriterien von Coaching ist es, dass der Klient selbst dahinterkommt, dass er Fähigkeiten besitzt.

ANTRIEB ZUR VERÄNDERUNG

Es geht nicht nur darum, dem Klienten die Angst vor der Veränderung zu nehmen. Zielsetzung für den Coach muss es sein, beim Klienten so viel Motivation und Antrieb für die Veränderung freizusetzen, dass er sie selbst in Gang setzt, in Gang hält und unterstützt. Dies geschieht unter anderem dadurch, dass Hindernisse, besonders emotionale Einwände, gelöst und beiseite geräumt werden.

→ **Antriebe zur Veränderung** 97

NUTZEN DER VERÄNDERUNG

Antrieb zur Veränderung ist der *Nutzeffekt*. Es gibt keinen Antrieb unabhängig von einem Nutzeffekt. Das kann materieller (etwa: mehr Geld) oder immaterieller Nutzen sein (etwa: mehr Wissen, Sinnfindung). Wichtige Fragen:

● Was geschieht, wenn die Veränderung nicht geschieht?

● Was geschieht nicht, wenn die Veränderung nicht geschieht?

GLAUBE AN DIE VERÄNDERUNG

Hat der Klient die positive *Auswirkung* der Veränderung akzeptiert, so liegt es am Coach, ihn dabei zu unterstützen, an die *Erreichbarkeit* der Veränderung zu glauben. Auch in diesem Fall geht es um *Selbstbewusstsein*.

ERWARTEN DER VERÄNDERUNG

Wenn sichergestellt ist, dass der Klient die positiven Auswirkungen einer Veränderung erkannt hat und an deren Erreichbarkeit glaubt, geht es für den Coach darum, die freudige Erwartung zu unterstützen. Es liegt beim Coach, noch einen Schritt weiter zu gehen, nämlich die Erwartung für weitere Veränderungen zu wecken, die durch die geplante Veränderung erst ermöglicht werden.

→ **Erwarten der Veränderung**

SINN ERLEBEN

Einer der wichtigsten Antriebsfaktoren des Menschen ist das Streben nach dem Sinn. Menschen erleben nur dann Sinn, wenn sie sich zugehörig fühlen. Viktor Frankl[12] nennt im Rahmen der von ihm geschaffenen Logotherapie die Sinnorientiertheit „das vorzüglichste Kriterium der Gesundheit". Er führt weiter aus: „… der Sinn muss jeweils dem Sein voraus sein – nur dann nämlich kann der Sinn werden, was sein eigener Sinn ist: Schrittmacher des Seins zu sein!" (S. 226)

Der bewusst erlebte Sinn des Seins gibt Kraft in schwierigen Situationen. Frankl geht so weit zu erklären, dass „es dem Menschen niemals um bloße Lust, vielmehr immer um einen Sinn geht. Lust stellt sich jeweils von selber ein – und zwar mit dem Erreichen eines Zieles." Frankl stellt weiter fest, dass 20 Prozent der Neurosen, denen er in seiner klinischen Praxis begegnet ist, vom Fehlen eines Sinns im Leben herrühren. (S. 231)

Antriebslosigkeit

Antriebslosigkeit ist vermutlich das größte Hindernis auf dem Weg zu positiven Veränderungen. Antriebslosigkeit hat mit Angst, mangelndem Selbstvertrauen und hemmenden Glaubenssätzen zu tun („Das schaffe ich sowieso nicht!"), aber auch mit negativen Erlebnissen der Vergangenheit („Das hat schon damals nicht funktioniert!").

Antriebslosigkeit hat auch mit somatischen Prozessen zu tun und kann somit körperliche Ursachen haben. Überarbeitung führt zu Müdigkeit und der mangelnden Fähigkeit des Körpers, Stresshormone auszuschütten. Dies wiederum hat Auswirkungen auf das Gehirn und seine Fähigkeit, überhaupt motiviert zu sein.

Es gilt, dem Klienten klar zu machen, dass er auf Dauer nicht über seine sozialen und emotionalen Ressourcen hinaus arbeiten kann, ohne auszubrennen. Der Coach sollte ihm nahe bringen, dass er mental zwar unbegrenzt motiviert sein kann, sein Gehirn und sein Körper aber realen physiologischen Prozessen unterliegen, die das unterbinden. Es empfiehlt sich eine Ökologie zu erarbeiten, bei der Arbeit und Ruhe sowie soziale Kontakte in einem angemessenen Verhältnis zueinander stehen. Das Motiv für einen Wechsel könnte sein, dass man erfährt, dass man mehr leistet, wenn man ausgeruht ist oder Sport treibt.

Der Einwand sind in aller Regel Statusängste: Ängste, an Status zu verlieren – und leider stimmt das häufig –, wenn man nicht dauernd in der Firma ist. Hier gilt es zwischen berechtigten und unberechtigten Ängsten abzuwägen.

Zielgerichtetes Coaching wird das Selbstvertrauen des Klienten steigern. Der Coach wird mit geeigneten Modellen und Prozessen den hemmenden Einflüssen die negative Kraft nehmen können und diese in Antriebsenergie umwandeln.

Lebenslust

Lust ist ein wesentlicher Antrieb zum Erreichen jedes Zieles. Fehlende Lebenslust bedeutet fehlende Energie, und das in jedem Zusammenhang. Spitzenleistungen werden nur lustvoll erreicht, egal in welchen Bereichen.[13]

Der Coach ist gefordert, dem Klienten genügend Selbstvertrauen zu vermitteln, damit er lustvoll auf sein Ziel zusteuern kann. Aus der Lust am Erreichen des Ziels wird Lebenslust, die das Erreichen noch höher gesteckter Ziele ermöglicht.

Energie

Es ist die Aufgabe des Coachs, Blockaden für die (innere) Energie zum Erreichen des Ziels oder zum Lösen des Problems beiseite zu räumen. Dazu gehören auch unrealistische Vorstellungen über Energie.

> **Der Zugang.** Das Einordnen von Problemen, die richtige Zieldefinition und der gezielte Umgang mit Veränderungen bringen den notwendigen Antrieb zur Veränderung und liefern unter Berücksichtigung der zur Verfügung stehenden Ressourcen den richtigen Zugang für den Coach.

Das Anliegen des Klienten und seine Ziele sind jetzt definiert. Mögliche Hindernisse und Hemmnisse sind lokalisiert und die Antriebe zur Veränderung erkannt. Wie Coaching abläuft – als Einzel-Coaching und als Gruppen- bzw. Team-Coaching –, das erfahren Sie in den nächsten beiden Abschnitten.

5 Wie läuft es ab?
A Einzel-Coaching

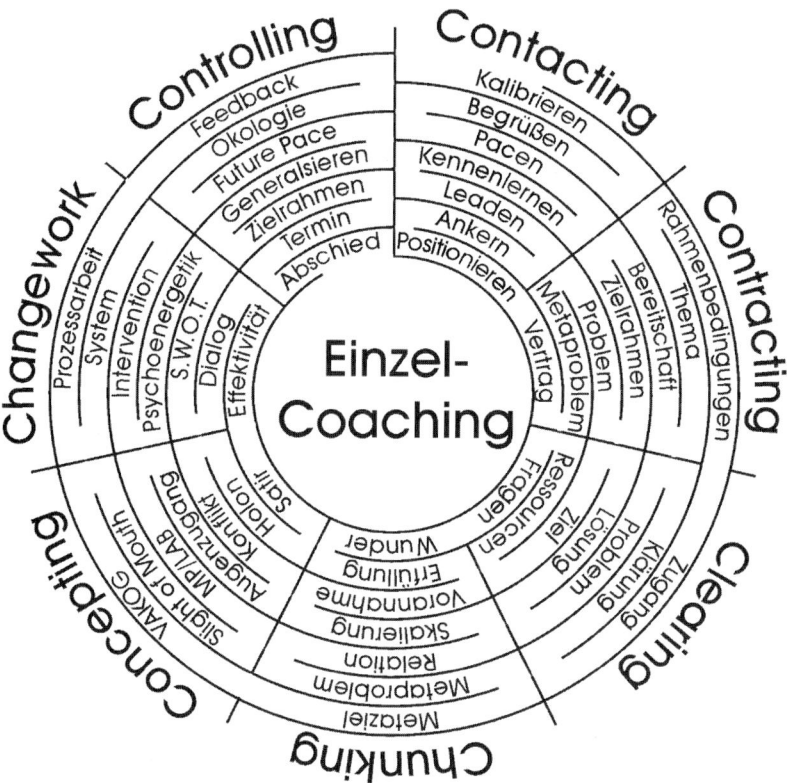

„Die 7 Weltmeere" des Coaching – das Prozessmodell

(Die Metapher von den 7 Weltmeeren beruht auf einem Wortspiel im Englischen – die sieben englischen Begriffe im Außenkreis der Grafik kann man auf Englisch auch so bezeichnen: *The 7 Cs* oder – mit einem Wortspiel wegen ähnlicher Aussprache – *The 7 Seas* ...)

Contacting – Kontakt aufnehmen

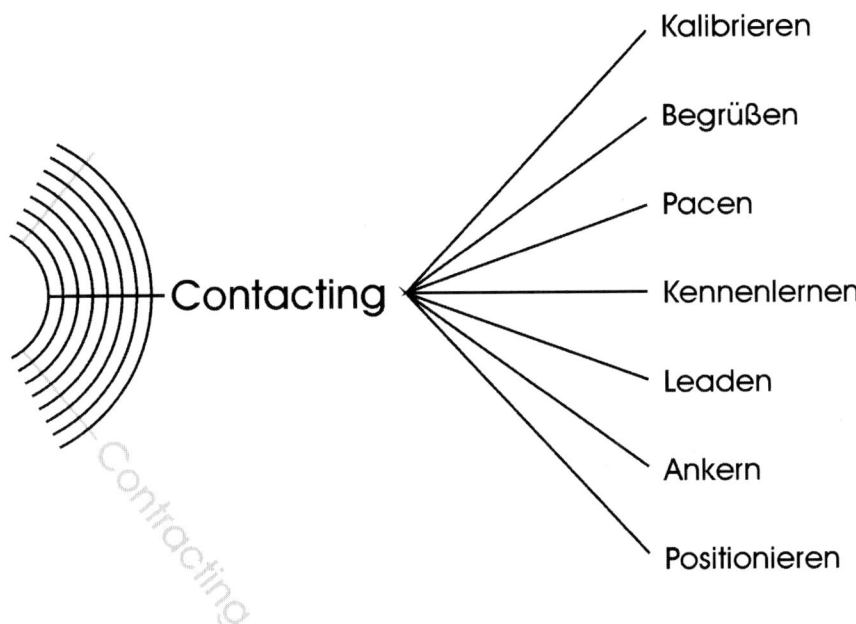

Den Kontakt zwischen Klient und Coach herstellen

Bevor das erste Wort gesprochen ist, also noch vor der Begrüßung, wird als Erstes der alles entscheidende Kontakt hergestellt. Kontakt und Beziehungen werden zwar durch die ersten Sekunden geprägt, können sich aber sehr wohl entwickeln. Eine negative Gegenübertragung kann dem Coach zudem sehr wertvolle Informationen bieten. In Kontakt zu kommen ist auch der erste Schritt für erfolgreiche Kommunikation.

Die Phase der Kontaktaufnahme sollte nicht nur am Beginn des Coaching, sondern zu Beginn jeder Sitzung durchlaufen werden. Ihre Intensität und Dauer wird von der aktuellen Situation abhängen.

KALIBRIEREN

Genaues Hinsehen zahlt sich aus. Der Begriff „Kalibrieren" stammt aus der Messtechnik: Ein Messinstrument muss zuerst mit Hilfe eines Referenzwertes „geeicht" werden, bevor es eingesetzt werden kann. Diese Kalibrierung stimmt das Instrument auf die spezifischen Faktoren im Messumfeld ab. Im Coaching-Kontext heißt das, dass der Coach zum Beispiel Emotionen anhand nonverbaler Signale erfassen kann.

Werkzeuge vorbereiten. Genauso wie ein Techniker seine Messgeräte kalibriert und damit einsatzfähig macht, muss der Coach kalibrieren – und zwar noch bevor er mit dem Klienten zu arbeiten beginnt. Dann wird er imstande sein, die richtigen Fragen auf die richtige Art und zum richtigen Zeitpunkt zu stellen. Dann wird er die richtigen Modelle und Methoden zur Zielerreichung auswählen.

➡ **Kalibrieren**

BEGRÜSSEN

Eine Gelegenheit zur Positionierung. Die Begrüßung des Klienten ist für den Coach die Gelegenheit, die richtige Position einzunehmen: Der Coach ist nicht „Herrscher" und der Klient ist nicht sein „Untergebener" – und auch nicht umgekehrt. Das wird auch bei der Positionierung von Coach und Klient am Ort des Coaching zu berücksichtigen sein.

Das richtige Setting. Es ist sehr empfehlenswert, dass der Coach schon bei der Begrüßung in persönlichen Kontakt kommt. Dieser Kontakt wird sich auch im Setting ausdrücken – ein trennender Tisch zwischen Klient und Coach ist genauso wenig angebracht wie unterschiedlich hohe Sitzgelegenheiten. Dieser Kontakt erleichtert dem Coach besonders die nächsten Schritte – *Pacing,* Kennenlernen und schließlich auch das *Leading.*

PACEN

Enger Kontakt. Es ist wichtig für die weitere Arbeit des Coachs, dass er in engen Kontakt mit dem Klienten kommt. Die Qualität des Coaching wird wesentlich davon abhängen, wie sorgfältig der Coach diesen Kontakt aufgebaut hat.

Pacen schafft Vertrauen und Vertrautheit. Beim Pacen oder Einstimmen auf den Klienten geht es darum, eine Beziehung herzustellen, bei der der Klient hört und verarbeitet, was der Coach ihm sagt. Ein Mittel dazu ist das nonverbale Spiegeln. Der Coach spiegelt das Verhalten des Klienten, übernimmt seine Ausdrucksweise, seine Gesten, seine Körperhaltung und vertieft dadurch den Kontakt.

➡ **Pacing und Leading**

KENNENLERNEN

Das persönliche Kennenlernen von Coach und Klient geschieht besonders im „Small Talk", wenn scheinbar unwesentliche Details des Coaching-Ablaufs geklärt werden. Das ist die Gelegenheit für den Coach, einerseits zusätzliche Informationen über den Klienten zu sammeln, dessen Hauptrepräsentationssysteme kennen zu lernen (siehe Kalibrieren, Seite 44) und Vertrauen aufzubauen.

Die Atmosphäre dieser Gesprächsphase muss es dem Klienten ermöglichen,

- sich gegenüber dem Coach zu öffnen,
- Vertrauen zum Coach zu bekommen,
- die Kompetenz des Coachs zu erkennen.

Aber auch der Coach muss merken, ob er sich dem Klienten öffnen kann, ob er mit dem Klienten arbeiten kann und will, ob er fähig ist seine Rolle zu halten oder ob er regrediert und ob er überhaupt die benötigten Kompetenzen hat.

Geschieht das nicht, ist der Erfolg des Coaching von Beginn an in Frage gestellt.

Der Coach selbst hat in dieser Phase die Möglichkeit,

- Pacing erfolgreich einzusetzen,
- für wechselseitige Akzeptanz zu sorgen,
- die Bereitschaft des Klienten, an seinem Anliegen zu arbeiten, zu überprüfen.

➜ Pacing und Leading

ANKERN

Im Verlauf des Coaching wird es immer wieder zu positiven Gefühlen und zu Erfolgserlebnissen für den Klienten kommen. Um diese festzuhalten und es dem Klienten zu ermöglichen, sie später jederzeit in Erinnerung zu rufen, gibt es diese Technik, mit der positive Ereignisse gleichsam ver-ankert werden können. Beim Ankern verbindet sich ein äußerer Reiz mit einem inneren Zustand. **➜ Ankern**

POSITIONIEREN

Wesentlich an der Arbeit des Coachs ist, dass er den Klienten anleitet – sein Anliegen und sein Ziel zu definieren, eigene Erfahrungen zu machen, Hindernisse zu überwinden.

Der Klient sollte anerkennen, dass der Coach die **Führungsrolle** hat, solange das Klientenverhältnis besteht. Es gibt mehrere Möglichkeiten, wie der Coach das dem Klienten klar machen kann:

- **Die uneingeschränkte Zustimmung des Klienten** – auch schriftlich – zu den im Vertrag festgelegten Rahmenbedingungen des Coaching sollte er einfordern.

- **Das Recht des Coachs,** das Coaching jederzeit abzubrechen, ist im Vertrag festzuhalten.

- **Kontrolle über die Zeit:** Der Coach fordert Pünktlichkeit ein – die Coaching-Einheit beginnt zum festgelegten Zeitpunkt, egal ob der Klient eingetroffen ist oder nicht, und endet nach dem vereinbarten Zeitraum.

- **Kontrolle über den Raum:** An der Art, wie sich der Klient positioniert, kann man viel erkennen. Dennoch ergeben sich Situationen, in denen Positionsänderungen des Klienten wichtig sind, um gewisse Effekte zu verstärken.

- **Kontrolle über den Ablauf:** Bestimmt der Coach den Ablauf, so gibt das dem Coaching-Prozess eine Struktur, die vielen Klienten Sicherheit vermittelt.

Details darüber erfahren Sie im nächsten Abschnitt.

> **Der Kontakt ist wichtig.** Ist der Coach in gutem Kontakt zum Klienten, wird rasch klar, ob es sich um einen „echten Klienten" handelt. Die Entscheidung, ob das Coaching durchgeführt wird, liegt dann beim Coach. Die Techniken des Kalibrierens, des Pacing und Leading erleichtern das Kennenlernen des Klienten. Durch Ankern gelingt es, positive Gefühle festzuhalten. Der Coach positioniert sich in dieser Phase in seiner Führungsrolle (als wesentliche Voraussetzung für die weitere Arbeit).

Contracting – Vereinbarungen treffen

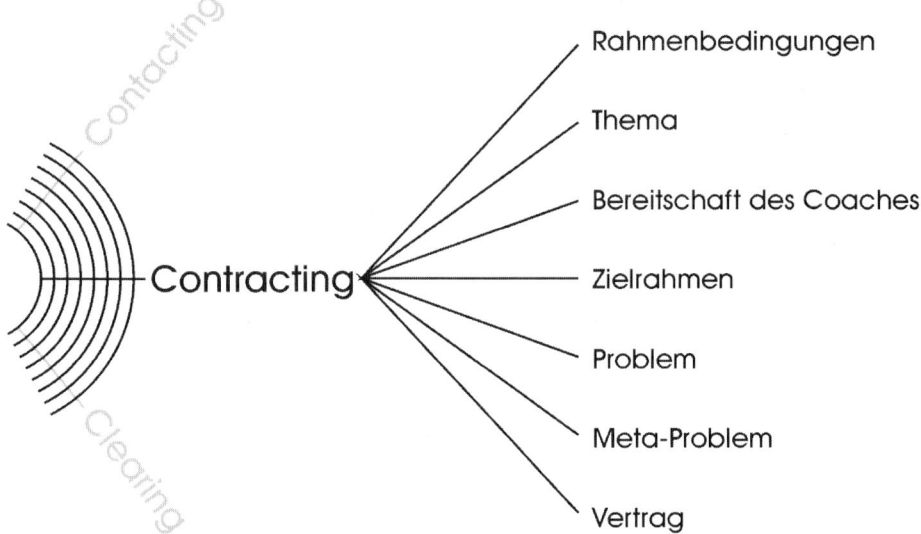

Bedingungen abklären und Vereinbarungen treffen

Die Phase des *Contracting* sollte nicht nur zu Beginn des Coaching-Prozesses, sondern auch am Beginn jeder Coaching-Sitzung durchlaufen werden. Ihre Intensität wird von der aktuellen Situation abhängen.

RAHMENBEDINGUNGEN ABKLÄREN

Die Rahmenbedingungen des Coaching sind vor Annahme des Auftrages zu klären. Empfehlenswert ist eine detaillierte schriftliche Festlegung in Vertragsform.

→ **Coaching-Vertrag**

In der jeweils aktuellen Sitzung ist der **Zeitrahmen** festzulegen und der Termin für die nächste Sitzung zu bestimmen. **Tabus:**

● Sind Körperberührungen, zum Beispiel zum kinästhetischen Ankern, erlaubt?

● Welche Themen sollen vom Coach nicht angesprochen werden?

Es empfiehlt sich für den Coach, hier bestimmt, aber sensibel vorzugehen. Coaching wird sinnlos, wenn eine Vielzahl kritischer Themen ausgeklammert werden. Coaching erreicht aber ebenso wenig seine Wirkung, wenn emotional extrem besetzte Themen laufend angesprochen werden – besonders dann, wenn

47

sie nur in indirektem Zusammenhang mit dem Anliegen des Klienten stehen. Der Rahmen sollte einerseits präzise formuliert sein, andererseits Raum für Themen lassen, die noch „hochkommen" können.

Das **Anliegen** oder Problem ist vom Klienten detailliert zu definieren. Der Coach achtet darauf, dass die Definition nicht zu oberflächlich ist, sich aber auch nicht in unzählige Details verirrt. Das Beispiel *„Ich möchte, dass es mir gut geht"* ist wohl zu global.

Es liegt am Coach, durch gezielte Fragen das Anliegen einzugrenzen oder die Details zusammenzuführen. (Näheres dazu lesen Sie in Teil III – Fragen, ab Seite 254 ff.)

THEMA

Der Klient sollte ein klar umrissenes Thema oder Anliegen mitbringen. Das ist selten der Fall. Der Coach wird also dieses Thema hinterfragen müssen, um Hintergrundinformationen über das Anliegen einzuholen. Nicht selten wird das Anliegen auf diese Weise neu und passender definiert.

Der aktuelle Zustand des Klienten ist vom Coach zu ermitteln.

➔ Checkliste: Klientenzustand

Die Antworten auf diese Fragen können auch durch einen Fragebogen ermittelt werden, den der Klient vor dem Coaching ausfüllt. In jedem Fall wird der Coach im Einstiegsgespräch aufgrund seiner Erfahrung Aufschluss über das grundsätzliche Befinden des Klienten bekommen. Die Art der Eröffnungsfragen ist dabei von entscheidender Bedeutung.

➔ Checkliste: Klientenfragebogen, ➔ Eröffnungsfragen

BEREITSCHAFT DES COACHS

Nicht nur der Klient muss die nötige Bereitschaft für das Coaching mitbringen – auch der Coach muss bereit für den Klienten sein. Diese Bereitschaft setzt voraus: eine fundierte Ausbildung, entsprechende Praxis und laufende Weiterbildung.

Neben dem Abklären, ob der Coach hier und heute und überhaupt mit diesem Klienten arbeiten will, gibt es drei weitere unerlässliche Voraussetzungen:

- **einen weiten Horizont,** der nicht nur über die Grenzen seiner Ausbildung, sondern auch über die Grenzen der eigenen Wertehierarchie hinausreicht.

- **den Mut und das Selbstvertrauen,** sich darauf einzulassen, andere zur Selbsthilfe anzuleiten, und sich dies auch zuzutrauen.

- **Zurückhaltung,** um Lernerlebnisse des Klienten zuzulassen und nicht voreilig Ratschläge zu geben.

Die wichtigste Voraussetzung für die *Bereitschaft* des Coachs ist allerdings die positive Einstellung zum Klienten und zu seinem Anliegen. (In Kapitel 7 erfahren Sie mehr über die notwendigen Kompetenzen eines Coachs.)

ZIELRAHMEN

Der Zielrahmen ist bereits zu Beginn des Coaching als Zielvereinbarung zu definieren. Diese Definition wird in den meisten Fällen mündlich, selten schriftlich geschehen. Auf die Regeln zur Zieldefinition hat der Coach zu achten.

→ **Checkliste: Zielvereinbarung,** → **Checkliste: Zieldefinition**

PROBLEM

Eine der Grundvoraussetzungen dafür, dass ein Coach einen Klienten akzeptiert, ist es, dass der Klient ein klar formuliertes Anliegen oder Problem hat, an dem er im vereinbarten Zielrahmen zu arbeiten bereit ist. Das ist Ihnen aus den vorangegangenen Kapitel und aus der Definition des Begriffs Coaching schon bekannt.

→ **Checkliste: Anliegen – Formulierung**

META-PROBLEM

Das Problem hinter dem Problem: Der Coach muss sich Klarheit verschaffen, ob es hinter dem Problem ein Meta-Problem gibt. Der Coach muss sich ebenso Klarheit darüber verschaffen, ob das vom Klienten vorgebrachte Problem nicht selbst schon ein Meta-Problem ist, in dem sich verschiedene Probleme verstecken.

→ **Checkliste: Meta-Problem**

VERTRAG

Der Vertrag zwischen Klient und Coach ist schriftlich festzuhalten, ein Exemplar muss vom Klienten gegengezeichnet werden. Art und Umfang des Vertrages sollten vom Coach auf den Klienten bzw. – bei Team-Coaching im Unternehmenskontext – auf den Auftraggeber abgestimmt werden. Ein Klientenfragebogen kann die Grundlage für die Vertragsinhalte bilden.

→ **Coaching-Vertrag,** → **Checkliste: Klientenfragebogen**

In der Phase des *Contracting* werden die Rahmenbedingungen in Vertragsform abgeklärt. Ebenso werden Anliegen und Thema sowie das Ziel des Coaching-Prozesses definiert. Diese Definition sollte nicht nur zu Beginn des Prozesses, sondern am Beginn jeder Coaching-Sitzung in geeignetem Umfang stattfinden.

Clearing – Klären

Die Arbeit eines „Gedankenlesers"

Das „Gedankenlesen" wird dem Coach durch zwei Faktoren wesentlich erleichtert: durch Zugangshinweise, die er wahrnimmt, und durch seine Fragen.

ZUGANGSHINWEISE

Zugangshinweise sind vielfältig. Wichtig ist es, die Zugangshinweise zueinander in Bezug zu setzen und das große Ganze zu sehen. Der Coach sollte sich nicht durch ein einzelnes Kriterium blenden lassen. Zugangshinweise beginnen bei der persönlichen Geschichte, die der Klient erzählt, und reichen über Gefühle und Hinweise aus dem Familiensystem bis zu sprachlichen und nonverbalen Zugangshinweisen.

Voraussetzung zum Benutzen von Zugangshinweisen ist guter Kontakt (Rapport) zum Klienten.   **➔ Zugangshinweise – Die 7 Schichten**

Besonders im Zusammenhang mit Zugangshinweisen aus dem Familiensystem des Klienten ist das SOLIO-Modell nützlich, das einen raschen und sicheren Überblick über die Herkunft von Störungen im System des Klienten gibt.

→ **SOLIO-Modell**

FRAGEN ZUR KLÄRUNG

Auch – und ganz besonders – in der Clearing-Phase sind die Fragen des Coachs von wesentlicher Bedeutung. Die Fragen zur Klärung unterstützen bereits das Pacing und geben dem Coach Aufschluss über alle Schichten des Anliegens des Klienten.

→ **Fragen zur Klärung**

Disney und die gute Fee. Zwei Typen von Fragen möchte ich hier besonders hervorheben:

- Fragen, die der so genannten „Disney-Strategie" folgen, die durch Modellieren von Walt Disney entwickelt wurde. Das sind Fragen nach den wesentlichen Rollen, die ein Mensch einnimmt – nach dem kreativen *Träumer,* nach dem handelnden *Realisten* und dem kritischen *Denker.* → **Disney-Strategie**

- die so genannte „Wunderfrage" von Steve de Shazer, die viele Hinweise auf den Klienten, die Ernsthaftigkeit seines Anliegen und sein Ziel gibt.

→ **Wunderfrage**

Veränderungstiefe. Auch die Veränderungstiefe eines Anliegens wird je nach Klient unterschiedlich sein. Klienten, die in ihrem bisherigen Leben bereits tiefgreifende Veränderungen – positive oder negative – durchgemacht haben, werden anders auf neue Veränderungen reagieren als solche, die vor der **ersten** tiefgreifenden Veränderung in ihrem Leben stehen. → **Checkliste: Veränderungstiefe**

Emotionstiefe. Gleiches wie für die Veränderungstiefe gilt für die Emotionstiefe. Der Coach wird die Emotionen des Klienten selten absolut, sondern meist nur in Relation zu dessen bisheriger persönlicher Geschichte einschätzen können.

→ **Checkliste: Emotionstiefe**

Metaphern. Unter Metaphern versteht man Worte mit übertragener Bedeutung. Geschichten – meist erfundene –, die der Klient erzählt, aber auch immer wieder gebrauchte Floskeln sind ebenfalls wichtige Zugangshinweise für die Clearingphase.

→ **Process Utilities – Thies Stahl,**
→ **Clean Language – David Grove,** → **Metapher**

PROBLEM-CHECK

Das Anliegen oder das Problem des Klienten kann unterschiedliche Ursachen haben. Für die weitere Coaching-Arbeit ist es wichtig, diese herauszufinden.[14]

Content = Inhaltsprobleme

Das System. In vielen Fällen wird die Ursache von Problemen aus dem System des Klienten, also aus dessen Herkunftsfamilie (Geschwister, Eltern, Großeltern …) oder Gegenwartsfamilie (Partner, deren vorangegangene Beziehungen, eigene vorangegangene Beziehungen, Kinder), stammen. Manchmal behindern diese Verstrickungen alle Lösungen und sind das eigentliche Problem und das eigentliche Anliegen. Sie müssen zuerst aufgelöst werden, sonst geht gar nichts.

→ **Systemische Verstrickungen**

Das Drama. Wichtig für den Coach ist es zu erfahren, welche Position der Klient im Drama-Dreieck der Transaktionsanalyse einnimmt. Je nachdem ob Klienten sich in der Position des Opfers, des Verfolgers oder des Retters befinden, werden sie sich nicht nur unterschiedlich verhalten – auch die Strategie des Coachs und dessen Methoden müssen darauf abgestimmt werden. Das allerdings hängt eng mit Verstrickungen zusammen.

→ **Drama-Dreieck,**
→ **Drama-Dreieck-Formulierungen**

Confusion = Verwirrung

Verwirrung und Mangel an Klarheit in Bezug auf Ziele und zu unternehmende Schritte ist hinderlich für den Erfolg des Coachs. Eine Kette ist genauso stark wie ihr schwächstes Glied – und Verwirrung entsteht durch schwache und fehlende Glieder. Direkte Lösungsansätze:

- Aneignen von Fertigkeiten zum Sammeln verbaler und nonverbaler Informationen, wie zum Beispiel das Meta-Modell[15] (Konkretisierungsfragen),

→ **Meta-Modell-Fragen**

- systematisches inneres Befragen in Richtung Klarheit in Bezug auf Ziele,

- Durchschauen potentiell verwirrender Erfahrungen durch Wahrnehmungsgenauigkeit,

- Erkennen so genannter „Killerphrasen"[16].

Catastrophe = Traumaprobleme

Frühere Traumata, negative Prägungen (Imprints) und systemische Verstrickungen aus der Herkunftsfamilie führen zu einer einschränkenden und unangemessenen Verallgemeinerung von Glaubenssätzen und Verhaltensmustern. (Nach deutscher Rechtslage darf Regressionsarbeit nur von approbierten Therapeuten, Ärzten oder Heilpraktikern durchgeführt werden. Deshalb entfallen hier die direkten Lösungsansätze.)

Comparison = Vergleichsprobleme

● Unangemessene Erwartungen und Kriterien in Bezug auf Erfolge

● Differenz zwischen Selbst- und Idealbild

● Perfektionsanspruch, der zu Enttäuschung führt

● Auseinandersetzung mit einer „Schuld"-Frage; Folge: Vorwürfe und Gegen-vorwürfe

Direkte Lösungsansätze sind:

● Fehler in Feedback verwandeln. Es gibt aber auch Fehler, die destruktiv werden; diese müssen benannt werden.

● Strategiearbeit[17] hilft angemessene Erwartungen aufzubauen und korrektive Maßnahmen einzuleiten. Basis der Strategiearbeit könnte zum Beispiel die Vorannahme sein, dass Enttäuschung ein hohes Maß an Planung voraussetzt!

● Modellieren[18]

● Chunking (große Ziele auf Teil-, Unter- oder Mikroziele hinunter-„chunken", Meilensteine definieren) **➜ Chunking**

● Zielrahmen bzw. Zielmodell **➜ Zieldefinition**

● New Behaviour Generator **➜ New Behaviour Generator**

● Visionsarbeit[19]

Conflict = Konfliktprobleme

Hier geht es um Probleme und Ambivalenzen, die durch versteckte oder unbe-wusste (Vor-)Annahmen, Absichten, Sekundärgewinne oder in Konflikt stehende Kriterien entstehen. Direkte Lösungsansätze:

- **Reframing** – eine bestimmte Sache in einen neuen Rahmen setzen. Die Bedeutung, die wir unserem Verhalten, unseren Eigenschaften oder bestimmten Ereignissen geben, hängt vom Kontext, vom Rahmen ab. Wird ein neuer Rahmen konstruiert, kann das Ereignis in einem anderen Kontext neu gesehen werden oder das bisherige Verhalten eine neue Bedeutung bekommen.　➜ **Reframing**

- **Partsintegration**[20]　　　　　　　　　　　　　　➜ **Visual Squash**

- **Inkorporieren einiger Vorannahmen des NLP** wie zum Beispiel: „Die Landkarte ist nicht das Gebiet." Oder: „Hinter jedem Verhalten steckt eine positive Absicht."

Context = Kontextprobleme / systemische Verstrickungen

Diese Schwierigkeiten sind verursacht durch äußere, nicht der eigenen Kontrolle unterliegende Einflüsse und Umgebungsbedingungen. Direkte Lösungsansätze:

- Prinzip der *requisite variety*[21] der Kybernetik

- Wahrnehmungsgenauigkeit, um potentielle Probleme innerhalb eines Kontextes, aber auch effektive Fortschritte in Bezug auf das Ziel zu erkennen

- Etablieren von Verhaltensflexibilität

Conviction = Überzeugungsprobleme

Zweifel verhindern das Erreichen des Ziels. Zweifel an der Realisierbarkeit eines Ziels führen zu Hoffnungslosigkeit, Hilflosigkeit und dem Gefühl der Wertlosigkeit. Direkte Lösungsansätze sind:

- Future Pacing　　　　　　　　　　　　　　　➜ **Future Pacing**

- Glaubensstrategien – Installation hilfreicher Glaubenssätze

- Die Swish-Methode[22] zur Veränderung von Glaubenssätzen

Eine andere Betrachtungsweise: Irvin D. Yalom nennt 11 Faktoren, die eine Ergänzung der Ausführungen dieses Kapitels darstellen.

➜ **Elementare Faktoren nach Irvin D. Yalom**

BISHERIGE LÖSUNGSVERSUCHE

Vom Coach ist zu klären, was der Klient bisher schon unternommen hat, um sein Problem zu lösen. Das kann im Vorgespräch geschehen, beim Abklären der persönlichen Geschichte oder durch geeignete Fragen während der Coaching-Sitzungen.　➜ **Checkliste: Lösungsversuche des Klienten**

ZIEL-CHECK

Über den auf Seite 245 beschriebenen Ziel-Check hinaus schlage ich in meinem SMARTE-POWER-Modell einen erweiterten Ablauf vor, der neben der Relevanz des Zieles und der Gültigkeit der Kriterien zur Zielerreichung zum gegenwärtigen Zeitpunkt auch die Festlegung von Meilensteinen, Future-Pace und Ökologie-Check beinhaltet. Dieser erweiterte Ziel-Check legt Hindernisse auf dem Weg zum Erreichen des Ziels offen.

➡ SMARTE-POWER-Modell, ➡ Checkliste: Ziel-Check

RESSOURCEN-CHECK

Über den auf Seite 237 beschriebenen Ressourcen-Check hinaus gibt es weitere wichtige Ressourcen, die Schulz von Thun das „innere Team" nennt.[23] Diese „inneren Teile" des Klienten sind wichtige Helfer und die Arbeit mit ihnen ist ein wesentlicher Beitrag auf dem Weg zum Erreichen des Ziels. **➡ Inneres Team**

FRAGEN

Fragen können nach unterschiedlichen Kriterien kategorisiert werden – einige haben Sie in den vorangegangenen Abschnitten schon kennen gelernt (zum Beispiel Eröffnungsfragen, Fragen zur Klärung und die Wunderfrage). Die Typisierung der Fragen, wie NLP sie vornimmt, ist nicht nur für Coachs mit NLP-Vorbildung hilfreich. **➡ Fragentypen des NLP**

Die allgemeine Typisierung der Fragenarten, die ich im Anhang zusammengefasst habe, folgt dem sehr ausführlichen und empfehlenswerten Buch *Die Magie des Fragens*, in dem sich die Autoren Klaus Grochowiak und Stefan Heiligtag mit den unterschiedlichsten Fragekategorien beschäftigen.[24] **➡ Fragenarten**

> **Der Weg zum Ziel**. Die Kenntnis und das Erkennen der Zugangshinweise erleichtern dem Coach das „Gedankenlesen". Dieses wird durch gezielte Fragen des Coachs unterstützt. Die eigentlichen Ursachen der Probleme des Klienten werden offen gelegt, der Weg zum Ziel wird festgelegt.

Chunking – Teilen und zusammenfügen

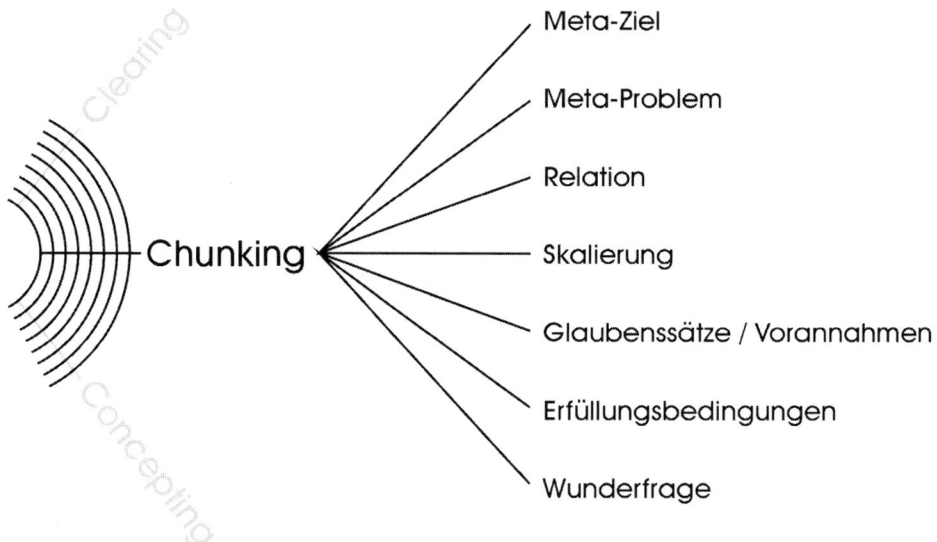

Vom Kleinen zum Großen und zurück

Chunking bedeutet, die Abstraktionsebene zu wechseln. *Chunking up* heißt daher, von einer niedrigeren auf eine höhere Abstraktionsebene zu wechseln. *Chunking down* heißt, von einer höheren auf eine niedrigere Abstraktionsebene zu wechseln. Durch richtiges Chunking bekommt der Coach mehr relevante Informationen über den Klienten und sein Anliegen. ➔ **Chunking**

Meta-Ziel. Der Coach sucht ein Ziel hinter dem Ziel. Es ist dies ein Ziel, das *nach* der Lösung des aktuellen Problems relevant wird. Das ermöglicht dem Klienten, nach Lösung seines derzeitigen Anliegens mit einem neuen Ziel weiterzuarbeiten.

Passende Fragen könnten sein:

● „Wenn Sie dieses Ziel erreicht haben – welches Ziel kann dann erreicht werden?"

● „Gibt es ein Ziel, dass noch *über* dem Ziel steht, das wir durch dieses Coaching erreichen werden?"

● „Wenn Ihr Problem gelöst ist, was wird dann möglich?"

Meta-Problem. Der Coach sucht das Problem hinter dem Problem, das Anliegen über dem Anliegen. Passende Fragen könnten sein:

- „Wenn dieses Problem gelöst ist – welche andere Problemlösung wird dann möglich?"
- „Gibt es ein Anliegen, das – in einem größeren Zusammenhang gesehen – *hinter* Ihrem Anliegen steht?"

Glaubenssätze und Vorannahmen. Glaubenssätze sind meist in der Kindheit übernommene Generalisierungen, die die eigene Handlungsfreiheit einschränken. Diese Glaubenssätze sind damals dem Kind von Erwachsenen in guter Absicht eingeprägt worden. Sie sollten zu seinem Schutz dienen. Viele dieser Glaubenssätze führen später zu Hemmungen und Einschränkungen der Handlungsfreiheit des Erwachsenen. Sie enthalten negative Vorannahmen.

Ein Beispiel: Der Glaubenssatz „Ohne Fleiß kein Preis" beinhaltet die Vorannahme, dass ein Erfolg, der ohne Anstrengung erreicht wird, wertlos sei. Menschen mit diesem eingeprägten Glaubenssatz werden sich immer anstrengen müssen, um Erfolge zu erreichen.

Wunderfrage. Die Wunderfrage von Steve de Shazer haben Sie schon im Kapitel „Clearing" (S. 51) kennen gelernt. Dadurch dass das Anliegen oder Problem des Klienten aus anderer Sicht betrachtet wird – „die Fee hat es ja gelöst" –, erhält der Coach wertvolle Informationen vom Klienten.   ➜ **Wunderfrage**

> **Meta-Ziele und Teilziele.** Hinter und über dem Problem des Klienten stehen Meta-Probleme, über dem daraus abgeleiteten Ziel stehen Meta-Ziele. Das Problem und das Ziel des Klienten können auch durch gezieltes Chunking in Teilprobleme und Teilziele zerlegt werden.

Concepting – Modelle bauen

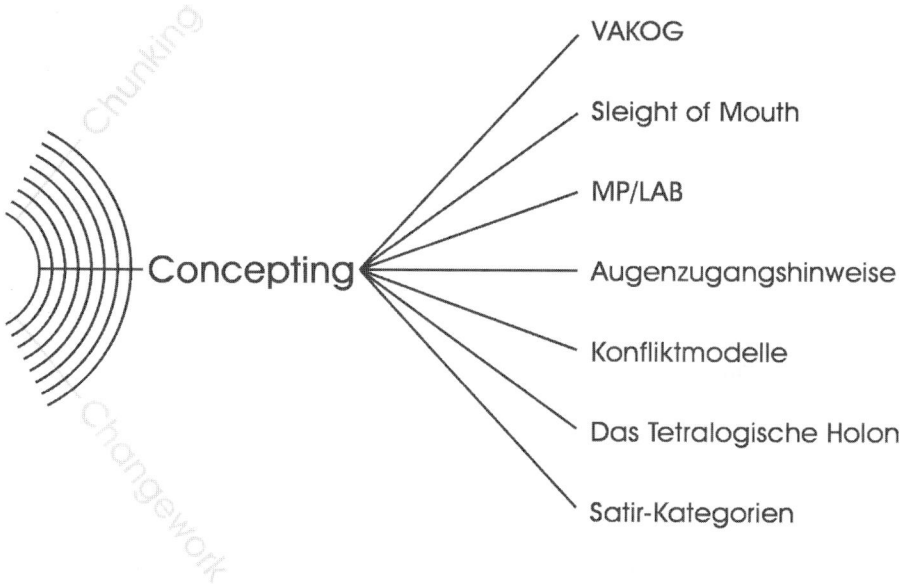

VAKOG

Sleight of Mouth

MP/LAB

Concepting — Augenzugangshinweise

Konfliktmodelle

Das Tetralogische Holon

Satir-Kategorien

Das Modell der Welt des Klienten sichtbar machen

Der Coach konzipiert aufgrund der gesammelten Daten ein problemrelevantes mentales Modell (= Profil) des Klienten. Aus den Hauptrepräsentationssystemen oder Sinnessystemen kann die „Landkarte" oder Wirklichkeit des Klienten abgeleitet werden. Bereits in der Phase des *Clearing* hat der Coach aus den Sprachmustern des Klienten dessen Hauptrepräsentationssysteme herausgefunden. Diese Informationen sind für die Modellbildung wesentlich.

→ VAKOG, → Repräsentationssysteme

Sleight of Mouth. Die Sleight-of-Mouth-Muster entstanden durch Modeling des Spracheinsatzes vor allem von Richard Bandler durch Robert Dilts und Todd Epstein.

→ Sleight of Mouth

Meta-Programm-Matrix. Die Darstellung von Meta-Programmen in einer Matrix macht deutlich, welchen Berufs- und Personengruppen sie zugeordnet werden können. Das bringt weitere wichtige Informationen für den Coach.

→ Meta-Programm-Matrix

58

Augenzugangshinweise. Die Augenzugangshinweise ergänzen die Informationen des Coachs über die Hauptrepräsentationssysteme des Klienten (siehe auch Seite 100 und 125). → **Augenzugangshinweise**

Konfliktmodelle. Konflikte können zum besseren Verständnis modellhaft dargestellt werden – dafür eignen sich unterschiedliche Konfliktmodelle. Durch besseres Verständnis des Hintergrundes von Konfliktsituationen des Klienten wird die Arbeit des Coachs zielsicherer und effizienter.

→ **Konfliktmodelle,** → **Graves-Levels**

Tetralogisches Holon. Das von mir für dieses Buch entwickelte Tetralogische Holon dient zur einfachen und besseren Einordnung der Anliegen der Klienten in vier Hauptebenen (Tetarone): → **Tetralogisches Holon**

- Erstes Tetaron – die Ebene der Persönlichkeit
- Zweites Tetaron – die Ebene der Orientierung
- Drittes Tetaron – die Ebene der Zugehörigkeit
- Viertes Tetaron – die Ebene der Existenz

Satir-Kategorien. Virginia Satir[25] hat 5 Kategorien für das Erkennen von Verhaltensmustern bei Kommunikation in Stresssituationen formuliert.

→ **Satir-Kategorien**

Das Modell sichtbar machen. Durch Erkennen unterschiedlicher Zugangshinweise und Einordnen des Klientenverhaltens im Stress- und Konfliktfall arbeitet der Coach ein Profil des Klienten heraus, das die zielgerichtete Coaching-Arbeit unterstützt.

Changework – Veränderungen ermöglichen

Die gängigsten, aber auch die unterschiedlichsten Coaching-Methoden können in 7 Kategorien zusammengefasst werden. Sie haben eine der folgenden Gemeinsamkeiten:

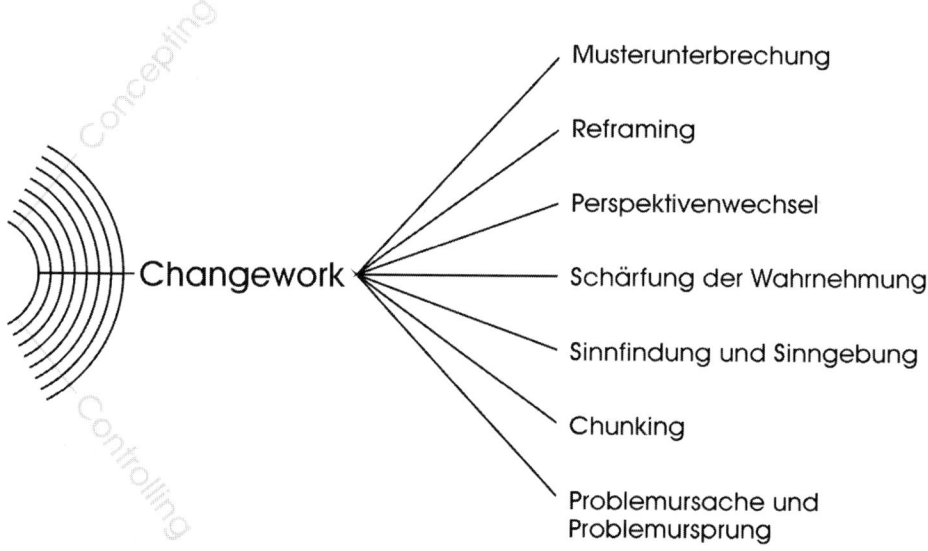

Musterunterbrechung. Wird ein Zustand oder ein Verhaltensmuster unterbrochen, so wird Raum für neues Verhalten frei. Diese Methode wird bevorzugt im provokativen Stil von Frank Farrelly angewandt.

→Provokativer Stil, → Musterunterbrechung

Reframing. In einen neuen Rahmen setzen – siehe auch Seite 177. **→ Reframing**

Perspektivenwechsel. Der Wechsel in eine neue Sichtweise wird in manchen Situationen wesentliche Fortschritte im Coaching-Prozess bringen. Ein Beispiel dafür ist der NLP-Prozess *Meta Mirror*. **→ Meta Mirror**

Martina Schmidt-Tanger unterscheidet drei Methoden für Perspektivenwechsel[26]:

● durch Fokuslenkung,

● durch Meta-Programm-Wechsel,

● durch Wahrnehmungspositionswechsel.

Schärfen der Wahrnehmung. Fragetechniken tragen dazu bei, die Bewusstheit des Klienten zu erweitern und damit seine Wahrnehmung zu schärfen.

Sinnfindung und Sinngebung. Beispiele für die Methode: Existentielle Psychotherapie, Logotherapie. Viktor Frankl schreibt:[27]

> *„Es gibt keine Lebenssituation, die wirklich sinnlos wäre. Dies ist darauf zurückzuführen, dass die scheinbar negativen Seiten menschlicher Existenz, insbesondere jene tragische Trias, zu der sich Leid, Schuld und Tod zusammenfügen, auch zu etwas Positivem, zu einer Leistung gestaltet werden können, wenn ihnen nur mit der rechten Haltung und Einstellung begegnet wird."* (S. 240) *„Erfolglosigkeit bedeutet nicht Sinnlosigkeit."* (S. 247)

Schlussfolgerung daraus: Sinnkrisen und Erfolglosigkeit sind Herausforderungen und führen zu Lernerlebnissen, die ihrerseits wieder Erfolg herbeiführen können.

Chunking. Vom Kleinen zum Großen – vom Großen zum Kleinen (siehe auch Seite 102 ff.).   **➜ Chunking**

Problemursache und Problemursprung. Hier geht es um Suchen nach und Bewusstmachen von Ursache und Ursprung der Probleme.

Hinweis: Es gibt noch zahlreiche weitere Modelle, die den Rahmen solch eines Buches sprengen würden und Thema eines gesonderten Buches wären.

> **Die Veränderung ermöglichen**. Unterschiedliche Coaching-Methoden ermöglichen die notwendigen Veränderungen beim Klienten. Der Coach hat nach den vorangegangenen Schritten alle Informationen zur Verfügung, um die passende Methode auswählen und einsetzen zu können.

Controlling – Steuern

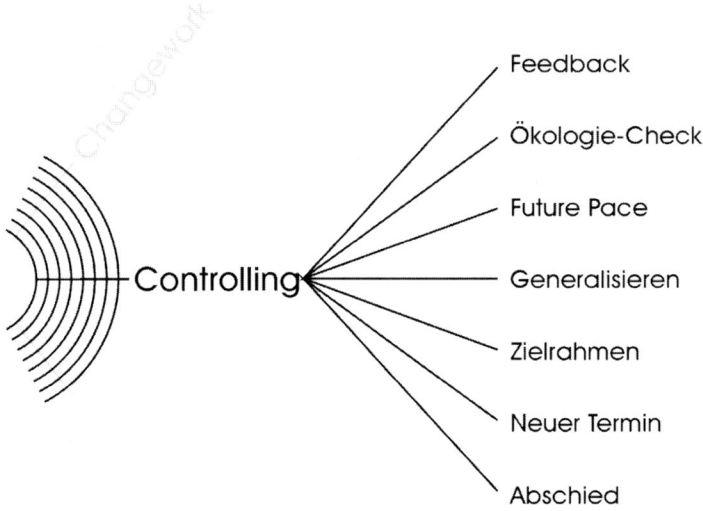

Steuerung und Überprüfung des Ergebnisses

Feedback zum Coaching-Erfolg. Der Coach erhält bereits im Verlauf des Coaching ständig Feedback vom Klienten – verbal und nonverbal. Das kann verbal direkt durch entsprechende Aussagen des Klienten geschehen – oder der Coach erkennt das Feedback des Klienten aus unbewusst ausgedrückten verbalen und nonverbalen Zugangshinweisen. Am Ende des Coaching-Prozesses ist in jedem Fall vom Klienten verbales Feedback einzufordern. **➔ Feedback**

Ökologie-Test. Wesentlich für den Erfolg des Coaching ist es, die Verträglichkeit der erreichten Veränderungen mit dem Umfeld des Klienten zu testen. Es gibt Situationen, in denen die erreichten Veränderungen für den Klienten Sinn machen, jedoch schwierig in sein Umfeld zu integrieren sind. Hier ist eine Überprüfung der „sozialen Verträglichkeit", der Ökologie, absolut sinnvoll und wichtig. Auch hier liegt die Entscheidung beim Coach *und* beim Klienten, ob eine gewählte Vorgehensweise aufgegeben oder trotzdem aufrechterhalten wird. **➔ Ökologie-Check**

Future Pace. Der Coach sollte ganz besonders am Ende des Coaching-Prozesses den Klienten nochmals dabei unterstützen, die positiven Aspekte der erreichten Veränderungen und neuen Verhaltensweisen zu erkennen. **➔ Future Pacing**

Verallgemeinern / Generalisieren. In diesem Zusammenhang wird es eine Aufgabe des Coachs sein, die erreichten Ziele, die geänderten Verhaltensweisen und das

Gelernte – das heißt die erlebten Veränderungen – nochmals zu generalisieren. Das macht es dem Klienten leichter, wesentliche Teile davon auch auf zukünftige Veränderungen anzuwenden.

Formulieren eines neuen Zielrahmens. Ist das Ziel einer Coaching-Sitzung erreicht, muss ein neues, weiterführendes Ziel für die nächste Sitzung definiert werden. Gleiches gilt, wenn das Gesamtziel des Coaching erreicht ist: Auch nach diesem Ziel wird es ein neues Ziel geben.   **➜ Zieldefinition, ➜ Zielrahmen**

Neuer Termin und Erfolgs-Check. Am Ende jeder Coaching-Sitzung wird der Termin für die nächste vereinbart. Gleichzeitig ist von Klient und Coach ein Erfolgs-Check zu definieren, der das Überprüfen der Zielerreichung in der nächsten Coaching-Sitzung möglich macht.   **➜ Checkliste: Erfolgs-Check**

Der Abschied zwischen Coach und Klient nach einer Coaching-Sitzung muss ein tatsächlicher Abschied sein. Das bedeutet:

● Das Anliegen, das Problem des Klienten wird vom Coach erst wieder in der nächsten Coaching-Sitzung behandelt,

● der Coach ist daher bis zur Vorbereitung der nächsten Coaching-Sitzung frei von der Auseinandersetzung mit Anliegen und Problem des Klienten,

● dem Klienten ist klar, dass es nur an ihm selbst liegt, das Erreichte umzusetzen – auch ohne Unterstützung durch den Coach.

Einerseits wird so ein Abhängigkeitsverhältnis zwischen Klient und Coach vermieden. Andererseits hat der Coach den Kopf frei für ressourcenreichen Einsatz bei anderen Klienten und er hat die Möglichkeit, denselben Klienten bei der nächsten Sitzung völlig neu zu betrachten. Der Klient hat nämlich bis zur nächsten Sitzung einige neue Erfahrungen und Erkenntnisse gesammelt, die dem „offenen" Coach die Möglichkeit bieten, diese in das Coaching zu integrieren.

> **Erfolgs-Check und Abschied.** Laufendes Feedback vom Klienten erleichtert den Coaching-Erfolg. Dadurch – und durch die aus Ökologie-Check und Future Pace gewonnenen Erkenntnisse – kann nach jeder Coaching-Sitzung ein neues Ziel für die nächste definiert werden. Am Ende des Coaching sollte ein Erfolgs-Check und der Abschied von Coach und Klient stehen.

Das Einzel-Coaching hat stattgefunden, die richtigen Modelle und Methoden wurden vom Coach eingesetzt. Die wichtigste Frage für Klient und Coach ist jedoch: Was sind die Resultate? Das erfahren Sie im Abschnitt 6 – vorher aber mehr zum Coaching von Gruppen und Teams.

B Gruppen- oder Team-Coaching

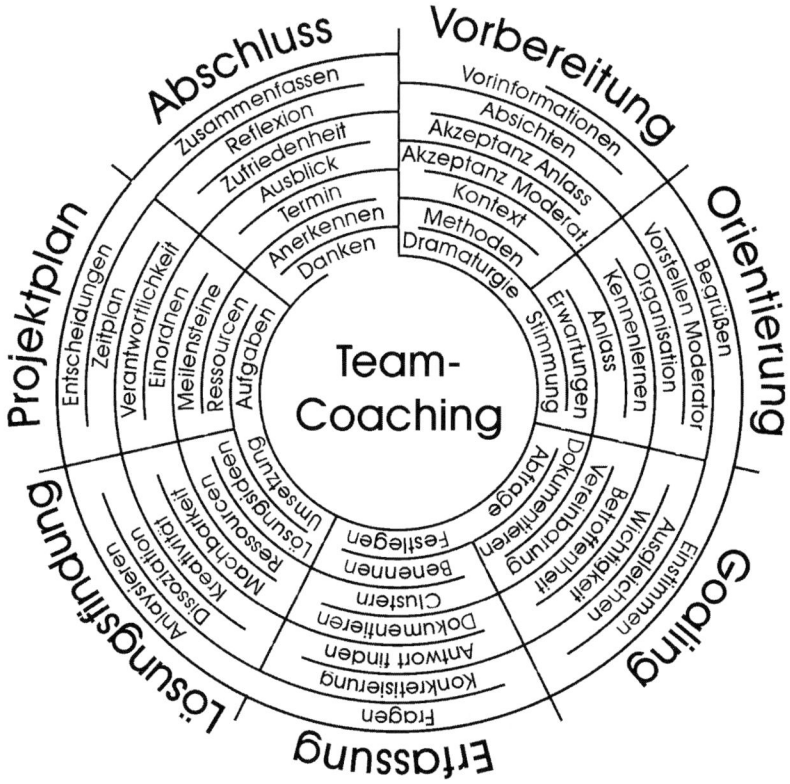

Das 7 x 7-Phasen-Modell der Moderation: V.O.G.E.L.-P.A.

Vorbereitungsphase

Eine Gruppe ist ein weit komplexeres Gebilde als der Klient im Einzel-Coaching. In der Phase der Vorbereitung gilt es für den Coach, die Grundlagen für erfolgreiches Coaching zu schaffen. Die Qualität dieser Vorbereitung bestimmt wesentlich die Qualität und den Erfolg des Coaching.

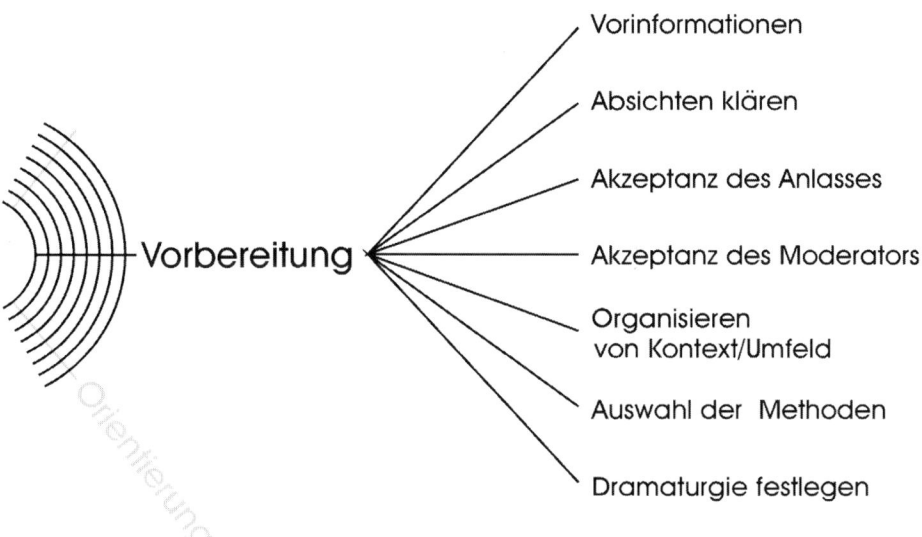

Vorbereitung

- Vorinformationen
- Absichten klären
- Akzeptanz des Anlasses
- Akzeptanz des Moderators
- Organisieren von Kontext/Umfeld
- Auswahl der Methoden
- Dramaturgie festlegen

Die Grundlage für die spätere Arbeit schaffen

BESCHAFFEN NÖTIGER VORINFORMATIONEN

Der Auftraggeber ist bei Gruppen- oder Team-Coaching nicht unbedingt mit dem Abteilungs- oder Teamleiter identisch. Es ist daher notwendig, dass der Coach neben den Vorinformationen vom Auftraggeber auch vom Teamleiter und – wenn das möglich ist – von allen Teammitgliedern Informationen einholt. Es empfehlen sich Einzelgespräche, die gleichzeitig auch den Rapport zu den Teammitgliedern herstellen.

Tipp: Will man einen so genannten „vergifteten Auftrag"[28] vermeiden, so ist es erforderlich, dass der Auftraggeber in der Hierarchie höher liegt als der Leiter der betroffenen Gruppe bzw. deren Mitglieder. **➜ Rapport**

KLÄREN VON ABSICHTEN

Dem Anliegen eines Einzelklienten entspricht die Absicht des Teams, die zum Coaching-Auftrag geführt hat. Eine Herausforderung für den Coach besteht darin, die *gemeinsame* Absicht hinter der Absicht des Auftraggebers (Meta-Absicht) und den individuellen Sichtweisen der Teammitglieder zu finden.

Sind diese Sichtweisen extrem unterschiedlich, so ist eine dem Coaching vorangehende Teambesprechung unter Anwesenheit des Auftraggebers zu empfehlen. Autoritär vom Auftraggeber durchgesetzte Absichten, die von der Mehrheit des Teams nicht mitgetragen werden, machen die Arbeit des Coachs nahezu unmöglich.

Die hinter dem Coaching-Auftrag stehende Absicht ist vom Coach im Ablauf des Coaching immer wieder zu hinterfragen.

SICHERSTELLEN DER AKZEPTANZ DES ANLASSES

Ähnliches wie für die Absicht gilt für die Akzeptanz des Coaching-Anlasses. Der Coaching-Anlass kann unterschiedlicher Natur sein:

- Abwickeln eines komplexen Projektes,
- Lösen von Problemen eines definierten Bereichs im Unternehmen,
- Verbessern der Integration eines Teams in das Unternehmen,
- Verbessern der Integration der Teammitglieder in das Team,
- Begleiten eines neu gebildeten Teams innerhalb eines Unternehmens (oder unternehmensübergreifend),
- Aufarbeiten konkreter Probleme, die in der Zusammenarbeit eines Teams aufgetreten sind.

Im Rahmen eines Team-Coaching wird nicht immer sicherzustellen sein, dass alle Teammitglieder hinter dem Anlass stehen. Es ist Aufgabe des Coachs, trotzdem die Grundlagen für gemeinsames Arbeiten zu schaffen, also einen Rahmen anzubieten, der alle Mitglieder in das Team integriert.

Sicherstellen der Akzeptanz des Moderators

Neben der Akzeptanz des Coaching-Anlasses ist die Akzeptanz des Coachs oder Moderators wesentlich. Die Tatsache, dass der Coach vom Auftraggeber akzeptiert ist, sichert keinesfalls dessen Akzeptanz durch das Team. Der Moderator hat mehrere Möglichkeiten, seine Akzeptanz sicherzustellen:

- Frühzeitiges Aufbauen von Rapport zu den Teammitgliedern.   ➜ **Rapport**

- Gutes Pacing führt zu besserer Akzeptanz („Einer von uns!") und zur besseren Einflussnahme durch nachfolgendes Leading.   ➜ **Pacing und Leading**

- Der Coach behält seine neutrale Stellung und markiert dies kongruent in seinem Sprachgebrauch.

Wird der Coach vom Team abgelehnt, ist auch die Unterstützung durch den Auftraggeber wirkungslos – Akzeptanz kann nur durch Kongruenz und Überzeugungsarbeit erreicht werden.

Organisieren des Umfeldes / Kontextes

Das Umfeld des Team-Coaching hat wesentlichen Einfluss auf den Coaching-Erfolg. Ein **neutraler Standort** ist in allen Fällen zu bevorzugen. Dieser neutrale Standort ergibt sich einfach, wenn es sich um die Moderation einer gemischten, unternehmensübergreifenden Gruppe handelt. Selbst in diesem Fall ist es eine Notlösung, wenn die Gruppe wechselweise an den einzelnen Unternehmensstandorten zusammenkommt.

Bei einem unternehmensinternen Team ist ein neutraler Standort Grundbedingung für den Erfolg. Bei einer Teambesprechung im Unternehmen gelingt es selten, Störungen auszuschalten – spätestens in den Pausen „kippen" die Teilnehmer, klinken sich aus dem Coaching-Kontext aus und kehren an ihren Arbeitsplatz zurück. Ist der Ort der Teambesprechung etwa 1 Stunde Autofahrt vom Unternehmen entfernt, beschränken sich die Störungen in den Pausen auf die unvermeidlichen Telefonate.

Bei kurzen Abständen zwischen den Teamsitzungen ist ein externer, also wirklich neutraler Standort oft aus Zeit- und Kostengründen nicht realisierbar. In diesem Fall muss der Coach klare Regeln aufstellen und für deren Einhaltung sorgen.

➜ **Checkliste: Setting Teambesprechung,**
➜ **Checkliste: Location Teambesprechung**

Auswahl der Methoden

Eine gezielte Auswahl der Methoden der Moderation ist nur möglich, wenn der Coach die Hintergründe des Coaching-Anlasses kennt und entsprechenden Rapport zu den Teammitgliedern aufgebaut hat. **→ Rapport**

Folgende Fragen sind zu klären:

- Welche Methoden sind den Teammitgliedern bekannt?
  Bekannte Methoden nehmen einen Teil der Skepsis – neue Methoden sorgen für die notwendige Spannung!
- Welcher Widerstand ist gegen welche Methoden zu erwarten?
- Ist der Coach selbst mit den von ihm eingesetzten Methoden vertraut?

Je mehr die Teilnehmer methodisch „vorbelastet" sind, desto schwieriger ist die Aufgabe des Moderators. In diesem Fall ist das Festlegen eines Rahmens (*Frame*) durch die Dramaturgie sehr wichtig.

Festlegen der Dramaturgie

Neben allen anderen Rollen, die der Coach beim Team-Coaching ausfüllt, ist er in jedem Fall der Regisseur und Dramaturg: Er legt fest, wie vorgegangen wird. Sensibilität wird dabei notwendig sein – Anzahl und Zeitpunkt der Teamsitzungen sind nicht immer frei bestimmbar, die Tagesordnung wird oft von aktuellen Ereignissen bestimmt.

Wesentlich ist, dass sich der Coach vom Auftraggeber grundlegende Zustimmung zu der geplanten Vorgehensweise holt. Inwieweit er Abweichungen zulässt oder sogar unterstützt, bleibt ihm überlassen.

> **Gute Vorbereitung** schafft die Grundlage für die spätere Arbeit des Coachs: Informationen werden beschafft, Absichten geklärt, der Anlass definiert und der Coach als Moderator akzeptiert. Das Setting wird geklärt und Methoden sowie Ablauf werden festgelegt.

Orientierungsphase

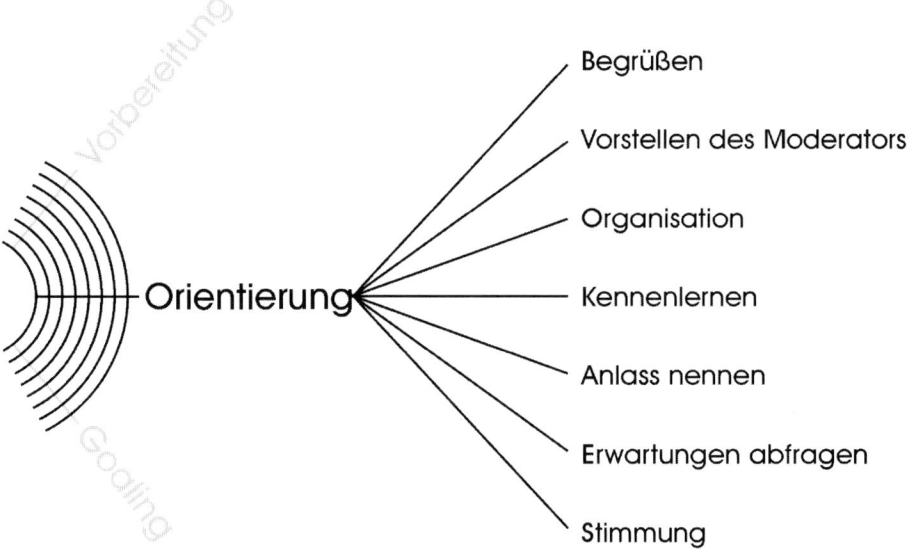

Ein guter Start steigert die Erfolgschancen

BEGRÜSSEN

Die Begrüßung der Teilnehmer erfolgt üblicherweise *durch den Auftraggeber* in Anwesenheit des Moderators. Begrüßt der Coach selbst das Team, sollte am Beginn der ersten Sitzung der Auftraggeber anwesend sein – sofern es keine Vorbesprechung gegeben hat. Damit ist klargestellt, dass der Coaching-Prozess in der Unternehmensführung die entsprechende Unterstützung findet.

VORSTELLEN DES MODERATORS

Anzustreben ist, dass der Moderator *durch den Auftraggeber* vorgestellt wird. Allerdings muss der Coach dafür sorgen, dass der Auftraggeber die richtigen Informationen hat. Der Coach selbst kann dann Ergänzungen anbringen – von umfangreichem Selbstlob ist allerdings abzuraten.

Der Coach kann sich auch mit einer kurzen schriftlichen Selbstdarstellung vorstellen, die die Teilnehmer in ihren Unterlagen finden.

ORGANISATION KLÄREN

Zu Beginn der ersten Teambesprechung sind folgende Punkte unmissverständlich zu klären:

- die Rahmenbedingungen,
- die grundsätzliche Vorgehensweise,
- der Zeitplan und
- die geltenden Regeln.

Der Moderator muss – verbal und nonverbal, also durch beispielhaftes Handeln – klarstellen, dass er für die Einhaltung sorgen wird.

Kontrolle über den Raum. Der Coach definiert die Anordnung von Tischen und Sesseln im Raum und wird sie – falls erforderlich – auch verändern.

Kontrolle über die Zeit. Der Coach gibt den Zeitplan vor und sorgt für dessen Einhaltung. Jede Abweichung geschieht nur mit seinem Einverständnis. Der Coach macht der Gruppe klar, dass auf zu spät kommende Teilnehmer keine Rücksicht genommen werden kann und diese selbst dafür zu sorgen haben, dass sie ihren Informationsrückstand aufholen.

Kontrolle über die Vorgehensweise. Der Coach gibt die grundsätzliche Vorgehensweise vor und überwacht deren Durchführung. Es ist *ihm* vorbehalten, sie abzuändern.

Regeln versus Flexibilität. Beides wird notwendig sein: auf die Einhaltung einmal definierter Regeln und Vorgaben zu achten und die notwendige Flexibilität zur deren Änderung mitzubringen. Für den Moderator ist es wichtig, die Kontrolle darüber zu behalten – sonst wird er zum wehr- und machtlosen Beisitzer, der keine Rolle mehr im Teamprozess spielt.

GEGENSEITIGES KENNENLERNEN

Vorstellungsrunde. Selbst wenn die Teammitglieder einander kennen, ist eine Vorstellungsrunde angebracht. Aus der Art und Weise, wie sich die einzelnen Teammitglieder vorstellen, kann der Coach viele Rückschlüsse ziehen. Außerdem werden durch eine Vorstellungsrunde eventuelle Missverständnisse ausgeräumt.

Welche Art der Vorstellungsrunde der Coach wählt, hängt von der Zusammensetzung des Teams ab. Unterschiedliche Vorgehensweisen sind möglich – die Wahl der Vorgehensweise ist schon Teil der Dramaturgie. **➔ Vorstellungsrunde**

NENNEN DES ANLASSES

Es ist wichtig, zu diesem Zeitpunkt den Anlass auch dann deutlich zu machen, wenn darüber in Vorbesprechungen bereits diskutiert wurde. Es geht um das gemeinsame Verständnis. Der Anlass besteht aus zwei Teilen:

- **Der Anlass, warum das Team zusammenkommt**, also Thema, Projekt, Ziele … Hier präsentiert der Teamleiter oder (wenn nicht definiert) ein vom Moderator bestimmtes Teammitglied.

- **Der Anlass, warum es einen Moderator gibt**, also die erwarteten Vorteile daraus. Hier präsentiert entweder der Moderator selbst oder vorzugsweise der Auftraggeber nach vorheriger Abstimmung mit dem Moderator.

ABFRAGEN DER ERWARTUNGEN

Die Erwartungen der einzelnen Teammitglieder werden durchaus unterschiedlich sein. Es wird daher kaum möglich sein, *alle* Erwartungen *aller* Teammitglieder zu erfüllen. Trotzdem ist es für den Moderator wichtig, die Erwartungen der Teammitglieder zu kennen.   ➜ **Checkliste: Erwartungen Team-Coaching**

Die vom Moderator berücksichtigten Erwartungen der Teammitglieder haben Auswirkungen auf das Ziel des Teamprozesses und gegebenenfalls auch auf die Spielregeln.   ➜ **Checkliste: Erwartungsabfrage-Bogen**

ABTASTEN DER HERRSCHENDEN STIMMUNG

Der Moderator muss die herrschende Stimmung im Team jederzeit beurteilen können. Hierzu ist es wesentlich, zwischen den führenden „Alphas", den nachfolgenden „Gammas" und den in Opposition oder Abwartehaltung befindlichen „Omegas" zu unterscheiden.[29]

➜ **Checkliste: Stimmungsbarometer-Formular, ➜ Rangdynamik**

Ein guter Start der Moderation sichert den Coaching-Erfolg. Dazu gehört es, die Teilnehmer zu begrüßen und den Moderator vorzustellen. Darüber hinaus werden die Rahmenbedingungen definiert, der Anlass kommuniziert und die Erwartungen der Teilnehmer abgefragt.

Goaling-Phase / Zielfindung

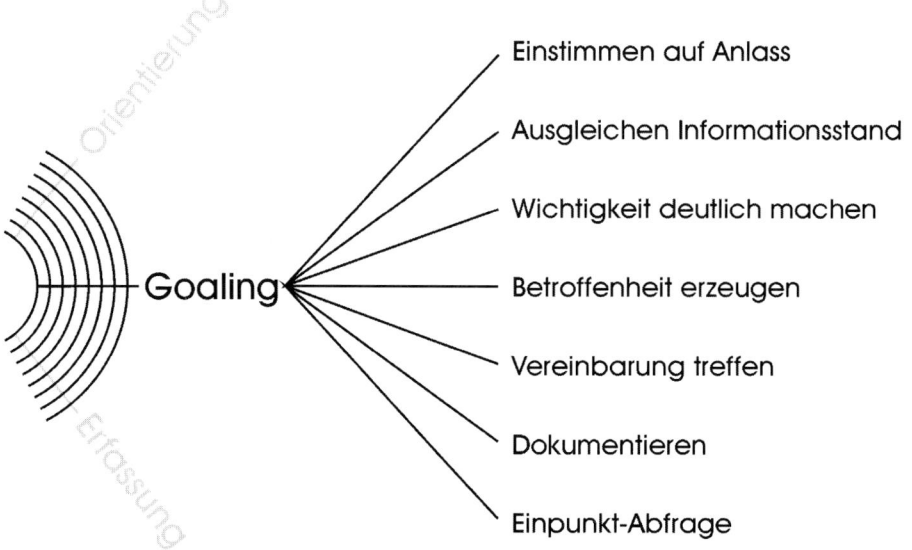

Das Ziel bestimmt den Weg

EINSTIMMEN AUF DEN ANLASS

Der Anlass wurde dem Team bereits in einer früheren Phase mitgeteilt – jetzt geht es darum, bereits am Beginn das Team auf den Anlass einzustimmen.

Diese Einstimmung muss immer dann wiederholt werden, wenn der Moderator ein Abgleiten des Teams in Tagesprobleme feststellt. Der Anlass für die Teambesprechung bestimmt das Ziel, das nicht aus den Augen verloren werden darf.

AUSGLEICHEN DES INFORMATIONSSTANDES

Zu Beginn jeder Teambesprechung ist es wichtig, alle Teilnehmer auf den gleichen Informationsstand zu bringen. Notwendige Maßnahmen können sein:

- Zusammenfassen der Ergebnisse der letzten Besprechung – ergänzend zu einem Protokoll,
- über das Projekt informieren,
- wesentliche Ereignisse seit der letzten Besprechung berichten.

Dieser Ausgleich des Informationsstandes muss mehr sein als reine Information – der Moderator hat darauf zu achten, dass echte Kommunikation stattfindet. Im Zweifelsfall muss er Feedback von den Teilnehmern einfordern.

DIE WICHTIGKEIT DER (JEWEILIGEN) ZUSAMMENKUNFT DEUTLICH MACHEN

Die Wichtigkeit gerade der aktuellen Teambesprechung muss deutlich gemacht werden – wenn das nicht durch den Teamleiter geschieht, ist es Aufgabe des Moderators. Wird die Wichtigkeit und Bedeutung einer Teambesprechung von einigen Teilnehmern nicht erkannt, sinkt die Qualität der Teamarbeit beträchtlich.

BETROFFENHEIT ERZEUGEN

Ein Team arbeitet dann besonders effektiv und effizient an einem gemeinsamen Ziel, wenn jedes einzelne Teammitglied hinter diesem Ziel, diesem Anliegen steht. Hier gilt Ähnliches wie beim Einzel-Coaching: Ein Einzelklient ohne ernsthaftes persönliches Anliegen ist kein Klient – auch ein Team, in dem ein Teil der Mitglieder durch den Anlass für die Teamsitzung und das zu erreichende Ziel nicht mehr betroffen ist, wird nicht mit voller Kraft arbeiten. Spätestens an dieser Stelle ist es angebracht, eine Feedbackrunde einzuschieben.

VEREINBARUNG TREFFEN

Am Beginn eines Team-Coaching, aber auch am Beginn jeder Teambesprechung sind Vereinbarungen über Setting, Vorgehensweise und Inhalt zu treffen.

→ **Checkliste: Vereinbarungen Team-Coaching,**
→ **Checkliste: Setting Teambesprechung**

DOKUMENTIEREN

Der Moderator hat darauf zu achten, dass bei jeder Teambesprechung ein Protokoll geführt und innerhalb von drei Tagen nach der Teambesprechung an alle Teammitglieder verteilt wird. Ebenso ist auf Übersichtlichkeit und Lesbarkeit des Protokolls zu achten.

→ **Checkliste: Protokoll Teambesprechung**

EIN-PUNKT-ABFRAGE

Immer dann, wenn verschiedene Meinungen geklärt und dabei Konflikte vermieden werden sollen, ist eine Einpunkt-Abfrage nach einer der beiden im Anhang gezeigten Methoden sinnvoll.

→ **Checkliste: Ein-Punkt-Abfragebogen**

Das Ziel bestimmt den Weg. Nach dem Ausgleichen des Kommunikationsstandes der Teammitglieder wird Betroffenheit und daraus Engagement der Teammitglieder erreicht. Notwendige Vereinbarungen werden getroffen, notwendige Informationen im Verlauf der Teambesprechungen abgefragt und protokolliert.

Erfassungsphase

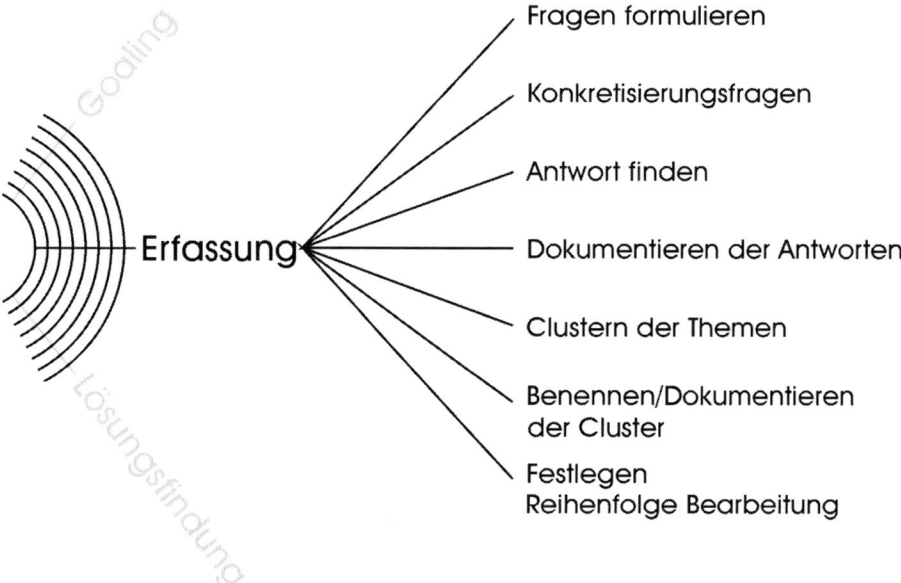

Wo sind wir und wo wollen wir hin?

FORMULIEREN VON FRAGEN

Die wesentliche Aufgabe des Coachs als Moderator ist es, dort wo erforderlich unterstützende Fragen zu stellen – genauso wie beim Einzel-Coaching. Die Fragen des Moderators ergeben sich aus

● den Themen und den Fragen der Teammitglieder, die vom Coach gewürdigt und gegebenenfalls konkretisiert werden müssen und Ausgangspunkt für die Formulierung seiner eigenen Fragen an das Team sind,

● den *nicht* gestellten Fragen, die vom Coach aufgedeckt werden müssen.

Auffächern des Anlasses durch Konkretisierungsfragen

Konkretisierungsfragen des Moderators sind ein wichtiges Instrument, um

- tiefergehende Informationen zu erhalten und
- die Themen hinter den Fragen offen zu legen. → **Konkretisierungsfragen**

Der Moderator sorgt einerseits für eine Detaillierung gestellter Fragen (*chunking down*) – das führt zu besserem Verständnis der Fragen durch das Team und zu mehr Informationen für Teammitglieder und den Moderator. Andererseits sorgt der Moderator dafür, *über* den Fragen stehende weitere Fragen offen zu legen (*chunking up*), um so das eigentliche Thema, die eigentlichen Anliegen hinter den Fragen deutlich zu machen. → **Chunking**

Sich Gedulden – Zeit lassen zum Antwortfinden

Geduld ist für den moderierenden Coach ein wichtiger Faktor. Nicht er liefert die Antworten, sondern die Teammitglieder. Aufgabe des Moderators ist es, den Frageprozess in Gang zu halten, bis das Team befriedigende Antworten gefunden hat. Das kann er durch neue Fragen tun (siehe oben). Von *ihm* gegebene Antworten werden das eher verhindern.

Selbst die Änderung eines schon definierten Zeitrahmens für ein Thema ist besser, als Fragen unbeantwortet zu lassen oder – und das ist weitaus schlimmer – unter Zeitdruck Antworten zu erzwingen. Bleiben Fragen in einer Teamsitzung offen, müssen sie als Tagesordnungspunkt für die nächste Teamsitzung ins Protokoll aufgenommen werden.

Dokumentieren (der Antworten)

Die Antworten auf gestellte Fragen werden im Protokoll der Teambesprechung dokumentiert. Darüber hinaus empfiehlt es sich für den Moderator, besonders bei Fragen und Antworten eine eigene Dokumentation zu führen.

Clustern der Themen

Auf Basis der gestellten Fragen kann der Coach Themencluster erkennen. Diese Cluster sind Themenbereiche, die im Teamprozess eine wesentliche Rolle spielen. Das Clustern von Themen kann vom Coach durch weiterführende, höher „gechunkte" Fragen gefördert werden. Beispiel: „Gibt es ein bedeutenderes, größeres Thema, das noch über diesem Thema steht?"

BENENNEN UND DOKUMENTIEREN DER CLUSTER

Diese Themencluster sind vom Team zu benennen, Bezeichnungen und Inhalte sind im Protokoll zu dokumentieren. Erkennt der Coach Themencluster, die er aus arbeitstechnischen oder taktischen Gründen zu diesem Zeitpunkt noch nicht offen legen will, muss er sie selbst dokumentieren.

FESTLEGEN DER REIHENFOLGE DER BEARBEITUNG

Die Reihenfolge der Bearbeitung von Themen und Themenclustern ergibt sich aus der ursprünglich gewählten und akzeptierten Vorgehensweise und aus der Definition der Teilziele und des Gesamtziels.

Während des Teamprozesses neu auftauchende Themen dürfen auch dann nicht ignoriert werden, wenn sie scheinbar mit dem Thema der Teambesprechung nichts zu tun haben. Diese neuen Themen und Themencluster können

- die gewählte Vorgehensweise beeinflussen oder sogar die Entscheidung für eine neue Vorgehensweise nötig machen,
- die Wichtigkeit der definierten Teilziele beeinflussen oder sogar die Definition neuer Teilziele nötig machen,
- im Extremfall einen neuen Teamprozess mit neuer Zielsetzung notwendig machen.

> **Fragen und Themen.** Für die erfolgreiche Arbeit des Moderators ist es wichtig, Fragen zu formulieren und zu konkretisieren, notwendige Antworten zu finden und sie zu dokumentieren. Themen werden zu Themenbereichen zusammengeführt, diese Cluster werden dokumentiert und die Reihenfolge der Bearbeitung wird festgelegt.

Lösungsfindungsphase

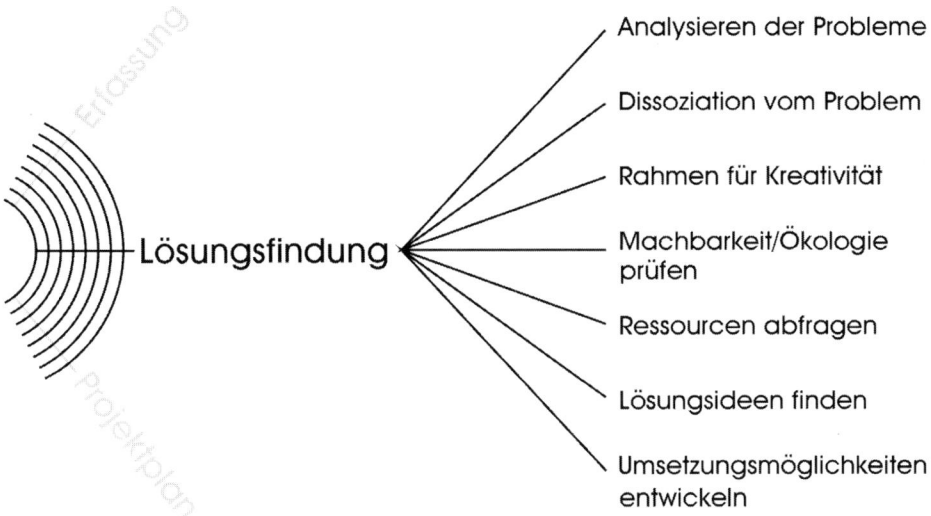

Vom Träumer zum Realisten

ANALYSIEREN DER PROBLEME

Die zur Zielerreichung zu lösenden Probleme sind exakt zu definieren und deren Hintergründe zu analysieren. Trotzdem ist zu beachten, dass Analyse eher eine Betrachtung der Vergangenheit ist, also nicht immer einen Schritt näher zum Ziel bringt.

Die Analyse von Problemen kann auch negative Stimmung im Team erzeugen. Sie ist daher auf das absolut notwendige Ausmaß zu reduzieren und vom Moderator sorgsam zu begleiten, damit die positive Stimmung im Team erhalten bleibt.

→ Checkliste: Problemanalyse

DISSOZIIEREN VOM PROBLEM

Der persönliche Vorteil des Moderators ist, dass er nicht Teil des Problems ist und das Problem ihn – außerhalb des Teamprozesses – nicht persönlich betrifft. Treten im Team bei der Behandlung eines Problems negative Emotionen auf, kann es nützlich sein, Distanz zum Problem zu schaffen.

Der Moderator wird in diesem Fall die Teammitglieder dazu anleiten, eine dissoziierte Haltung zum Problem einzunehmen, das Problem also aus einer anderen als der eigenen, assoziierten Position zu betrachten (Meta-Position). Nützlich ist auch eine Trennung zwischen der Sache und der eigenen Person.

SCHAFFEN EINES RAHMENS FÜR KREATIVITÄT

Kreativität braucht bestimmte Voraussetzungen im Teamprozess:

- Kreative Vorschläge dürfen nicht bestraft werden.
  Mögliche Vorgehensweise: Brainstorming

- Der Moderator achtet darauf, dass alle Teammitglieder (auch die „Omegas") zu Wort kommen. Trotzdem darf es diesbezüglich keinen Leistungsdruck geben.

- Kreative Lösungsvorschläge werden auch dann dokumentiert, wenn sie zu dem Zeitpunkt, an dem sie gemacht werden, völlig absurd und nicht umsetzbar erscheinen.

- Die Bewertung der Umsetzbarkeit erfolgt erst, nachdem *alle* Vorschläge eingebracht sind.

Der Coach hat darauf zu achten, dass der kreativen Phase genügend Raum gegeben wird – auch dann, wenn Zeitdruck herrscht und die „Realisten" unter den Teammitgliedern auf die Umsetzung drängen.

PRÜFEN DER MACHBARKEIT UND ÖKOLOGIE

Zwei wichtige Faktoren sind zu überprüfen:

- die **Machbarkeit**, das ist die realistische Erreichbarkeit des gesetzten Ziels. Diese Erreichbarkeit muss aus eigener Kraft des Teams sichergestellt sein. Das setzt voraus, dass das Team nicht nur handlungs- und entscheidungsfähig ist, sondern auch in eigener Kompetenz Entscheidungen treffen kann. Es sei denn, der Auftraggeber bzw. eine vorgesetzte Stelle höherer Hierarchie steht für formelle Entscheidungen zur Verfügung.

- die **Ökologie,** das ist die Auswirkung auf das Umfeld des Teams und auf das Umfeld der Personen bzw. Unternehmensbereiche, die es vertritt.

➜ **Checkliste: Ökologie-Check**

ABFRAGEN DER RESSOURCEN

Die Machbarkeit wird auch von den zur Verfügung stehenden Ressourcen abhängen. Ressourcen können unterschiedlich sein:

- **materielle Ressourcen**, also zum Beispiel Zeit, Geld, Personal
- **immaterielle Ressourcen**, also zum Beispiel Entscheidungskompetenzen, Know-how

Die vorhandenen Ressourcen bestimmen wesentlich die Umsetzbarkeit gefundener kreativer Ansätze.

FINDEN VON LÖSUNGSIDEEN

Aus den auf breiter Basis gefundenen kreativen Ansätzen entstehen konkrete Lösungsideen. Diese Lösungsideen gehen über die in freien kreativen Prozessen gesammelten Ansätze hinaus, da zu diesem Zeitpunkt die Machbarkeit geprüft, die vorhandenen Ressourcen untersucht und die Auswirkungen auf das Umfeld erkannt wurden.

Lösungsideen sind überprüfte Möglichkeiten für das Erreichen des Ziels. Diese Lösungsideen sind genauso wie die kreativen Ansätze zuerst zu dokumentieren und erst dann zu bewerten. Wichtigstes Bewertungskriterium ist in diesem Fall die Umsetzbarkeit.

ENTWICKELN VON UMSETZUNGSMÖGLICHKEITEN

Aus den nach Realisierbarkeit bewerteten Lösungsideen ergeben sich konkrete Umsetzungsmöglichkeiten, die ihrerseits wieder nach den Faktoren

- Wahrscheinlichkeit der Realisierung
- Zeitbedarf für die Realisierung
- Ressourcenbedarf
- Ökologie

zu bewerten sind. Das Ergebnis dieser Bewertung ist zu dokumentieren.

Resultat ist eine bewertete Anzahl von konkret umsetzbaren Projekten bzw. realisierbaren Vorgehensweisen.

Kreative Schöpfungen und reale Umsetzung. Probleme werden nicht nur analysiert, sondern zur besseren Übersicht auch dissoziiert betrachtet. Ein geeigneter Rahmen für die Kreativität der Teilnehmer schafft die Voraussetzung zur Umsetzung, die Machbarkeit wird überprüft, notwendige Ressourcen und Lösungsideen gefunden und Umsetzungsmöglichkeiten entwickelt.

Der Moderator ist in dieser Projektphase aufmerksamer und wachsamer Begleiter, der den ordnungsgemäßen Ablauf der Prozesse von der kreativen Idee bis zum umsetzbaren Projekt überwacht und nur bei Abweichungen eingreift.

Projektplanungsphase

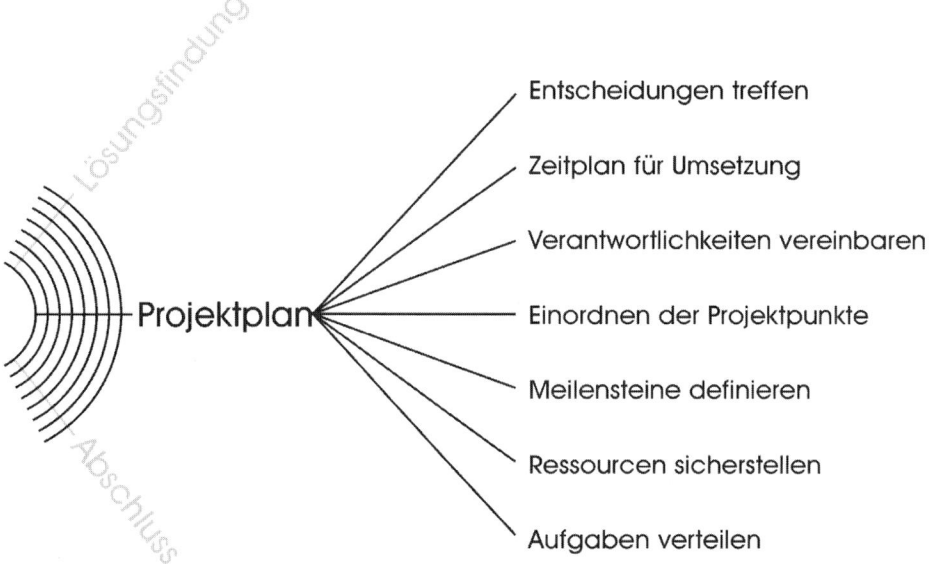

Meilensteine und Verantwortungen

TREFFEN VON ENTSCHEIDUNGEN

Am Beginn der Umsetzungsphase ist die Entscheidung zu treffen, welche der gefundenen Projekte bzw. der vorgeschlagenen Vorgehensweisen umgesetzt werden sollen. Das betrifft auch Teilprojekte als Ergebnis jeder Teambesprechung.

Reichen die Kompetenzen des Teams oder des Teamleiters nicht aus, ist der Auftraggeber oder eine entsprechend entscheidungsberechtigte Person beizuziehen. Zu diesem Zeitpunkt wird es wahrscheinlich sein, dass Personen außerhalb des Teams, die über entsprechendes Know-how verfügen, zumindest vorübergehend in das Team integriert werden (zum Beispiel Finanz- und Rechnungswesen, Controlling, Logistik, Produktion …).

FESTLEGEN DES ZEITPLANS FÜR DIE UMSETZUNG

Gibt es konkret umsetzbare (Teil-)Projekte, über deren Umsetzung von kompetenter Seite entschieden wurde? Dafür ist vom Team ein konkreter Zeitplan festzulegen. Auch die Machbarkeit des Zeitplans ist zu überprüfen.

Die Genauigkeit des Zeitplans wird sich richten …

● nach der Komplexität des (Teil-)Projektes und

● nach der Bedeutung des Teilprojektes für das Gesamtziel.

Minimalinformationen sind Projektstart und Projektabschluss. Zu prüfen ist der mögliche Einfluss anderer Teilprojekte, anderer Projekte außerhalb der Aufgaben dieses Teams, saisonaler Abhängigkeiten oder der bereitzustellenden Ressourcen auf den Zeitplan.

Die Einhaltung des Zeitplans jedes (Teil-)Projekts ist laufend zu überwachen. Diese Aufgabe sollte ein Teammitglied übernehmen; der Moderator hat darauf zu achten, dass diese Überprüfung auch durchgeführt wird und Abweichungen im Team berichtet werden.

TREFFEN VON VEREINBARUNGEN ÜBER DIE VERANTWORTLICHKEIT

Eindeutig definierte und dokumentierte Verantwortlichkeiten sind ein wesentlicher Erfolgsfaktor eines Projekts. Verantwortliche Mitarbeiter und deren Stellvertreter sind festzulegen …

● für jedes (Teil-)Projekt,

● für jeden Projektschritt,

● für das Projekt-Controlling.

Diese Festlegungen sind zu dokumentieren.

EINORDNEN DER PROJEKTPUNKTE INS ALLTAGS- UND ARBEITSGESCHEHEN

Die Umsetzung des (Teil-)Projektes hat Auswirkungen auf das tägliche Geschehen im Unternehmen. Im Sinne eines Öko-Checks sollten nochmals die Auswirkungen dieses konkreten (Teil-)Projekts auf alle dadurch beeinflussten Bereiche überprüft werden.

Alle betroffenen Unternehmensbereiche sind zu informieren und wenn notwendig in die Umsetzung mit einzubeziehen.

DEFINIEREN DER MEILENSTEINE

Bei komplexen (Teil-)Projekten oder aber solchen, die über einen längeren Zeitraum ablaufen, sind entsprechende Meilensteine zu definieren.

→ Meilensteine formulieren

SICHERSTELLEN DER RESSOURCEN

Wenn der detaillierte (Teil-)Projektplan vorliegt, ist nochmals zu überprüfen, ob die zur Umsetzung benötigten Ressourcen rechtzeitig bereitstehen; bzw. deren Bereitstellung sicherzustellen.

VERTEILEN DER HAUSAUFGABEN

Als eines der Ergebnisse jeder Teamsitzung werden „Hausaufgaben" anfallen, also bis zur nächsten Teamsitzung oder bis zu einem anderen definierten Zeitpunkt zu erledigende Teilaufgaben. Diese sind samt den dafür Verantwortlichen und dem Zeitpunkt der Erledigung schriftlich zu definieren.

Auch am Ende eines Projekts werden solche Aufgaben anfallen – zum Beispiel die Überprüfung der Auswirkungen des Projekts und die Effizienz der Zielerreichung.

> **Planung des Erfolgs.** In dieser Phase wird ein realistischer Projektplan erstellt, einschließlich der notwendigen Meilensteine. Es werden Verantwortlichkeiten vereinbart, Aufgaben verteilt und die notwendigen Ressourcen sichergestellt.

Abschlussphase

Projektplan

Abschluss

- Zusammenfassen/Bilanzieren
- Reflexion der Arbeitsweise
- Zufriedenheit
- Ausblick & Hoffnungen
- Termin für Folgetreffen
- Anerkennen
- Danken

Zusammenfassung und Ausblick

Eine Abschlussphase steht in jeder Teambesprechung an, besonders aber zum Projektabschluss, wenn das Problem gelöst bzw. das Teamziel erreicht ist. Es ist Aufgabe des Coachs und Moderators, dafür zu sorgen, dass die Abschlussphase auch bei knappen Zeitressourcen nicht weggelassen wird.

„Ergebnis" bedeutet im nachfolgenden Abschnitt immer sowohl Teilergebnis einer Teambesprechung als auch Endergebnis des Teamprojekts.

BILANZIEREN – ZUSAMMENFASSEN DER ERGEBNISSE

Das Ergebnis ist in allen Fällen zusammenzufassen – bei Teilergebnissen zumindest in mündlicher Form, bei Endergebnissen auch in schriftlicher Form. Der Moderator muss auf positive Formulierung achten. Für den Projektfortschritt wesentliche Ergebnisse sind im Unternehmen in entsprechender Form zu kommunizieren.

Meinung – Reflexion der Arbeitsweise

Am Ende jeder Teamsitzung sind in einer Feedbackrunde Rückmeldungen der Teammitglieder über die Vorgehensweise einzuholen. Wesentlich dabei ist, dass das Feedback jedes Teilnehmers nicht diskutiert, sondern zur Kenntnis genommen wird. Es liegt in der Verantwortung des Teamleiters und des Moderators, kritische Anmerkungen oder Verbesserungsvorschläge für die nächste Teambesprechung zu berücksichtigen.

Am Ende eines Teamprojekts ist Feedback über die Arbeitsweise des Teams einzuholen. In diesem Fall empfiehlt es sich, in einem Abstand von etwa vier Wochen nach Projektabschluss eine Feedbackrunde anzusetzen, an der alle Teammitglieder, der Moderator und möglichst auch der Auftraggeber teilnehmen. Die Aussagen dieser Feedbackrunde sind schriftlich zu dokumentieren. Bei komplexeren Projekten sollte die Feedbackrunde innerhalb von sechs Monaten nach dem Projektabschluss wiederholt werden.

Zufriedenheit – Abklären, ob die Erwartungen erfüllt sind

Das im vorangegangenen Abschnitt Gesagte gilt auch für die Abklärung der Zufriedenheit mit dem Projektverlauf bzw. dem (Teil-)Projektergebnis.

Ausblicke geben und Hoffnungen Ausdruck verleihen

Am Ende des Teamprojekts, in kurzer Form aber auch am Ende jeder Teambesprechung, gibt der Teamleiter in positiver Form einen Ausblick auf kommende Aktivitäten des Teams. Der Moderator kann diesem positiven Abschluss durch Würdigung der Arbeit des Teams und des Ergebnisses Nachdruck verleihen.

Terminvereinbarung für Folgetreffen

Der Termin der nächsten Teambesprechung bzw. zu Projektabschluss mögliche weitere Termine für Projektcontrolling oder Feedback sind zu definieren und zu dokumentieren.

Anerkennen und Danken

Am Ende jeder Teambesprechung, ganz besonders aber am Projektende, steht die Anerkennung der Leistungen des Teams durch den Teamleiter, der den Teammitgliedern für die Mitarbeit dankt. Zur Unterstützung der dadurch erzeugten positiven Stimmung wird diese Anerkennung auch vom Moderator ausgesprochen und verstärkt.

Reflexion und Abschied. Am Ende der Teamarbeit gilt es, die Ergebnisse zusammenzufassen sowie die Arbeitsweise und die Erfüllung der Erwartungen zu reflektieren. Ein Ausblick für die Zukunft wird gegeben, Folgetreffen werden vereinbart. Am Ende des Gruppen- oder Teamcoachings steht die Anerkennung der Arbeit des Teams.

Das Coaching der Gruppe oder des Teams hat stattgefunden, die richtigen Modelle und Methoden wurden vom Coach als Moderator eingesetzt. Die wichtigste Frage für Klient und Coach ist jedoch: Was sind die Resultate? Näheres darüber erfahren Sie im nächsten Abschnitt.

6 Was bringt es?

R.E.S.U.L.T.S.

RESSOURCEN

Coaching ist dann erfolgreich, wenn es dem Klienten ermöglicht, neue Ressourcen zu erschließen – vorzugsweise jene Ressourcen, die er zum Erreichen seiner Ziele in seinem Kontext benötigt. Diese Ressourcen können umfassen:

● den Kontext des Klienten – Menschen, Orte, Dinge, Informationen,

● die neuen Fähigkeiten des Klienten und

● alle Synergieeffekte, die sich daraus ergeben.

Entwicklung

Coaching war dann erfolgreich, wenn der Klient eine deutliche Entwicklung durchgemacht hat. Diese Entwicklung muss vor allem für den Klienten selbst durch Erfüllung seines Anliegens erkennbar und erfahrbar sein.

Wesentlich ist, dass der Coach in jeder Phase darauf hinweist, dass diese Entwicklung weitergehen kann. Sie entspricht metaphorisch gesehen einem Weg, der gerade durch das Coaching-Ergebnis begonnen wurde.

Selbsterfahrung

Die Selbsterfahrung des Klienten ergibt sich daraus, dass er selbst aktiv am Erreichen des Coaching-Ergebnisses mitgearbeitet hat. Der Klient erlangt im besten Falle Klarheit über die Konstruktion der eigenen Landkarte. **➜ Landkarte**

Urteilskraft

Gesteigerte Urteilskraft des Klienten ist ein Kriterium für erfolgreiches Coaching. Der Klient wird so in die Lage versetzt, eigenes Verhalten und das Verhalten seiner Umwelt flexibler, rascher und treffsicherer zu beurteilen. Daraus resultieren:

● kürzere Reaktionszeit auf veränderte / neue Umfeldbedingungen,

● verbesserte Fähigkeit, Feedback zu geben und anzunehmen,

● erfolgreiches Einsetzen eigener Fähigkeiten.

Lösungen und Loslösungen

Coaching erzeugt nicht nur Lösungen, sondern ermöglicht auch Loslösung von alten, hemmenden Glaubenssätzen, behindernden Bindungen und Verbindungen, übernommenen Fremdgefühlen, systemischen Verstrickungen.

Teamfähigkeit – soziale Kompetenz

Der Klient hat gelernt, …

● sein Wahrnehmungsvermögen zu erweitern,

● seine Urteilskraft zu schärfen,

● die Wichtigkeit von Ressourcen zu erkennen und

● die Reaktion seines Umfelds auf veränderte Verhaltensweisen einzuschätzen.

Dadurch wird er in Gruppen und Teams, das heißt in sozialen Beziehungen, lockerer und konfliktfreier agieren können – egal ob als Privatperson, Partner, Teammitglied oder Führungskraft.

SELBSTBEWUSSTSEIN

Im Verlauf des Coaching hat der Klient die Erfahrung gemacht, in welchem Kontext er seine vielfältigen Fähigkeiten erfolgreich anwenden kann. Er hat viele Teilziele und das Coaching-Ziel erreicht – und zwar vorwiegend aus eigener Kraft. Er hat gelernt, von ihm als negativ bewertete Eigenschaften in einen neuen Rahmen zu setzen, in dem sie Positives bewirken.

Das alles wird ihm helfen, auch andere Probleme leichter und rascher zu bewältigen und Ziele lustvoller und aus eigener Kraft zu erreichen.

> **Output.** Für den Klienten sind die Ergebnisse des Coaching wesentlich. Neue Ressourcen wurden erschlossen, der Klient hat sich weiterentwickelt und an Selbsterfahrung und Selbstbewusstsein gewonnen. Seine Urteilskraft wurde geschärft, hemmende Glaubenssätze und Bindungen, aber auch systemische Verstrickungen wurden abgelegt.

7 Wer macht das?

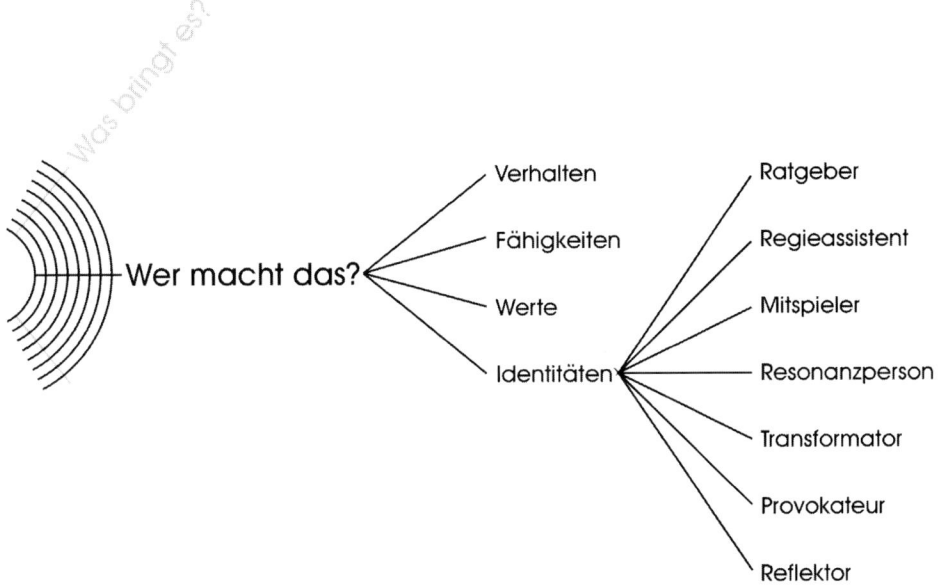

Anforderungen an die Persönlichkeit des Coachs

Bezug nehmend auf das Konzept der neurologischen Ebenen möchte ich an dieser Stelle ein Profil des Coachs skizzieren. **→ Neurologische Ebenen**

Dass das Verhalten des Coachs gegenüber seinem Klienten viel zum Erfolg des Coaching beiträgt, ist offensichtlich. Dieses Buch zeigt eine Vielzahl von Verhaltensweisen auf. Die Entscheidung darüber, welches Verhalten gegenüber welchem Klienten und bei welchem Anliegen angebracht ist, liegt beim Coach.

Die 7 notwendigen Kompetenzen des Coachs

F.A.L.A.F.E.L. bezeichnet die 7 wichtigsten Kompetenzen eines Coachs.
(→ Grundaufgaben des Therapeuten nach Irvin D. Yalom):

Fachkompetenz. Besonders bei Coaching im Unternehmenskontext erwarten sich die Klienten vom Coach eine gewisse Fachkompetenz. Ein Teamcoach, der etwa ein Projektteam für die Errichtung eines Bauwerks coacht, sollte über gewisse Grundkenntnisse der Bautechnik verfügen.

Im Einzel-Coaching ergibt sich die notwendige (und gegebenenfalls vom Klienten geforderte) Fachkompetenz oft aus einfachen Kriterien wie Alter und Familienstand. Ein dreißigjähriger Coach wird sich mit einem fünfundfünfzigjährigen Klienten, dessen Problem Altersarbeitslosigkeit ist, relativ schwer tun. Ein unverheirateter Coach wird möglicherweise von einem Klienten mit Partnerschaftsproblemen nicht akzeptiert werden. Das wichtigste Kriterium ist die emotionale Entwicklung des Coachs.

Analytische Kompetenz. Der Coach muss die Hintergründe der Antworten und Äußerungen des Klienten erkennen und richtig zuordnen. Er muss daraus die notwendigen Schlüsse für die weitere Vorgehensweise ziehen können. Ebenso ist es eine wichtige Aufgabe des Coachs, die Hintergründe des Anliegens des Klienten und dessen Ernsthaftigkeit zu analysieren.

Linguistische Kompetenz. Die Sprache spielt bei jeder Coaching-Sitzung eine große Rolle. Ein guter Coach wird daher gut mit der Sprache umgehen und bestimmte Sprachmuster gezielt einsetzen können. Wichtig im Sinne eines guten Pacing ist es, dass der Coach seine Sprache der Sprache des Klienten anpasst.

Ablauf- und Prozesskompetenz. Eine der Kernaufgaben eines Coachs ist es, übergeordnete Zusammenhänge in Prozessen ganzheitlich zu erkennen und zu gestalten. Das trifft auf das Anliegen des Klienten genauso zu wie auf die Festlegung des gesamten Coaching-Verlaufs.

Führungskompetenz. Insbesondere im Gruppen-Coaching hilft Führungskompetenz: Bei der Moderation der Gruppe werden ihn die Gruppenmitglieder anerkennen, obwohl er hierarchisch nicht der Gruppenleiter ist.

Entwicklungskompetenz. Ein Coach braucht Entwicklungskompetenz in zweifacher Hinsicht:

● Er initiiert eine positive Entwicklung beim Klienten.

● Er muss sich selbst ständig weiterentwickeln – persönlich und fachlich.

Link- und Vernetzungskompetenz. Der Coach muss in der Lage sein, die erkannten Teile wieder zusammenzusetzen bzw. deren Zusammenhänge zu erkennen.

Die 7 Werte des Coachs

Die sieben wesentlichen Werte eines Coachs sind:

Menschen. Gutes und wirksames Coaching heißt für den Coach, den Klienten als vollwertigen Menschen zu sehen.

Liebe. Liebevolle Zuwendung zum Klienten ist eine Grundvoraussetzung für erfolgreiches Coaching – das gilt sogar für den provokativen Stil. Liebe im Sinne von Achtung vor dem Klienten und Anerkennung der Relevanz seiner Probleme und Ziele ist die Basis dafür.

Offenheit. Offenheit gegenüber dem Klienten fördert dessen Bereitschaft zur Mitarbeit.

Vertrauen des Klienten in den Coach ist die Grundbedingung dafür, dass der Coach jene persönlichen Details vom Klienten erfährt, die die Grundlage erfolgreicher Coaching-Arbeit sind.

Die **Kompetenz** des Coachs gewährleistet die

Anerkennung durch den Klienten und wird durch

Lernen aufrechterhalten und weiter erhöht.

Die 7 Rollen des Coachs

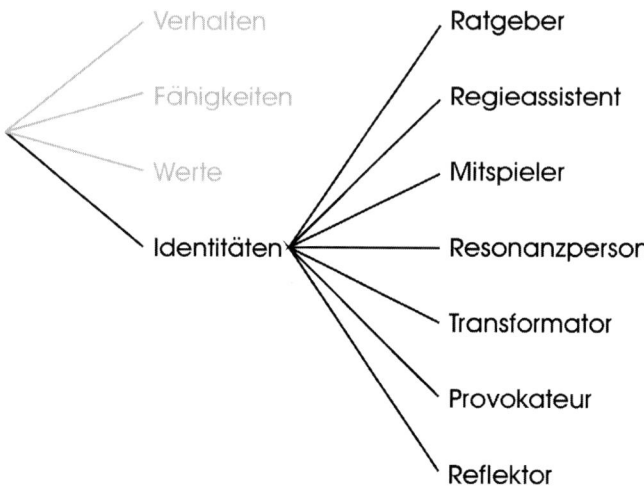

Jeder Coach wird im Verlauf eines Coaching-Prozesses unterschiedliche Rollen und damit unterschiedliche Identitäten annehmen. Das kann bewusst geschehen – im Zusammenhang mit einer angewandten Methode oder um bestimmte Reaktionen des Klienten auszulösen – oder unbewusst, basierend auf Erfahrungen oder Kompetenzen, die der Coach einbringt.   ➔ **Rollen des Coachs**

Anforderungen. An den Coach werden hohe Anforderungen bezüglich seines Verhaltens, seiner Fähigkeiten und seiner Kompetenzen gestellt. Er kann und muss je nach Aufgabenstellung flexibel unterschiedliche Rollen einnehmen.

Teil II

Definitionen, Modelle und Methoden

Definitionen

Wie definieren andere Coaching?

Die *International Coach Federation* (**ICF**) [30] definiert Coaching so:

> „… eine andauernde Partnerschaft, welche die Klienten unterstützt, ihre Ziele im persönlichen und beruflichen Leben zu verwirklichen. Durch den Coaching-Prozess können Klienten umfassend lernen, ihre Leistungen zu verbessern und die Lebensqualität zu erhöhen. In jeder Coaching-Sitzung wählt der Klient den Schwerpunkt der Konversation, während der Coach intensiv zuhört und mit Fragen zur Seite steht. Coaching beschleunigt den Fortschritt der Klienten, da sie sich über ihre Möglichkeiten bewusst werden und diese in den Mittelpunkt stellen. Der Coach konzentriert sich darauf, wo sich die Klienten heute befinden, und auf ihre Bereitschaft, Veränderungen herbeizuführen, um dorthin zu gelangen, wo sie morgen sein möchten."

Die *European Coaching Association* (**ECA**) [31] sagt:

> „Coaching ist eine die Zukunft des Klienten verwirklichende Beratung und Begleitung, ein auf partnerschaftlicher Ebene stattfindender Entwicklungsprozess." Die ECA grenzt ein: „Coaching ist weder Psychotherapie noch Heilbehandlung."

Der *Deutsche Verband für Neurolinguistisches Programmieren* (**DVNLP**) hat im Zuge der Ausbildung zum Coach, DVNLP [32] Coaching so beschrieben:

> „Coaching ist die nicht-psycho-therapeutische Beratung, Unterstützung und Förderung von Personen im Business, Sport und Alltag. Bevorzugte Arbeit mit einer Person, die im Veränderungsprozess begleitet wird."

Der *Österreichische Coaching-Dachverband* (**ACC**) [33] definiert Coaching als

> „… einen interaktiven und personenzentrierten Beratungs- und Begleitungsprozess im beruflichen Kontext, der zeitlich begrenzt und thematisch definiert ist."

Martina Schmidt-Tanger [34] definiert Coaching als

> „… Hilfestellung zur Entwicklung von Ressourcen, zum Erreichen von Zielen und Problemklärungen bzw. -lösungen."

Astrid Schreyögg[35] definiert Coaching so:

> *„Coaching bezeichnet heute einerseits eine individuelle Form der Personalentwicklung vorrangig für Führungskräfte in unterschiedlichen Arbeitsfeldern."* Es dient andererseits als *„psychologische Unterstützung und Klärungshilfe für Berufstätige",* das heißt, Coaching ist ein Ort, an dem Menschen *„Freud und Leid im Beruf"* verhandeln können. Hierbei geht es nicht nur um Krisenbewältigung, sondern auch um die Förderung von *„Selbstmanagement",* das heißt Selbstgestaltung im Hinblick auf *„Mobilisierung von mehr Effizienz, aber auch mehr Humanität."*

Das *artop-Institut* **an der Humboldt-Universität Berlin**[36]:

> *„Coaching ist ein durch einen professionellen Coach unterstützter Entwicklungs- und Veränderungsprozess, in dessen Verlauf sich der Coach in Abhängigkeit von der Ausgangssituation, dem Coachingziel und dem Klienten differenzierter methodischer Konzepte bedient. Dazu gehören explorierende Analysemethoden sowie zielgerichtete Interventionsformen. Ziel dieses Prozesses ist es, die Wechselwirkungen zwischen dem Klienten und dessen System oder einzelnen Systemkomponenten so zu verändern, dass ein zu Beginn des Coaching-Prozesses vom Klienten definierter Endzustand (Coaching-Ziel) durch die Modifikation von Verhalten und Erleben des Klienten erreicht wird."*

(Adressen und Websites der Coaching-Dachverbände finden Sie im Anhang.)

Wie definieren andere Supervision?

Die *European Association for Supervision* (**EAS**)[37] definiert Supervision folgendermaßen:

> *„Supervision ist ein Beratungskonzept, mit dessen Hilfe Einzelpersonen, Teams, Gruppen und Organisationen ihre berufsbezogenen Handlungen und Strukturen reflektieren."*

Die *Deutsche Gesellschaft für Supervision* (**DGSV**)[38] definiert Supervision als

> *„… Beratungsmethode, die zur Sicherung und Verbesserung der Qualität beruflicher Arbeit eingesetzt wird."*

Die *Österreichische Vereinigung für Supervision* (ÖVS)[39] bietet folgende Definition an:

> *„Supervision ist ein modernes Instrument professioneller Begleitung für Angelegenheiten von Beruf und Ehrenamt, eine Beratungsform mit Tradition und langjähriger Erfahrung."*

Astrid Schreyögg[40] definiert Supervision als

> *„... eine Beratungsform, die berufliche Zusammenhänge thematisiert."*

Wie definieren andere Mediation?

Der *Österreichische Coaching-Dachverband* (ACC)[41] definiert Mediation als „... ein strukturiertes, auf Freiwilligkeit basierendes Verfahren zur Konfliktlösung. Ein unparteiischer Dritter ohne Entscheidungsgewalt begleitet die Konfliktpartner zu einer Win-win-Lösung."

Die **Universität Graz**[42] definiert Mediation im Rahmen ihres gleichnamigen Forschungsschwerpunktes folgendermaßen:

> *„Mediation bedeutet Vermittlung zwischen zwei oder mehreren Parteien in einem Interessenskonflikt unter Einbeziehung eines überparteilichen Dritten und stellt ein auf Freiwilligkeit basierendes Konfliktbehandlungsinstrument dar."*

Die Berufsgruppe der **Lebens- und Sozialberater**[43] der Wirtschaftskammer Österreich nennt Mediation

> *„... eine Methode der Konfliktschlichtung, die es den Konfliktparteien ermöglicht, mit Hilfe einer neutralen und unparteiischen Person – dem Mediator/ der Mediatorin – über die Konfliktsituation zu verhandeln und bei erfolgreichem Verlauf am Ende eine Vereinbarung zu treffen, mit der alle Konfliktparteien einverstanden und zufrieden sind."*

Der *Schweizer Dachverband Mediation* (SDM-FSM) bezeichnet Mediation als

> *„... außergerichtliches interdisziplinäres Verfahren der Konfliktbearbeitung, in dem neutrale Dritte die Konfliktbeteiligten darin unterstützen, ihren Streit einvernehmlich zu lösen."*

Modelle und Methoden

Ankern

Ankern ist eine Technik, die auf das russische Verhaltensforscher-Ehepaar Pawlow und seine Arbeiten über den bedingten Reflex zurückgeht. Unter Ankern versteht man das Herstellen einer assoziativen Verbindung zwischen einem äußeren Reiz und einer Reaktion des Organismus[44].

In jeder Coaching-Sitzung gibt es Gelegenheiten für den Coach, Anker zu setzen. Geankert wird beim kinästhetischen Anker durch Fingerdruck oder Auflegen der Hand auf eine – manchmal vorher vereinbarte – Körperstelle, also etwa auf die Schulter, das Knie oder den Arm des Klienten. Grundsätzlich sollte der Coach – um negative Überraschungen durch die Berührung zu vermeiden – bereits beim Einführungsgespräch die Möglichkeit erwähnen, dass er Anker setzen wird. Der Klient kann auch die Stelle festlegen, an der geankert werden soll.

Der Coach ankert, kurz bevor ein positives Gefühl seinen Höhepunkt erreicht. Der richtige Zeitpunkt ergibt sich durch Beobachtung der nonverbalen Reaktion des Klienten. Voraussetzung dafür ist guter Rapport.

Wird ein positives Gefühl immer im Zusammenhang mit der Bewältigung desselben Anliegens geankert, kann auch immer dieselbe Stelle am Körper verwendet werden (Stapeln von Ankern). Das immer gleiche Setting beim Eintreffen des Klienten, eine bestimmte Raumdekoration, eine bestimmte Musik oder Düfte im Raum sind ebenfalls Anker.

Antriebe zur Veränderung

ANTRIEB ÜBER DEN SCHMERZ

Beinhaltet das Anliegen des Klienten die Unzufriedenheit mit seiner derzeitigen Lebenssituation, ist dieser Weg für den Coach der scheinbar einfachste: Die Motivation kommt daher, dass er von der derzeitigen Situation weg will. Dieser Antrieb allein ist deswegen fragwürdig, weil es sich um eine reine „Weg-von-Strategie" handelt. Die Tatsache, dass der Klient von seiner derzeitigen Situation weg will, ist nicht unbedingt Antrieb genug dafür, motiviert in einen Veränderungsprozess zu gehen.

In diesem Fall dient das Negative der gegenwärtigen Situation als Antrieb. Dieser Antrieb kann vorerst der stärkste sein. So kann der Klient vom Coach in Bewegung gebracht werden, wobei unbedingt darauf zu achten ist, dass dieser „Weg-von-Motivation" möglichst rasch eine „Hin-zu-Bewegung" folgt.

ANTRIEB ÜBER DEN NUTZEN

Ausgehend von der mit dem Klienten durchgeführten Zieldefinition kann der Coach diesem den Nutzen einer Veränderung klar machen – das ist eine wesentliche Voraussetzung zum Erreichen des Ziels. Die positiven Aspekte der Zielerreichung sind deutlich zu machen. So entsteht eine klare Hin-zu-Motivation – statt des Negativen der gegenwärtigen Situation dient das Positive der angestrebten Situation als Antrieb.

ANTRIEB ÜBER DEN SINN

Die Motivation über den Sinn geht einen Schritt weiter. Über den unmittelbaren Nutzen der Veränderung zum Erreichen des angestrebten Ziels hinaus führt diese den Klienten näher an den von ihm angestrebten Sinn hin. In diesem Zusammenhang ist Sinn in der Definition von Viktor Frankl zu verstehen, also als der Weg zu Vision und Mission, zu höheren Zielen. Viktor Frankl nennt drei „Sinn-Systeme":

- **Kreativität** – das, was man selbst schafft oder der Welt als seine eigene Schöpfung gibt
- **Erfahrung** – das, was man von der Welt an Begegnungen und Erfahrungen nimmt
- **Haltung** – die Haltung gegenüber dem Leiden und dem Schicksal

Der Sinn als Antriebsfaktor spielt erst seit dem 20. Jahrhundert eine Rolle. Noch Freud meinte: „Im Moment, da man nach Sinn und Wert des Lebens fragt, ist man krank, denn beides gibt es ja nicht in objektiver Weise."

Gertrud Höhler[45] nennt Sinn „ein knappes Gut". „Sinn-Vernichter" sind für sie Flüchtigkeit, Vergänglichkeit und Vergeblichkeit. Sinn ist für sie das Schlüsselwort für Wahrnehmen und Verstehen unserer Umwelt: „Niemand ist imstande, über längere Zeit Einsatz zu bringen, ohne den Sinn zu erkennen." Die Frage nach dem Sinn ist also mehr als eine Frage, sie ist „ein Menschenrecht".

Der Sinn ist ein starker Antriebsfaktor für jede Veränderung. Nochmals Gertrud Höhler: „Wenn Menschen nach Sinn verlangen, dann meinen sie ein Ziel, … das auch ihre längerfristigen Planungen übertrifft."

ANTRIEB ÜBER DIE ÖKOLOGIE

Besonders wenn das Selbstwertgefühl des Klienten schwach ausgeprägt ist, wird der Faktor Ökologie bei der Motivation zur Veränderung eine wesentliche Rolle spielen. Ist das eigene Wohlbefinden des Klienten nicht Antrieb genug, wird die Betrachtung und die Reaktion des Umfeldes im Sinne eines Öko-Checks wichtig.

→ **Ökologie-Check** 236

ANTRIEB ÜBER DIE WERTE

Ein weiterer positiver Antrieb für den Klienten kann es sein, durch die Veränderung eine Realisierung der für ihn wesentlichen Werte zu erreichen. Auch das ist eine klare Hin-zu-Motivation. Die bestimmenden Werte des Klienten, also die in seiner Wertehierarchie[46] am höchsten angesiedelten, stehen noch über den angestrebten Zielen und bestimmen diese wesentlich mit.

Klienten, die im Weg zur Veränderung die Möglichkeit sehen, ihre höchsten Werte zu realisieren, haben einen starken und positiven Antrieb zur Veränderung. Hier wäre es eine wichtige Aufgabe des Coachs, auf die Realisierungsbedingungen dieser Werte zu achten.

ANTRIEB ÜBER DEN PROZESS DER ENTWICKLUNG

Peter Schellenbaum[47] erwähnt „den zur ganzheitlichen Entfaltung motivierenden Entwicklungstrieb" des Menschen. Das ist der innere Antrieb zur Veränderung, der unbewusst genutzt werden kann. In diesem Fall geht es nicht um Motivation zur Veränderung, sondern darum, diesen unbewussten Antrieb zuzulassen.

ANTRIEB ÜBER DIE WACHSTUMSLUST

Die angeborene kindliche Wachstumslust wird sehr oft in das Gegenteil verwandelt – in Wachstumsschmerz. Peter Schellenbaum[48] schreibt: „Wenn eine Mutter ihre Hingabe und Fürsorge … wiederholt am stets gleichen Punkt unterbricht, erfrieren die Wachstumsgebärden des Säuglings an eben diesem Punkt. Durch strenge, einschränkende Gesten hemmt sie die schöpferischen Wachstumsgebärden ihres Kindes."

Die Aufgabe des Coachs liegt dann darin, dem Klienten deutlich zu machen, dass es auch bei ihm eine Wachstumslust gab, und diese mit dem kindlichen Zustand in Verbindung zu bringen. Wolfgang Bernard[49] nennt diesen vorkindlichen Zustand „vorsinnliche Wahrnehmung".

Antrieb über Eigen- oder Selbstberührung

Schellenbaum versteht unter Selbstberührung[50] die heilende Berührung mit der eigenen Wahrheit. Diese Berührung geschieht durchaus körperlich, bei Erwachsenen manchmal genauso spontan wie bei Kindern. Hin und wieder kann man bei Coaching-Sitzungen beobachten, dass Klienten sich wie zufällig berühren und es dabei zu sichtbaren Veränderungen ihres Zustandes kommt; sie gewinnen an innerer Kraft, ihre Stimme wird vielleicht kräftiger, ihre Konzentration steigt usw. Macht man sie darauf aufmerksam und ermutigt sie, spürend darin zu verweilen, dann wird die aktuelle Entwicklung gestützt und die „heilende Berührung mit der eigenen Wahrheit" ermöglicht.

Antrieb über die Identität

„Das Geflecht all der Strukturen, aus denen unsere sogenannte Identität gewebt ist" nennt Wolfgang Bernard Ur-Credo[51]. Es entwickle sich in der frühen Kindheit. Aus ihm erwachse die „Psyche". Sein Vorhandensein sei Voraussetzung für die Fähigkeit zur Repräsentation sowie für all das, was man „soziale Strategien" nenne.

Augenzugangshinweise

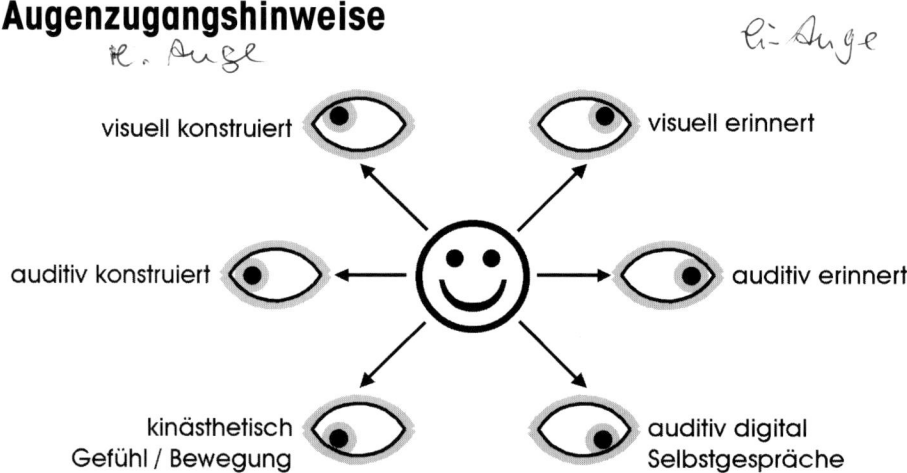

Die Augenzugangshinweise aus dem NLP geben Auskunft über die bestimmenden Repräsentationssysteme des Klienten.

„Konstruiert" bedeutet hier: Es geht um etwas Erdachtes, Vorgestelltes, im Gegensatz zu „erinnert", das sich auf frühere Erfahrungen des Betreffenden bezieht.

Diese Grafik ist so gezeichnet, wie Sie Ihr Gegenüber vor sich sehen, das heißt, die linke Seite der Grafik entspricht dem rechten Auge.

Vorsicht: Bei manchen Menschen können die Zugangshinweise auch seitenverkehrt auftreten (möglicherweise – aber nicht immer – bei Linkshändern)!

B.E.L.L.A.

Das B.E.L.L.A.-Prinzip von Wolfgang Brylla[52] zur beruflichen Neupositionierung geht von einer ganzheitlichen Zielerreichungsstrategie aus. Das Akronym B.E.L.L.A. ist ein Kürzel für die folgenden Schritte:

Schritt 1: Beschreiben des Ziels

Erarbeiten einer umfassenden Beschreibung dessen, was erreicht werden soll. Diese Beschreibung umfasst:

- eine erste Ideensammlung zur Orientierung,
- die Einschätzung der persönlichen Stärken,
- die Erweiterung der eigenen Wahrnehmung,
- die Darstellung des Ziels, das zur eigenen Persönlichkeit – ganzheitlich betrachtet – passt;
- die Anwendung der „Zeit-Linie" (*Time Line*) aus dem NLP, um das Ziel erstmals zu erleben.

Schritt 2: Erkennen von Hindernissen und Einschränkungen

Zu klären ist:

- Wo gibt es Hindernisse organisatorischer und praktischer Art im persönlichen Umfeld?
- Was behindert das eigene Verhalten?
- Welches Wissen und welche anderen Ressourcen werden zum Erreichen des Ziels benötigt?
- Welche eigenen Überzeugungen stehen dem Ziel entgegen?
- Gibt es bedeutende persönliche Werte, die sich nicht mit dem Ziel vereinbaren lassen?
- Gibt es Widerstände im Gesamtsystem der eigenen Familie und der Arbeitsorganisation?

Schritt 3: Lösen von Hindernissen und Einschränkungen

Hier schlägt Brylla den Einsatz von NLP-Methoden, systemischen Aufstellungen und Methoden der Gestalttherapie vor:

- Lösungsmodelle für Probleme organisatorischer und praktischer Art werden gefunden,
- es wird mit Persönlichkeitsanteilen gearbeitet, die das eigene Verhalten störend beeinflussen,
- ein Modell für die erforderlichen Fähigkeiten und Ressourcen wird entwickelt,
- unterstützende und kraftvolle Überzeugungen werden geschaffen,
- die inneren Werte, die das Ziel unterstützen, werden konzentriert und gestärkt,
- Systeme werden als kraftvolle Ressourcen genutzt.

Schritt 4: Losgehen zum Ziel

Das Ziel ist konkret beschrieben, die Hindernisse sind erkannt und gelöst – der Weg zum Ziel beginnt.

Schritt 5: Ankommen am Ziel

Die Betonung liegt bei dieser Methode auf dem Ziel. Hindernisse und Einschränkungen werden erkannt und gelöst, das Ziel wird erreicht.

Chunking

Chunking [53] heißt im NLP, die Abstraktionsebenen bewusst zu wechseln. Der Begriff beinhaltet nach Robert Dilts [54] „die Aufteilung einer Erfahrung in größere oder kleinere Einheiten".

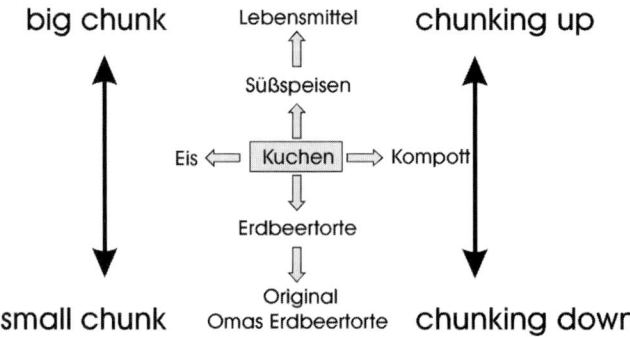

CHUNKING UP

… bedeutet, von einer niedrigen auf eine höhere Abstraktionsebene zu wechseln. Durch *Chunking up* können Werte und Meta-Ziele erkannt werden, die hinter dem Anliegen des Klienten stehen. Beispiel: Kuchen → Süßspeisen → Lebensmittel

Passende Fragen für *Chunking up*:

- „Was bedeutet das für Sie?"
- „Welcher Ihrer Werte steht dahinter?"
- „Wenn das eintritt, was wird dadurch sichergestellt?"
- „Wenn dieses Ziel erreicht ist, welches andere, höhere Ziel kann dann erreicht werden?"

CHUNKING DOWN

… bedeutet, von einer hohen auf eine niedrigere Abstraktionsebene zu wechseln – also konkreter zu werden. Durch *Chunking down* können Anliegen im Detail geklärt und/oder Missverständnisse vermieden werden. Beispiel: Kuchen → Erdbeertorte → Omas Original-Erdbeertorte

Passende Fragen für *Chunking down*:

- „Wie meinen Sie das genau?"
- „Können Sie mir Beispiele dafür nennen?"
- „Wie ist das konkret geschehen?"

CHUNKEN DER ERFAHRUNGEN

Die Art des *Chunkens* der persönlichen Erfahrungen kann je nach der Situation nützlich oder problematisch sein.

Der Bezug auf kleine *Chunk*-Größen unterstützt die realistische Einschätzung von Erfahrungen. Weniger nützlich sind kleine *Chunk*-Größen bei kreativen Prozessen – hier behindert übergroße Detailgenauigkeit.

Große *Chunk*-Größen (Generalisierungen) – etwa die Verwendung der Wörter „immer", „niemals" und „nur" (die Universalquantoren des NLP) – sind etwa bei Kritik nicht wirklich hilfreich.

CHUNKING IN DER ÜBERSICHT:

	Chunk up	Chunk sideways	Chunk down
Erklärung (was ist das?)	Höherer Abstraktions-grad durch Meta-Fragen	Auf derselben Ebene der Abstraktion bleiben	Niedrigerer Abstraktions-grad durch Präzisie-rungsfragen
Anwendungs-beispiel (wofür/wozu?):	Bei problematischen Zielen	Wenn ein Gespräch aus dem Fluss geraten ist bzw. um ein Gespräch in Bewegung zu halten	Bei zu großen Zielen
Typischer Beispiel-satz des Gegenübers:	Am liebsten würde ich kündigen.	Typische Small-Talk-Sätze!	Ich möchte im Leben einfach glücklich sein.
Dazugehöriges Fragebeispiel:	Was wollen Sie damit erreichen? Was hätten Sie davon, wenn Sie ...? Was bedeutet das für Sie? Was steckt dahinter? Was heißt das allge-mein? Welchen Nutzen hat das? Welcher Wert steht für Sie dahinter?	Ist das wie ...? Ist das wie wenn ...? Welche Möglichkeiten gibt es (da) noch? Welche Alternativen gibt es dazu? Was noch? Wie geht das auf andere Weise? Wie sonst?	Wie genau? Wo genau? Wann genau? Mit wem (genau)? Was bedeutet das (nun) konkret? Welches Beispiel haben Sie dafür?

Clean Language – David Grove

Dieses Modell, das Ende der achtziger Jahre von David Grove entwickelt wurde, beschreibt das Problem des Klienten als eine „eingefrorene Metapher". Das Ziel dieser Arbeit ist es, dem Klienten die Problem-Metapher bewusst zu machen und Bewegung in diese Starre hineinzubringen, das Ganze wieder in Fluss zu bringen, damit es abgeschlossen werden kann.

C.L.E.E.R. I.T.®

Technik zum Strukturieren. C.L.E.E.R. I.T.® ist ein von Martina Schmidt-Tanger entwickeltes Instrument zum Strukturieren von Informationen. Zielsetzung ist es, durch gezielte und präzise Fragen einen Überblick über die relevanten Fakten der

Auftragsklärung zu erhalten. Auf diese Weise wird einerseits die Analyse der Ausgangssituation und andererseits die Auswahl der möglichen Maßnahmen erleichtert.

Die Vorgehensweise wird durch ein strukturiertes Gespräch bestimmt. Ziel dieses Gesprächs ist, dass sich Coach und Klient auf die zu treffenden Maßnahmen und auf den dafür notwendigen Zeitbedarf einigen. **Im Einzelnen bedeutet C.L.E.E.R. I.T.®:**

Contact – Arbeitsrahmen – Wie?

Ziel: Die Gesprächssituation ist eindeutig definiert. Zu klären sind:

- der Arbeitsrahmen,
- der geplante Zeiteinsatz,
- die einbezogenen Personen,
- das gewünschte Gesprächsergebnis.

Leiden, Symptome – Konkretes Problem – Was?

Ziel: Das Problem ist definiert. Zu klären sind:

- die aktuelle Situation,
- die aktuellen Symptome,
- die Auswirkungen und Einflüsse des Problems.

Entwicklungsgeschichte – Herkunft des Problems – Woher?

Ziel: Die Entwicklung des Problems ist geklärt. Zu klären sind:

- Ursprung und Ursache des Problems,
- die Problementstehung,
- der Zeitfaktor.

Effekte der Veränderung – Auswirkung der Veränderung – Wozu?

Ziel: Die gewünschten Auswirkungen der Veränderungsarbeit sind definiert.
Zu klären sind:

- die Erfolgskriterien für gesetzte Maßnahmen,
- die Auswirkungen dieser Maßnahmen,
- mögliche Synergie-Effekte der Arbeit des Coachs,
- eventuelle negative Effekte.

Ressourcen der Veränderung – Womit?

Ziel: Die Maßnahmen und die unterstützenden Ressourcen sind definiert. Zu klären sind:

- die Art des Vorgehens,
- zur Verfügung stehende Ressourcen,
- der notwendige Ressourceneinsatz,
- die Bereitschaft zur Veränderung,
- der Zeitrahmen.

Identifizierte Person(en) – Wer?

Ziel: Die involvierten Personen sind definiert. Zu klären ist:

- Wer ist „Symptomträger"?
- Welche Personen sind in die Veränderung involviert?
- Liegt die Ursache bei den Personen oder am System?

Target – Welches Ziel soll erreicht werden? – Wohin?

Ziel: Das Ziel und die Maßnahmen zur Zielerreichung sind definiert. Zu klären sind:

- die konkrete Vorgehensweise,
- die Zieldefinition,
- die nächsten konkreten Maßnahmen.

Da-Vinci-Prozess

Der „Da-Vinci-Prozess" ist ein von Martina Schmidt-Tanger definierter Team-Coaching-Prozess: Über das Einnehmen der verschiedenen Wahrnehmungspositionen in einer bestimmten Reihenfolge werden konflikthafte Teams wieder arbeitsfähig. Durch „Ent-emotionalisieren" des Konflikts wird die möglicherweise bereits festgefahrene Kommunikation wieder möglich und das Team erneut in die Lage versetzt, den Konflikt ressourcenreich zu lösen.[55]

Der Name dieses Prozesses geht auf ein Leonardo da Vinci zugeschriebenes Motto zurück: „Man sollte jedes Ding von drei Seiten betrachten." Das Problem wird aus verschiedenen Wahrnehmungspositionen und Perspektiven betrachtet. Der Prozess besteht aus insgesamt neun Schritten:

- Identifizieren des Konflikts
- Assoziation – Gefühle erkennen
- Du-Assoziation – Gefühle abwesender Personen
- Frage finden
- Dissoziation
- Fragerunde/Austausch
- Ressourcen geben
- Meta-Position finden (die Position des neutralen Beobachters)
- Individualisierte Meta-Position – *Future Pace – Commitment*

Dialog-Prozess

Das Wort Dialog setzt sich aus den griechischen Wörtern *dia* (durch) und *lógos* (Sinn, Wort) zusammen. Im üblichen Sprachgebrauch ist der Dialog ein Gespräch zwischen zwei Parteien oder zwei Personen.

David Bohm[56] hat den Dialog zu einer Methode des Gruppengesprächs entwickelt. Sein Dialog-Prozess ist ein freies Gespräch in einer Gruppe von bis zu 40 Personen, ohne formal festgelegte Tagesordnung. Es geht – ganz im Sinne der Übersetzung von „dia-lógos" – um das „Fließen" des Sinns durch die Teilnehmer des Dialogs. Bohm nennt das *the flow of meaning*. Gedanken und Meinungen werden offen gelegt und zurückgespiegelt.

Im Dialog geht es nicht darum, Standpunkte zu verteidigen, sondern gemeinsam ein Prozessziel zu erreichen, das für alle Gruppenmitglieder Gewinn bringend ist. Der Dialog-Prozess ist keine Diskussion.[57] Die wesentlichen Elemente des Dialog-Prozesses sind:

- eine Gruppe von – optimal – 20 bis 40 Personen,
- kreisförmige Sesselanordnung, um die Gleichrangigkeit aller Teilnehmer zu betonen,
- ein vorher vereinbarter Zeitrahmen,
- ein vereinbartes Prozessziel,
- vereinbarte dialogische Regeln,

- ein Förderer (Bohm nennt ihn „Facilitator"[58]),
- keine formal festgelegte Tagesordnung,
- kein Gesprächsleiter,
- kein Protokoll,
- kein Ergebnisziel,
- keine Beschlussfassung.

Worum geht es? Im Dialog-Prozess geht es nicht darum, zu urteilen, sondern darum, zuzuhören, zu beobachten, wahrzunehmen, Fragen zu stellen und Rückmeldung zu geben.

Als funktionierendes und positives Beispiel sieht Bohm die Gesprächsrunden alter Sammler- und Jägerkulturen, die scheinbar zufällig zusammenkamen, in denen jeder Teilnehmer ohne Einschränkung reden durfte und die zu einem vorher nicht festgelegten Zeitpunkt wieder auseinander gingen. Trotzdem war allen Teilnehmern klar, was weiter zu tun und zu entscheiden war – in anderen, kleineren Gruppen.

Ziel des Dialogs nach Bohm ist es:

- Kommunikationshindernisse zu erkennen und zu lösen,
- Kommunikationskrisen zu meistern,
- festgefahrene Muster aufzulösen,
- gemeinsam kreativ zu sein,
- Neues denk-bar und aussprech-bar zu machen,
- Lösungen für komplexe Sachverhalte und Konflikte zu finden und damit
- handlungsfähig zu werden.

Disney-Strategie

Die Disney-Strategie wurde von Robert Dilts und Todd Epstein in den frühen neunziger Jahren durch Modellieren von Walt Disney entwickelt. Sie ist ein Modell für drei wesentliche Phasen im kreativen Prozess:

- die Phase des Träumers oder Kreativen
- die Phase des Realisten oder Handelnden
- die Phase des Kritikers oder Denkers

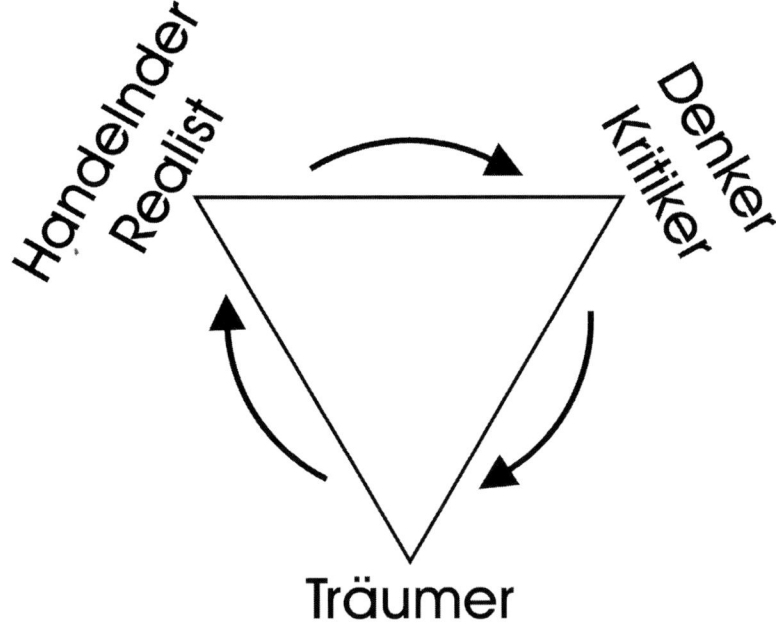

Der Träumer, der Kreative kennt keine Grenzen und Einschränkungen – ihm geht es um neue Ideen und Gedanken, ohne Rücksicht auf die Möglichkeit sie zu verwirklichen. Dominierendes Repräsentationssystem: visuell – Der Träumer konstruiert Bilder seiner Ideen.

Der Handelnde oder Realist konzentriert sich auf das, was realistisch umsetzbar ist. Er denkt logisch und plant detailliert die Umsetzung der Ideen des Träumers. Dominierendes Repräsentationssystem: **kinästhetisch** – Der Handelnde stellt sich in Gedanken die körperliche Umsetzung der Ideen vor und überprüft das mit seinem Gefühl.

Der Denker oder Kritiker steht in einer dissoziierten Position seinen Projekten gegenüber und überprüft so den Umsetzungsplan auf Realisierbarkeit. Dominierendes Repräsentationssystem: **auditiv digital** – Der Denker überprüft anhand seines inneren Dialogs, was an den Plänen verändert oder verbessert werden muss.

Drama-Dreieck

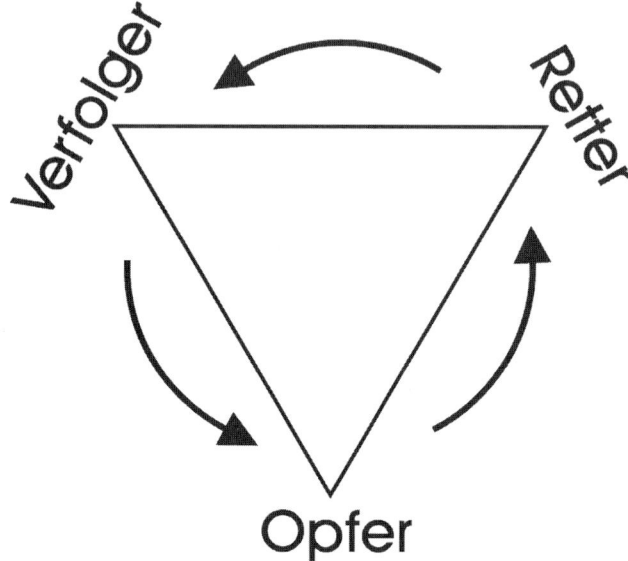

Das Drama-Dreieck wurde Ende der sechziger Jahre von Stephen Karpman entwickelt. Es entstand aus den Rollen, die er bei der Analyse von Märchen immer wieder gefunden hatte. Die „Akteure" besetzen eine der drei Rollen. Das Drama-Dreieck wurde von Eric Berne (zur Erklärung seines Spielekonzepts) in die Transaktionsanalyse übernommen.

Wichtig ist die Position, die der Klient im Drama-Dreieck einnimmt. Die Rollenverteilung im Drama kann der Coach – guter Rapport vorausgesetzt – aus vielen Zugangshinweisen erkennen, ganz besonders aus Sprache und Körperhaltung. Die Beteiligten wechseln im Ablauf eines Dramas in einer bestimmten Reihenfolge die Rollen – so wird der Retter zum Verfolger und das Opfer zum Retter.

Das Opfer

Das Opfer übernimmt diese Rolle aus eigenem Antrieb. Das heißt, es betrachtet die anderen handelnden Personen entweder als Verfolger oder als Retter – es sieht sich selbst als Opfer. Damit macht es die anderen dafür verantwortlich, dass es ihm schlecht geht. Das Opfer geht davon aus, dass es die Situation selbst nicht ändern kann. Damit überträgt es die Verantwortung für sein Handeln und Nicht-Handeln auf andere.

Typische Opfer-Aussprüche sind:

- „JA, das ist sicher eine gute Idee, ABER in meiner Situation …"
- „IMMER geht bei mir alles schief!"
- „ICH SOLLTE schon lange …"
- „WAS IST, WENN das nicht funktioniert?

Der Retter

Der Retter übernimmt freiwillig die gesamte Verantwortung für eine Situation und deren Lösung. Er sucht beharrlich nach Opfern – wenn sich keine anbieten, setzt er seine Überzeugungskraft ein, um andere Menschen in diese Rolle zu drängen. Die Rettung oder die Lösung, die er anbietet, ist allerdings nur eine scheinbare. Sein Einsatz geht auf eigene Kosten – die Folge ist sehr oft Erschöpfung.

Typische Retter-Aussprüche sind:

- „ICH WOLLTE JA NUR, dass …"
- „ICH KANN JA gerne …"
- „KÖNNEN SIE AUCH WIRKLICH sicherstellen, dass …"
- „LASSEN SIE MICH das machen, dann …"

Der Verfolger

Der Verfolger setzt seine gesamte Aktivität dafür ein, ein Opfer zu verfolgen, zu bestrafen oder zur Rechenschaft zu ziehen. Für ihn ist es wichtig, seine Idee zur Lösung eines Problems mit Nachdruck und Härte durchzusetzen.

Typische Verfolger-Aussprüche sind:

- „ICH FINDE, dass man …"
- „ICH WILL, dass …"
- „MAN MUSS jetzt …"
- „ICH BIN DER MEINUNG, dass …"

Die Qualität unseres Inputs entscheidet über die Qualität des Endresultates. Die Qualität unseres Inputs bestimmt auch die Qualität unseres Befindens. Im Falle von Problemen – also schlechtem Befinden oder schlechten Endresultaten – kann es sich dabei um hemmende Glaubenssätze, störende Dogmen oder Triangulierungen im Drama-Dreieck handeln.

Direkte Lösungsansätze:

- **Erweitern der Wahrnehmungsgenauigkeit** des Klienten – das bringt ihm mehr Wahlmöglichkeiten.

- **Entwickeln von Evidenzverfahren**, die dabei helfen, Informationen auf Relevanz und Ökologie hin zu überprüfen.

- **Wohlgeformtheitskriterien für Ziele** – Nur richtig formulierte Ziele sind erreichbare Ziele. Die wesentlichen Kriterien der Zieldefinition sind zu beachten.

→ **Zieldefinition**

Ökologie-Check – Beim Ökologie-Check geht es darum, wie andere Personen in der Umgebung des Klienten auf die Lösung seines Problems reagieren bzw. in welcher Form sie davon betroffen sind. → **Ökologie-Check**

In der Rolle des Coachs sollte man sich hüten, vom Klienten angebotene Dramaeinladungen anzunehmen und darauf einzusteigen.

Elementare Faktoren nach Irvin D. Yalom[59]

Nach Yalom sind die im Folgenden dargestellten elf **Primärfaktoren** erkennbar, die auch in der Coaching-Arbeit mit Klienten und Gruppen (unterschiedliche) Bedeutung haben. Diese Faktoren kommen durch das „Zusammenspiel menschlicher Erfahrungen" zustande. Yalom betont, dass diese Faktoren keineswegs getrennt vorkommen und einzeln wirken, sondern weitgehend in Abhängigkeit voneinander zu sehen sind.

In der nachfolgenden Beschreibung habe ich eine Anpassung des Textes von Yalom an den Kontext des Coaching vorgenommen:

1 Hoffnung einflößen

Vertrauen. Es geht dabei um das Vertrauen des Klienten auf die Effizienz der vom Moderator angewendeten Methode bzw. auf den Moderator selbst. Der Aufbau dieses Vertrauens beginnt bereits in den ersten Phasen des Coaching – positive Erwartungen werden durch den Moderator verstärkt, negative Vorurteile werden beseitigt. Yalom nennt die Auswirkung „die allgemein verbessernden Wirkungen positiver Erwartungen". Gleiches trifft auf die Arbeit des Moderators mit einer Gruppe zu.

2 Universalität des Leidens

Vermeintliche Einzigartigkeit. Eine der Aufgaben des Coachs ist es, dem Klienten klarzumachen, dass dessen Anliegen und Probleme nicht einzigartig sind. Dieses „Gefühl der Einzigartigkeit" entsteht aufgrund extremer sozialer Isolation. Erkennt der Klient, dass auch andere Menschen ähnliche Probleme erfolgreich gelöst und ähnliche Ziele erreicht haben, bedeutet dieser „Abbau des Gefühls der Einzigartigkeit eine große Erleichterung". Auch das trifft in gleichem Maß auf eine Gruppe zu.

3 Mitteilung von Informationen

Hinweise. In der Therapiearbeit fallen darunter Ratschläge, Hinweise und direkte Anleitungen, die vom Therapeuten gegeben werden. Vorsicht seitens des Coachs ist angebracht: Er darf zwar *Hinweise* geben, Ratschläge für Lösungen oder gar direkte Anleitungen dazu widersprechen aber den Grundprinzipien des Coaching.

4 Altruismus

Gegenseitige Hilfe. Bei diesem Faktor geht es um die gegenseitige Hilfe innerhalb der Gruppe. Unterstützung von Gruppenmitgliedern wird oft positiver aufgenommen als die Unterstützung des Moderators. Der Moderator ist der „bezahlte Fachmann", die anderen Gruppenmitglieder repräsentieren die „wirkliche Welt". Ein geschickter Moderator kann sich diesen Prozess zu Nutze machen, um Gruppenziele scheinbar ohne sein Zutun zu erreichen.

5 Systemische Einflüsse

Yalom nennt das im Therapiekontext „korrigierende Rekapitulation der primären Familiengruppe". Die Familie ist die „erste und wichtigste Gruppe" jedes Menschen. Besonders im Einzel-Coaching sind daher systemische Einflüsse aus der Gegenwarts- oder Herkunftsfamilie zu beachten.   **➜ Systemische Verstrickung**

6 Entwicklung von Techniken des menschlichen Umgangs

Soziales Lernen. Abhängig von der Thematik des Coaching wird dieser Faktor – „die Entwicklung fundamentaler sozialer Fertigkeiten" – unterschiedliche Bedeutung haben. Es geht um den „mitmenschlichen Umgang", der in Einzel- und Gruppen-Coaching Bedeutung hat.

7 Nachahmendes Verhalten

Das Verhalten annehmen. Manche Klienten neigen dazu, das Verhalten des Coachs anzunehmen, *„wie er* zu sitzen, gehen, reden, und sogar denken". Auch beim Gruppen-Coaching beeinflusst der Moderator das Kommunikationsverhalten der Gruppe. Dieses nachahmende Verhalten hat nach Yalom wesentliche Bedeutung. Vorsicht ist allerdings besonders im Einzel-Coaching angebracht.

8 Interpersonales Lernen

Input und Output. Yalom unterscheidet bei interpersonalem Lernen Input und Output. Unter „Input" versteht er die Erfahrungen des Einzelnen durch Aussagen der anderen Gruppenmitglieder bzw. deren Reaktion auf eigenes Verhalten. Bei „Output" geht es um das Vertrauen und die Beziehungen des Einzelnen zur Gruppe bzw. den anderen Gruppenmitgliedern.

9 Gruppenkohäsion

Zusammenhalt. Der Zusammenhalt der Gruppe ist für die gemeinsame Zielerreichung beim Gruppencoaching wesentlich. Aufgabe des Moderators ist es, diesen Zusammenhalt zu fördern, Faktoren, die ihn in Frage stellen, rechtzeitig zu erkennen und geeignete Maßnahmen dagegen zu ergreifen. Yalom meint hierzu: „Mitglieder einer kohäsiven Gruppe akzeptieren und unterstützen einander besser … die Gruppen sind stabiler, die Teilnahme ist regelmäßiger."

10 Katharsis[60]

Gefühle zulassen. Im Coaching-Kontext geht es bei diesem Faktor darum, Gefühle zuzulassen und „unterdrückte und erstickte Affekte" loszuwerden. Der Coach kann den Klienten im sicheren Rahmen der Coaching-Sitzung dazu anleiten, Gefühle zu äußern. Die Intensität der Gefühlsäußerung hängt von der persönlichen Erfahrungswelt jedes Einzelnen ab. Im Gruppenkontext fördert das Zulassen von Gefühlen die Gruppenkohäsion.

11 Existentielle Faktoren

Yalom unterteilt diesen Faktor in fünf Punkte, die vorwiegend für die Einzelarbeit des Coachs mit seinem Klienten Bedeutung haben:

● Erkennen und akzeptieren, dass das Leben manchmal unfair und ungerecht ist.

● Erkennen und akzeptieren, dass man gewissen Nöten und dem Tod nicht entgehen kann.

- Erkennen und akzeptieren, dass jeder dem Leben allein gegenübertreten muss.

- Sich den Grundfragen des Lebens stellen.

- Lernen, dass jeder die Verantwortung für die Art, wie er sein Leben lebt, übernehmen muss – egal, wie viel Unterstützung von anderen er dabei bekommt.

Feedback

Direkt oder indirekt. Der Klient wird dem Coach manchmal direktes verbales Feedback geben. Oft wird es jedoch Sache des Coachs selbst sein, aus den verbalen und nonverbalen Zugangshinweisen das Feedback des Klienten abzuleiten.

Nicht zer-reden. Feedback zu geben und zu nehmen ist ein wichtiger Erfolgsfaktor für effiziente Kommunikation. Feedback richtig zu nehmen heißt, nicht darüber zu diskutieren – es nicht zu zer-reden –, sondern die damit gewonnene Erfahrung in die weitere Coaching-Arbeit einfließen zu lassen. Die einzig richtige Antwort auf Feedback ist „danke!" – Antworten, die mit „Ja, aber …" beginnen, sind Ausflüchte eines sich selbst rettenden Opfers und zerstören jedes verbale Feedback. Systemisch wäre der Coach in diesem Fall in eine Drama-Dynamik eingestiegen. Er hätte zunächst die Rolle eines Opfers und dann die eines Retters eingenommen. **➜ Drama-Dreieck**

Das verbale Feedback setzt sich zusammen aus

- den Worten,

- dem Inhalt der Aussagen,

- der Sprachmelodie.

Feedback einfordern. Spätestens am Ende eines Coaching-Abschnitts sollte der Coach verbales Feedback einfordern. Der Coach wird darauf achten, dass er Feedback – lobendes und kritisches – richtig entgegennimmt.

Das nonverbale Feedback kann vom Coach nur dann deutlich erkannt werden, wenn guter Kontakt zum Klienten besteht und wenn seine Wahrnehmungsgenauigkeit hoch ist. Der Klient äußert sich nonverbal durch

- Körperhaltung,

- Emotionen,

- Gestik und

- Atmung.

„**Es gibt keine Fehler, nur Feedback**" ist ein wichtiges Grundprinzip des NLP. Richtig angenommenes Feedback ermöglicht es dem Coach erst, einerseits dazuzulernen und andererseits – wenn nötig – seine Vorgehensweise zu korrigieren.

Future Pacing

Positive Auswirkungen. Der Coach unterstützt den Klienten dabei, bereits in der Gegenwart deutlich die positiven Auswirkungen seines geänderten Verhaltens auf zukünftige Abläufe zu erkennen. Dabei wird der Klient aufgefordert, eine zukünftige Situation zu halluzinieren und sich sein neues Verhalten in dieser Situation vorzustellen, also einen „Probelauf" durchzuführen.

Dies ermöglicht dem Klienten, …

● das Resultat der Veränderung in die Zukunft zu übertragen,

● konkrete Anwendungsmöglichkeiten in der Zukunft zu finden,

● das neue Verhalten/die neuen Fähigkeiten an konkreten zukünftigen Situationen zu testen,

● das Vertrauen in das Coaching-Ergebnis zu stärken und

● Sicherheit zu gewinnen, dass das Ergebnis der Coaching-Sitzung bereits integriert und verfügbar ist.

Mögliche Fragen des Coachs an den Klienten:

● „Bei welcher Gelegenheit werden Sie diese Veränderung das erste Mal bemerken?"

● „Wer wird diese Veränderung noch bemerken?"

● „Wann wird das sein?"

● „Nennen Sie mir drei Situationen, in der Sie Ihr neues Verhalten/Ihre neuen Fähigkeiten anwenden werden."

Zu jeder dieser Situationen kann gefragt werden:

● „Versetzen Sie sich in die Situation – was wird anders sein?"

● „Wie fühlen Sie sich dabei? Wie nehmen Sie sich wahr?"

Gefühlskategorien

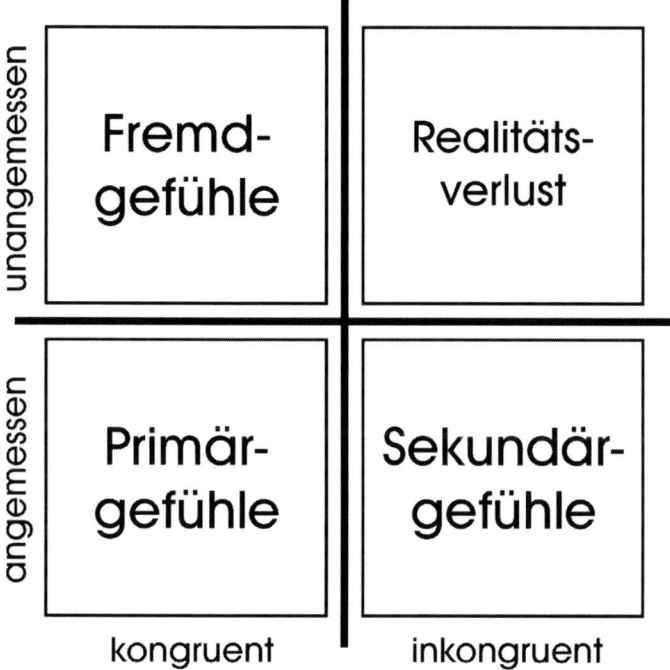

In der Coaching-Arbeit werden drei Arten von Gefühlen unterschieden:

Primärgefühle

Das sind unverfälschte Gefühle, die in einer Situation als Erstes in uns entstehen. Sie sind Reaktion auf das Hier und Jetzt und entstehen spontan und ohne Bewertung. Primärgefühle können weder erklärt noch analysiert werden.

Zugangshinweise:

- konstantes Verhalten
- angemessene Reaktion auf die Umwelt
- Klarheit

Wirkung auf andere: angemessen, zur Persönlichkeit passend, „echt", „ansteckend"

Sekundärgefühle

Dies sind Gefühlsäußerungen, die den Primärgefühlen oft vorgezogen werden, weil sie von der Umwelt mehr akzeptiert, anerkannt sind. Beispiel: Statt des Primärgefühls Angst zeigt man übertriebene Heiterkeit, statt des Primärgefühls Trauer zeigt man Wut.

Zugangshinweise:

- nicht eindeutig
- inkongruent
- theatralisch und gespielt

Wirkung auf andere: gespielt, passt nicht zusammen, „unecht", Erzählungen und Verhalten der Person „nerven".

Fremdgefühle

Als Fremdgefühle bezeichnet man übernommene Gefühle (– von Mitgliedern des eigenen Herkunftssystems aus Loyalität übernommen) oder „mitgenommene" Gefühle (Altgefühle).

Zugangshinweise:

- Der Tonfall ist unpassend (zum Beispiel Stimme eines Kindes).
- Der Betreffende zeigt das Verhalten einer anderen Person.

Wirkung auf andere: Fremdgefühle wirken auf das Umfeld unangemessen, abweisend und „benebelnd".

Grundaufgaben (eines Therapeuten) nach Irvin D. Yalom[61]

Wie bei Yaloms „elementaren Faktoren" sind auch diese Grundaufgaben außerhalb der Arbeit eines Therapeuten auf die Arbeit des Coachs bzw. Moderators beim Gruppen-Coaching anwendbar. Yalom nennt drei Grundaufgaben:

Zusammenstellen und Erhalten der Gruppe

Bereits in der Vorbereitungsphase ist der Gruppenzusammenhalt eine der wesentlichen Aufgaben des Moderators. Der Moderator hat zwar begrenzten Einfluss auf die Gruppenzusammensetzung; hat er diese aber akzeptiert, dann ist es seine Aufgabe, für den Zusammenhalt der Gruppe zu sorgen.

Der Moderator als Türhüter. Yalom schreibt: „Sobald die Gruppe die Arbeit aufnimmt, fungiert der Therapeut als Türhüter; insbesondere muss er dafür Sorge tragen, dass kein Mitglied ausscheidet." Gleiches gilt für den Moderator – er muss imstande sein, die Gefahr des Ausscheidens eines Gruppenmitgliedes rechtzeitig zu erkennen. Dabei ist es egal, ob es sich um körperliches oder geistiges Ausscheiden handelt:

- **„Körperliches" Ausscheiden**: Ein Gruppenmitglied nimmt Termine von Gruppenbesprechungen nicht mehr wahr.

- **„Geistiges" Ausscheiden:** Ein Gruppenmitglied nimmt zwar an den Gruppenbesprechungen teil, bringt aber weder Beiträge noch Emotionen ein.

Schaffen einer Gruppenkultur

Eine Gruppe ist ein soziales System. Vereinbarungen müssen getroffen werden, Regeln (Setting) ermöglichen den reibungslosen Ablauf. Daraus entsteht eine Gruppenkultur, die für das Erreichen der Ziele wichtig ist.

Darin liegt ein wesentlicher Unterschied zwischen Einzel- und Gruppen-Coaching: In der Arbeit mit Einzelklienten kann der Coach sowohl direkt für die Einhaltung dieser Regeln sorgen als auch als „Agens der Veränderung" agieren, wie es Yalom ausdrückt.

Im Gruppen-Coaching ist der direkte Einfluss des Coachs weitaus geringer. Seine Aufgabe ist es, „eine Gruppenkultur zu schaffen, die die effiziente Gruppeninteraktion so stark wie möglich fördert". So wird die Gruppe zum „Agens der Veränderung".

Wesentliche Faktoren zur Entwicklung einer Gruppenkultur sind:

- Vereinbarungen und Regeln (Setting),

- Offenheit, Aufrichtigkeit und Spontaneität,

- freie Interaktion der Gruppenmitglieder,

- aktive Teilnahme aller Gruppenmitglieder an der Gruppe,

- Vermeiden von Vorurteilen.

Aktivieren und Klären des Hier und Jetzt

Denken und lenken. Yalom schreibt: „Ich schlage vor, dass Sie an das Hier und Jetzt *denken*. Wenn Sie sich daran gewöhnen, werden Sie die Gruppe automatisch ins Hier und Jetzt lenken." Klienten wehren sich gegen das Hier und Jetzt, indem sie Vergangenes diskutieren oder Themen intellektualisieren. Der Coach agiert als „Schäfer mit der Herde": Ausreißer werden eingefangen und zur Herde zurückgeführt.

Feedback einfordern. Für diese Aufgabe ist es wichtig, dass der Coach Feedback einfordert. Um Verallgemeinerungen und Ausflüchte zu vermeiden, bietet sich dafür folgende Struktur an: „Was mögen Sie an dieser Situation am liebsten und was am wenigsten?" Vier Dinge sind wichtig:

- Das, was der Klient mit anderen macht
- Wie er durch dieses Verhalten auf andere wirkt
- Ob er mit seinem gewohnten interpersonalen Stil zufrieden ist
- Dass er seinen Willen zur Veränderung trainiert

Inneres Team

Schulz von Thun[62], der Urheber dieses Modells, nennt unter anderem diese zwei **Voraussetzungen für gute Kommunikation**: Man müsse …

- dem „Geflecht systemischer Zusammenhänge um sich herum" und
- dem „seelischen Miteinander und Gegeneinander in sich drin" gerecht werden.

Diesen „inneren Teilen" muss im Coaching-Prozess besondere Beachtung geschenkt werden. Arbeitet dieses „innere Team" problemlos zusammen, wird die Zielerreichung einfach sein – gibt es tiefgreifende und ungelöste Konflikte, ist die Zielerreichung schwierig.

Praktisch in jeder Kultur oder Gesellschaft gibt es spezifische Erwartungen an Jugendliche, die dabei sind, erwachsen zu werden. Es gibt drei klassische Erwartungen an Jungen, die sie erfüllen sollen, um ein Mann zu werden, und drei klassische Erwartungen an Mädchen, die sie erfüllen sollen, um eine Frau zu werden. Diese sechs Rollen sind in jedem von uns, unabhängig vom Geschlecht, durch unsere „inneren Teile" repräsentiert. Solche „inneren Teile" können nach der Psychoteleologie[63] von Robert McDonald[64] die folgenden sein.

Die drei „weiblichen" Teile:

- **Der Nährer / Der Ernährer** sorgt für die notwendigen materiellen Ressourcen.
- **Der Ermutiger / Der Zustimmer** ermutigt zu Veränderungen und damit zur Zielerreichung, er stimmt dem angestrebten Ziel zu und gibt dem Klienten Sicherheit.
- **Der Helfer / Die Hebamme** bringt neue Ideen zur Welt, sorgt für das (körperliche) Wohlbefinden des Klienten und macht auch deutlich, welche Ressourcen dazu fehlen.

Die drei „männlichen" Teile:

● **Der Versorger** schafft die notwendigen geistigen Ressourcen heran.

● **Der Beschützer** gibt Sicherheit und Ruhe.

● **Der Einpflanzer/Der Bewahrer** sorgt dafür, dass Erfahrungen nicht in Vergessenheit geraten.

Interventionstechniken zur Problembearbeitung

Horst Rückle[65] nennt verschiedene Interventionstechniken als „Werkzeuge" zur Problem- und Konfliktbearbeitung:

Fragen

Offene Fragen dienen dazu, Informationen zu erhalten. Geschlossene Fragen sprechen ein Thema an und sichern Meinungen ab. Darüber hinaus sind an dieser Stelle alle Fragenarten angemessen, die ich im Abschnitt „Fragenkategorien" ab Seite 254 erläutert habe.

Nondirektive Technik

Ein Wort oder ein Teil der Aussage des Klienten, über das/den man mehr Informationen erhalten möchte, wird wiederholt und dabei fragend betont.

Provokation   → **Provokativer Stil**

Paradoxe Intervention

Aufforderung, es noch schlimmer zu machen.

Interpretation

Verstehende Auslegungen von sprachlichen und körpersprachlichen Botschaften des Klienten.

Lösungsvorschlag

Lösungsvorschläge zeigen Möglichkeiten der Problemlösung auf. Sie können auch provokativ benutzt werden – so können Sie durch die Ablehnung Hintergründe erfahren.

Paraphrasieren

Wiederholung der Aussage des Klienten oder von Teilen davon.

Körpersprache

Nonverbale Signale des Coachs, die den Klienten zum Weitersprechen auffordern. Beispiele: die Augenbrauen hoch ziehen, nicken etc.

Verbalisieren

Verbalisierung der hinter der Aussage des Klienten liegenden Gefühle und Emotionen.

Ich-Botschaft

Die Ich-Botschaft enthält eine sachliche Beschreibung der eigenen Emotionen und der daraus folgenden Konsequenzen. Beispiel: „Ich bin durch deine Aussage sehr verletzt, ich weiß nicht, ob ich das Gespräch auf diese Weise weiterführen will."

Ich-Aussage

Formulieren der eigenen Meinung. Ich-Botschaften beginnen immer mit: „Ich …"

Meta-Kommunikation

Das Gespräch über das Gespräch ermöglicht einen Wechsel zwischen der Sach- und der Beziehungsebene und umgekehrt.

K3-Erfolgsfaktorenmodell

Christopher Rauen[66] hat in diesem Modell drei Erfolgsfaktoren als „notwendige, aber nicht hinreichende" Bedingungen für ein „fruchtbares Coaching" definiert. Es sind dies:

- **Konzept**
- **Kompetenz**
- **Kooperation**

Ohne die Berücksichtigung dieser Faktoren wird erfolgreiches Coaching nahezu unmöglich. Diese drei Erfolgsfaktoren beeinflussen einander gegenseitig.

Konzept

Das Coaching-Konzept legt die Methoden und Techniken fest, die der Coach verwendet. Weiter wird darin definiert, wie die angestrebten Prozesse ablaufen können und welche Wirkungszusammenhänge im Beratungsprozess zu berücksichtigen sind.

Dieses Konzept sollte für den Klienten transparent sein, damit er es akzeptieren kann. Der Coach informiert den Klienten über Grundannahmen und Zusammenhänge seines Konzeptes, ebenso über Ablauf, Sinn und Funktion der verwendeten Methoden.

Folgende Aspekte sollten nach Rauen bei der praktischen Umsetzung berücksichtigt werden:

● Entwicklung eines zweckmäßigen Konzeptes

● Probleme rechtzeitig erkennen

● Aufklärung über das Konzept

● Koordination mit vorhandenen Maßnahmen

● Berücksichtigung von Flexibilität und Erweiterungsfähigkeit

● Überprüfung der Wirksamkeit

Kooperation

Generelle Voraussetzungen für Coaching sind nach Rauen Freiwilligkeit, Diskretion und persönliche Akzeptanz. Das sind auch die Grundlagen der Kooperation. „Coaching ist ein interaktives Miteinander und somit ist Kooperation die Grundlage der Beratung."

Folgende Aspekte sollten nach Rauen bei der praktischen Umsetzung berücksichtigt werden:

● Freiwilligkeit der Beratung sicherstellen

● „Spielregeln" vereinbaren

● Transparenz und Offenheit wahren

● Diskretion gewährleisten

● Neutrale Position behalten

● Gemeinsame Prozessarbeit betonen

Kompetenz

Neben den formalen fachlichen und persönlichen Kompetenzen eines Coachs gibt es zusätzliche Kompetenzbereiche, die für den Erfolg des Coaching-Prozesses von besonderer Bedeutung sind:

- Angemessene Ausbildung des Coachs
- Begrenzung auf bestimmte Aufgaben und Ziele
- Soziale Kompetenz
- Angemessene Zeiträume für das Coaching schaffen
- Supervision nutzen
- Vorbildliches Verhalten zeigen

Kalibrieren

Unter Kalibrieren versteht man im NLP die Zuordnung des äußeren Zustands einer Person zu ihrer inneren Verfassung. Kalibrieren ist daher für den Coach gerade am Beginn des Kontaktes zum Klienten wichtig, damit er die vom Klienten in der späteren Arbeit gegebenen Zugangshinweise richtig deuten kann.

Verbale Zugangshinweise. Was verbale Zugangshinweise betrifft (VAKOG[67]), so ist es kaum nötig zu kalibrieren. Spricht ein Klient vorwiegend in Bildern (etwa: „Ich sehe das ganz deutlich vor mir"), dann wird sein Hauptrepräsentationssystem wohl visuell sein. Verwendet er häufig Ausdrücke wie „Das hört sich gut an", wird das dominierende Repräsentationssystem auditiv sein. **→ VAKOG**

Vorsicht ist dann angebracht, wenn der Klient selbst versucht, dem Coach klarzumachen, welche Repräsentationssysteme für ihn wichtig sind. In diesem Fall ist Kalibrieren notwendig – also die Überprüfung, ob es sich bei dem genannten Repräsentationssystem tatsächlich um das bestimmende handelt.

Spricht ein Klient von seiner Liebe zur Musik, dann kann das in vielen Fällen auf ein kinästhetisches Hauptrepräsentationssystem hinweisen. Auch Bilder kann man „gefühlvoll" erleben. Achten Sie als Coach also genau auf die Sprache des Klienten.

Nonverbale Zugangshinweise. Unverzichtbar ist das Kalibrieren, wenn es um die nonverbalen Zugangshinweise geht:

Körperhaltungen können bei verschiedenen Menschen Verschiedenes ausdrücken. Extrem ist das bei Menschen aus unterschiedlichen Kulturkreisen. Aber auch beim Nachbarn um die Ecke sagt eine Geste vielleicht etwas ganz anderes aus, zumindest in der Intensität. Ein kühler Nordländer wird die Gestik und den emotionalen

Ausdruck der Stimme eines Mitteleuropäers als äußerst erregt und emotional empfinden, wenn dieser noch ganz ruhig ist. Bei einem Südländer wird unser Nordeuropäer im gleichen Fall vielleicht sogar um Hilfe rufen. Kopfnicken bedeutet bei den Indern zum Beispiel „Nein" und Kopfschütteln „Ja".

→ **Zugangshinweise**

Augenzugangshinweise. „Schau mir in die Augen, Kleines" – so lautet bekanntlich ein berühmter Satz von Humphrey Bogart, der durch den Film *Casablanca* Geschichte machte. Bei den Augenzugangshinweisen, die wie die Sprache Aufschluss über die bevorzugten Repräsentationssysteme geben, wird es noch etwas komplexer. Ein Beispiel:

Blickt der Klient (aus der Sicht des Betrachters gesehen) bei einer Aussage nach rechts oben, dann weist das auf „visuell erinnert" hin. Das ist beim überwiegenden Teil der Menschen so. Bei Linkshändern ist es aber oft seitenverkehrt.

Will sich der Coach auf den Unterschied zwischen „visuell erinnert" und „visuell konstruiert" (üblicherweise links oben) verlassen, so muss er das „Messgerät" Augenzugangshinweise kalibrieren. Das geschieht zum Beispiel mit Hilfe einer einfachen Frage wie etwa: „Schildern Sie mir, wie Ihre Wohnung aussieht." In diesem Fall sollte der Klient eigentlich in die Richtung sehen, die „visuell erinnert" entspricht, außer wenn er gerade seine Traumwohnung „konstruiert". Gleiches gilt für die anderen Augenzugangshinweise – erst durch das Kalibrieren kann der Coach sicher sein.

→ **Augenzugangshinweise**

Konfliktmodelle

Ein Coach hat oft mit Konflikten seiner Klienten zu tun. Deswegen gebe ich in diesem Abschnitt einen Überblick über 49 Konfliktmodelle. Da die genaue Beschreibung aller dieser Konfliktmodelle den Rahmen dieses Buches sprengen würde, gehe ich hier ausschließlich auf die in den Coaching-Curricula genannten Modelle näher ein. (Vgl. Seite 136 oben)

MODELLE FÜR FÜHRUNGS- UND KOOPERATIONSKONFLIKTE

Aktionsraum als Konfliktherd

Betriebliche Führungskonflikte entstehen häufig durch Einengung des Handlungsspielraums einer der Konfliktparteien. Beispiele:

● Eine Führungskraft schränkt den Handlungsspielraum eines Mitarbeiters ein, um ihren eigenen zu vergrößern.

● Ein selbstbewusster Mitarbeiter beansprucht so viel Handlungsspielraum für sich, dass kaum mehr Handlungsspielraum für die Führungskraft übrig bleibt.

Konflikte im Kontinuum der Führungsstile

Führungsstile sind zwischen den Extrempositionen „autoritär" und „kooperativ" in unterschiedlichen Abstufungen darstellbar. Der Führungsstil bestimmt maßgeblich die Unternehmenskultur – und umgekehrt. Konflikte um Führungsstile sind in fast jedem Unternehmen zu finden. Je weiter zwei Führungsstile auf dieser Skala auseinander liegen, desto höher ist logischerweise das Konfliktpotential zwischen ihren Anhängern.

Führungskonflikte im Modell der situativen Führung[68]

Dieses Modell beschreibt das Zusammenwirken zwischen Führer und Geführtem, ohne nach „richtigem" oder „falschem" Führen zu fragen. Der Grundsatz: Es gibt bei der Führung von Menschen keinen guten oder schlechten Weg, sondern ausschließlich einen situativ an die Bereitschaft der Mitarbeiter angepassten. Bei dieser Bereitschaft der Mitarbeiter, geführt zu werden, wird zwischen „fähig" und „willig" in allen möglichen Paarungen unterschieden. Konflikte entstehen, wenn der Führungsstil des Führenden mit dem gewünschten Führungsstil des Geführten nicht übereinstimmt.

Immunabstoßung / betriebliche Konfliktfronten

Jede Unternehmenskultur hat ein „betriebliches Immunsystem". Dieses Immunsystem reagiert sensibel auf Veränderungen, etwa auf Mitarbeiter mit bisher im Unternehmen nicht vorhandenen Qualifikationen. Wie im menschlichen Körper steht auch das Immunsystem des Unternehmens unbewusst im Hintergrund bereit. Und wie im menschlichen Körper versucht das betriebliche Immunsystem, fremde Organe abzustoßen. Im Management von Veränderungen ist dieses Verhalten äußerst wichtig.

Das Dualitätsmodell

Das Prinzip der Dualität ist die Basis für jeden Konflikt. Dualitäten sind Gegensätzlichkeiten, sie können sich auf unterschiedliche Faktoren beziehen, zum Beispiel: Ordnung – Unordnung; materielle Güter – immaterielle Güter; autoritär – kooperativ. Jedes duale Paar kann Konflikte auslösen und in jedem Konflikt ist mindestens ein duales Paar Ursache. Werden diese dualen Paare in Konflikten lokalisiert, kann das der erste Schritt zur Konfliktbereinigung sein.

Das Yin-Yang-Konzept und die Polarisierung von Gut und Böse

Die Sicht der Dualität steht in den Kulturen des Hinduismus und des Buddhismus im Mittelpunkt und drückt sich auch im Konzept des Yin-Yang aus: zwei ständig ineinander übergehende Aspekte. Auf Licht folgt Dunkel und dann wieder Licht, Gut bedingt Böse und umgekehrt. Wer sich dieser Polarisierung bewusst wird und den Weg der Mitte geht, findet die Balance zwischen den Polen.

Eine andere Sicht ist die *Polarisierung* von Gut und Böse – alles hat zwei Seiten, es kommt allerdings darauf an, das *Richtige* zu tun. Diese Sicht hat ihren Ursprung im Judentum, im alttestamentarischen Christentum und im Islam.

MODELLE FÜR GRUPPENKONFLIKTE

Rangkonflikte

sind Konflikte innerhalb der Rangdynamik[69] einer Gruppe, also der Konflikt zwischen

- dem Führer – dem Alpha,
- den Fachleuten und Alpha-Anwärtern – den Betas,
- den Gruppenmitgliedern – den Gammas und
- den Omegas, das sind die Nachzügler, Außenseiter und Widersacher.

Konflikte durch Wir-Verweigerung und Wir-Verlust

Menschen, bei denen Gruppenbildungskräfte versagen, widersetzen sich einer Identifikation mit dem „Wir". Sie sind nicht imstande Gruppenbildung anzuregen. Trotzdem sind sie in bestimmten Teams teamfähig.

Verlieren Personen mit *starker* Wir-Identifikation die Gruppenzugehörigkeit, entstehen schwere Identifikationsprobleme.

Eigennutz versus Gruppennutzen

Bei allen Gruppen streng hierarchischer Struktur kommt kooperatives Verhalten genauso vor wie Auseinandersetzungen. Peschanel vergleicht das mit Jagdgesellschaften aus der Tierwelt. Beim Verfolgen und Erlegen der Beute wird in einem Wolfsrudel die Kooperation notwendig sein und daher aufrechterhalten werden. Rangkämpfe brechen erst dann aus, wenn die Beute geschlagen ist und es um die Verteilung geht.

Wesentlich für den Bestand einer Gruppe ist die Ausgewogenheit zwischen Eigen- und Gruppennutzen – gibt es sie nicht, entstehen Konflikte.

Der Alpha-Omega-Konflikt

Wie die Rangkonflikte geht diese Konfliktform auf die Rangdynamik von Raoul Schindler zurück. Hat sich in einer Gruppe ein Alpha-Typ, ein Führer herausgebildet, dann wird er seine Position gegen die Omegas der Gruppe verteidigen. Bei diesem Modell geht es daher auch um Nachfolgeprobleme.

Der Beta-Omega-Konflikt

In der Rangdynamik einer Gruppe ist jeder Omega ein potentieller Konkurrent jedes Betas. Daher versuchen Omegas, Kontakt mit den Betas aufzunehmen und Koalitionen aufzubauen – was oft am Widerstand der Betas scheitert. Dieses verdeckte Konfliktverhältnis äußert sich in negativer Beurteilung der Person des Omega.

Frauen in Hierarchiekonflikten

In streng traditionellen hierarchischen Gesellschaftsbereichen finden Hierarchiekämpfe in der Regel nur zwischen männlichen Gruppenmitgliedern statt. Frauen, die eine Alpha-Position einnehmen wollen, verhalten sich also nach dem traditionellen Muster atypisch. Sie nehmen entweder männliche Verhaltensweisen an oder sie fühlen sich von Gruppen angezogen, die vorwiegend weibliche Mitglieder und eine besondere Gruppenkultur aufweisen.

Konflikte zwischen Gruppen

Konflikte zwischen Gruppen unterschiedlicher Ausrichtung sind eine „klassische" Form, die schwerwiegende Auseinandersetzungen hervorrufen kann. Beispiele sind Konflikte zwischen Parteien, Religionsgemeinschaften, aber auch Sportteams.

GRUNDMODELLE

Das Modell von Zeitspur und Engrammen

Unter „Zeitspur" versteht man die exakte Aufzeichnung der persönlichen Vergangenheit – ähnlich der *Time-Line* des NLP. Es gibt unterschiedliche Techniken, die auf „Engramme" – das sind mit besonders schwerem Konflikterleben belastete Positionen auf der Zeitspur – zugreifen. So werden die Spätfolgen und Nachwirkungen von Konflikten beseitigt.

Engramme entsprechen dem so genannten SEE (*Significant Emotional Event* = dem signifikanten emotionellen Ereignis) in der *Time-Line*-Arbeit. Der Soziologe Dr. Morris E. Massey[70] prägte erstmals 1965 diesen Namen.

Emotionale versus nichtemotionale Personen

Derselbe Konflikt kann für emotionslose oder emotionsarme Personen eine intensive Sachauseinandersetzung, für emotionsintensive Persönlichkeiten aber äußerst tiefgehend sein. Trifft der Konflikttyp des „Emotionslosen" auf den „Emotionsintensiven", werden diese beiden keine Konfliktlösung finden können.

Reaktives Konfliktverhalten

Reaktives Konfliktverhalten tritt unmittelbar nach Konfliktbeginn instinktiv auf, wobei nach Peschanel drei Verhaltensweisen auftreten können: Flucht, Aggression oder Paralyse. Paralyse tritt dann ein, wenn sowohl Flucht als auch Angriff aussichtslos sind – das Verhalten der Maus vor der Katze. Nicht nur Tiere, auch Menschen tragen dieses archaische Verhaltensmuster in sich, wenn es auch – besonders im Fall instinktiver Aggression gegenüber anderen Menschen – in unserem Kulturkreis nicht toleriert wird.

Die Rolle des „inneren Beobachters" im bewussten Konfliktverhalten

Bewusstes Konfliktverhalten kann nur dann auftreten, wenn das reaktive Konfliktverhalten nicht dominiert hat. In vielen Fällen kommt es zur Bildung eines „inneren Beobachters" – der in den Konflikt verwickelte Mensch „schaut sich selbst über die Schulter". Dieser dissoziierte „Zuschauer" ist eine Instanz, die den Konflikt kontrolliert.

Die drei Hirne des „Triune Brain" und ihre Denkformen

Der Aufbau des Gehirns bestimmt das menschliche Konfliktverhalten. Das Modell des *Triune Brain* von P. MacLean zeigt drei bestimmende Bereiche mit unterschiedlichem Konfliktverhalten:

Das Stammhirn oder „Reptilienhirn" ist der älteste Teil und für unbewusste Vorgänge wie Atmung, Kreislauf, Temperatur und biochemische Vorgänge zuständig. Der Mensch hat mit der Ausnahme spezieller Mentaltechniken keine Möglichkeit, auf diese Funktionen Einfluss zu nehmen. Mit diesem Gehirnteil verbundene Konflikte beziehen sich auf elementare Überlebensfunktionen, also Nahrung, Fortpflanzung und das beanspruchte Territorium.

Das Zwischenhirn oder limbische System erlaubt die Anpassung an wechselnde Situationen. Es ist Träger des emotionalen Denkens. Es ermöglicht auch das Lernen nach dem Prinzip der Beibehaltung erfolgreichen Verhaltens. Dieser Gehirnteil ist für das reaktive Verhalten zuständig, aber auch für die Verteidigung der Familie, Konflikte um Zugehörigkeit und Hierarchiekonflikte.

Das Großhirn oder der Neocortex ist Träger des nichtemotionalen Denkens, des bewussten und rationalen Denkens. Bei den mit diesem Gehirnteil verbundenen Konflikten geht es um Entscheidungen, Strategien und Werte.

Wesentlich an diesem Modell: Wir haben drei Gehirnteile mit unterschiedlichem Konfliktverhalten, und diese stehen in relativ geringer Wechselwirkung zueinander.

Das Struktogramm-Modell

Das Struktogramm-Modell basiert auf dem im vorigen Abschnitt beschriebenen *Triune Brain* von MacLean. Über einen Fragebogen wird ein „3-Hirne-Dominanz-Profil" ermittelt. Daraus werden drei Konflikttypen mit unterschiedlichem Verhalten abgeleitet:

- der blaue Typ – rationale und bewusste Konfliktgestaltung,
- der rote Typ – emotionales Konfliktverhalten,
- der grüne Typ – nutzt intuitiv frühere Erfahrungen, folgt elementaren Trieben.

Sach- und Beziehungs-Konflikt-Typen

Nach dem Modell von Paul Watzlawick[71] findet Kommunikation immer auf einer Inhaltsebene und einer Beziehungsebene statt. Der Anteil der beiden Komponenten kann je nach Art der Kommunikation unterschiedlich sein. Auch in Konflikten sind beide Ebenen enthalten, je nachdem, ob der Sachaspekt oder der Beziehungsaspekt dominiert.

Das Kommunikationsmodell von Schulz von Thun

Das „Nachrichtenquadrat" von Schulz von Thun[72] geht von vier Aspekten einer Nachricht aus:

- Der **Sachinhalt** enthält Informationen über mitzuteilende Dinge;
- mit der **Selbstoffenbarung** teilt der Sender etwas über seine eigene Person mit;
- mit dem **Beziehungshinweis** definiert der Sender seine Beziehung zum Empfänger;
- der **Appell** fordert den Empfänger auf, etwas Bestimmtes zu tun.

	Selbstoffenbarung	Sachinhalt	Appell	Beziehung
Hier geht es:	um eine „Kostprobe" der eigenen Persönlichkeit	„um die Sache" (oder sollte es zumindest)	um Einfluss und Manipulation	um den Ausdruck dessen, was ich von meinem Gegenüber halte und wie ich zu ihm stehe
Dieser Aspekt enthält:	„Ich"-Botschaften	nüchterne Sachinformationen	Anweisungen und Aufforderungen.	„Du-" und „Wir-" Botschaften
Frage:	Wie vermittle ich dem anderen etwas über mich?	Wie kann ich Sachverhalte klar und verständlich mitteilen?	Wie bewirke ich etwas beim anderen?	Wie behandle ich meine Mitmenschen durch die Art meiner Kommunikation?
Jeweilige Botschaft am Beispiel der Nachricht: „Ich habe Stress!"	„Mir ist alles zu viel."	„Ich habe viel zu tun."	„Mach du deine Arbeit, ich mach meine!"	„Ich brauche deine Unterstützung!"

Zirkuläre Konflikte – Teufelskreis-Modell

Eine Äußerung verursacht beim Empfänger einer Botschaft negative Emotionen, die entsprechendes Verhalten nach sich ziehen. Dieses Verhalten des Empfängers verursacht seinerseits negative Emotionen beim Sender. Dessen nächste Botschaft verschärft den Konflikt – und so weiter …

Zirkuläre Konflikte laufen viele Male im Kreis, ohne dass eine Lösung möglich scheint – oder von einem der Konfliktpartner angestrebt wird. Erst das Durchbrechen der zirkulären Kommunikation kann den Konflikt stoppen.

Das Werte- und Entwicklungsquadrat

Das Wertequadrat von Schulz von Thun[73] stellt als Ausgangspunkt ein duales Paar von „Tugenden" gegenüber. Beispiel: Sparsamkeit – Großzügigkeit. Wird die Balance zwischen diesen beiden „Tugenden" durch Übertreibung verlassen, gehen sie in „Untugenden" über, in diesem Beispiel: Aus Sparsamkeit wird Geiz, aus Großzügigkeit wird Verschwendung. Konfliktsituationen entstehen, wenn die beiden Konfliktpartner unterschiedliche „Tugend-Paare" bevorzugen.

KOMPLEXE KONFLIKTMODELLE

Projektionale Konfliktursachen

Das Konfliktmodell der Projektion wurde von Sigmund Freud entwickelt. Bei diesem typisch menschlichen Konfliktverhalten werden eigene Emotionen anderen Personen zugeschoben – im Sinne des Opfers aus dem Drama-Dreieck der Transaktionsanalyse: „Du bist dafür verantwortlich, dass es mir schlecht geht!"

Intrapersonelle Konflikte

Innere Konflikte sind vermutlich jedem Menschen bekannt. Es geht dabei um Selbstzweifel, Verstoß gegen Regeln oder widersprüchliche Ziele, die man nicht gleichzeitig erreichen kann. Das „Teile-Konzept" des NLP macht dieses Phänomen verständlich. Zwei oder mehr Teile des menschlichen Geistes mit unterschiedlichen Wünschen und Zielsetzungen versuchen, Kontrolle über die „Organe des Handelns" – also die Sprache, die Gliedmaßen – zu bekommen, um das eigene Ziel in die Tat umzusetzen.

Motivationskonflikte im Maslow-Modell

Die Bedürfnisse des Menschen sind nach Maslow hierarchisch gegliedert (Bedürfnispyramide). Motivationskonflikte entstehen zwischen zwei Menschen oder zwei Gruppen mit Bedürfnissen auf unterschiedlichen Ebenen der Bedürfnispyramide. Revolutionen sind ein extremes Beispiel für solche Konflikte.

Aggressoren und Konfliktvermeider

Hier geht es um den Gegensatz zwischen einem Aggressor und einem Konfliktvermeider. Peschanel unterscheidet zwei Arten von Konfliktvermeidern:

- die reaktiven Vermeider, die unbewusst jeder Aggression aus dem Weg gehen, und

- die bewussten Vermeider, die durch Taktik und unauffällige Übernahme der Kontrolle einen Konflikt vermeiden.

Das Konfliktmodell der Transaktionsanalyse

Die Transaktionsanalyse geht davon aus, dass der Mensch aus drei unterschiedlichen „Ichs" besteht:

- dem **Kind-Ich** – „Ich will sofort …",

- dem **Eltern-Ich** – „Ich weiß, was richtig ist!",

- dem **Erwachsenen-Ich** – „Wir sollten in Ruhe darüber reden".

Konflikte entstehen besonders zwischen Kind-Ich und Erwachsenen-Ich.

Konfliktintensität

Konflikte unterscheiden sich auch nach ihrer Intensität. Peschanel nennt die niedrigste Eskalationsstufe „potentieller Konflikt" und die höchste „heißer Konflikt". Er unterscheidet folgende Stufen:

● vorhandenes Wunschpaar,

● Vorbringen von Wünschen,

● Vorbringen von Forderungen,

● Verärgerung,

● Drohungen,

● Statthalter-Krieg,

● internationaler Vernichtungskrieg.

Sachkonflikte

Bei Sachkonflikten geht es vorwiegend um inhaltliche Themen in unterschiedlichem Kontext. Reine Sachkonflikte können nach Kosten-Nutzen-Überlegungen analysiert werden. Nicht immer werden Sachkonflikte tatsächlich auf der rein sachlichen Ebene ausgetragen. Unterschiedliche Wertesysteme, Kompetenz und Verhaltensregeln sind Beispiele.

Das Kahn'sche Modell des Eskalationsmanagements

Der US-Militärberater Kahn definierte in den siebziger Jahren eine Eskalationsskala vom Kalten Krieg bis zum internationalen Einsatz von Atomwaffen. Seine Grundidee war es genau zu definieren, welches in einer Konfliktsituation der nächste Schritt auf Eskalationsskala sein würde. So wird „wohldosierte Eskalation" möglich. Dieses Modell ist heute weitgehend überholt.

Zyklische und lineare Konflikte

Lineare Konflikte zeichnen sich durch sequentiell verkettete Abläufe aus. Einzelne Konfliktsituationen werden nicht nochmals in der gleichen Form durchlaufen. In *zyklischen* Konflikten wird eine bestimmte Abfolge von Konfliktsituationen immer wieder als Zyklus oder Schleife (Loop) durchlaufen. In diesen Konflikten wird die Tatsache der ständigen Wiederholung des Konfliktablaufs von den Konfliktparteien oft übersehen.

ARTEN DER KONFLIKTFÜHRUNG

Naive Konfliktführung

Eine Konfliktpartei erkennt den bestehenden Konflikt trotz deutlicher Symptome nicht – aktive Konfliktführer haben daher leichtes Spiel, den Konflikt gegen diese Partei zu gewinnen. Sind beide Konfliktparteien „naiv", dauern Konflikte oft sehr lange. Keine Partei wird eine Strategie zur Konfliktbeendigung entwickeln.

Professionelle Konfliktführung mit strategischen Qualitäten

Professionelle Konfliktführer analysieren den „Gegner" und setzen sich ein klares Konfliktziel, zu dessen Erreichen sie Strategien entwerfen. Für sie ist ein Konflikt ein Spiel, aus dem sie aussteigen, wenn sie das Interesse daran verloren haben – der Sieg spielt keine Rolle.

Offene Konfliktführung

Offenes Auftreten der Konfliktparteien – wie etwa bei Territorialkämpfen – ist limbisch-archaisches Verhalten. In diesem Fall werden typische Rituale wie etwa Selbstdarstellung, Einschüchterungsversuche und Scheinangriffe durchgeführt. Bei offener Konfliktführung sind Konflikte von einem Außenstehenden leicht erkennbar – noch bevor sie den Konfliktpartnern bewusst sind.

Prinzip des Siegens um jeden Preis

Diese Konfliktform wird nach Peschanel gewählt, wenn

* die Eitelkeit groß ist,
* Macht und Ansehen eine dominierende Rolle spielen,
* die Bereitschaft zu Ärger hoch ist und
* die Bindung an eigene Vorstellungen übermäßig ist.

Endlose Rechtsstreitigkeiten sind ein Beispiel für diese Konfliktform.

Dahrendorf'sche Konfliktstrategien

R. Dahrendorf[74] nennt drei strategische Vorgehensweisen:

* Konfliktunterdrückung
  Gefahr: revolutionäre Konfliktentladung
* Konfliktlösung
  Gefahr: „Diktatur" der/des Guten

- Konfliktregelung
  Konsequenz: Kompromiss, Veränderung in kleinen Schritten

Verdeckte Konfliktführung

Perfekte Täuschungen als Basis einer Konfliktführung sind entwicklungsgeschichtlich sehr alt – die Tarnung von Insekten als Blatt, der „Wolf im Schafspelz", aber auch manipulative hypnotische Techniken und die Fälschung / Unterdrückung von Informationen.

Das klassische Nullsummenspiel

Der Ausdruck stammt von Paul Watzlawick, er spricht von „den tödlichsten Spielen, den Nullsummenspielen". Der Gewinn der einen Konfliktpartei ist der Verlust der anderen. Beispiele sind archaische Konfliktformen wie Brunftverhalten und Hierarchiekämpfe, aber auch der Kampf um Marktanteile und Macht.

Gewinnen statt Siegen

In diesem Fall geht es nicht um das Siegen, also die Kapitulation des Gegners, sondern um Kooperation. Dieses Modell funktioniert nur zwischen konfliktfähigen Partnern. Ziel ist es, zwischen beiden Parteien eine Win-win-Situation zu schaffen, in der es nur Gewinner gibt.

M. B. Rosenbergs Ansatz der gewaltfreien Kommunikation

Konflikte, die nicht gelöst, sondern unterdrückt werden, eskalieren. Rosenberg[75] schlägt in extremen Konfliktsituationen folgendes Vorgehen vor:

- Nie mit einem Urteil beginnen – Betrachtung des Tatbestandes ohne Bewertung.

- Das eigene Gefühl beschreiben – wie fühle ich mich nach dieser Betrachtung?

- Den Einfluss der eigenen Werte auf die Gefühle erkennen.

- Einen positiv formulierten Vorschlag machen.

135

Einige Konfliktmodelle erscheinen in den Curricula der Coaching-Verbände. Diese Modelle finden Sie im Anschluss (bis S. 152) detailliert beschrieben:

- Das Graves-Modell
- Das 9-Stufen-Modell von F. Glasl
- Das *Dual Concerns Model* von D. G. Pruitt, J. Z. Rubin und S. H. Kim
- Das Klärungshilfe-Modell von Ch. Thomann
- Das Modell von Robert R. Blake & J. S. Mouton
- Das Konfliktmodell von F. Simon
- Das 4-Tiere-Konfliktmodell nach C. Däubner
- Das Traumakonfliktmodell des Debriefing nach G. Perren

DIE *GRAVES-LEVELS*

Die Zuordnung des Klienten zu einem der von Clare W. Graves entwickelten *Graves-Levels* gibt dem Coach wertvolle Hinweise auf mögliches Konfliktpotential gegenüber anderen Personen und Berufsgruppen.

Clare W. Graves[76], ein Zeitgenosse Abraham Maslows, hat in den fünfziger Jahren ein Modell zur Beschreibung der Entwicklung der menschlichen Natur entwickelt, das über die Maslow'sche Bedürfnispyramide hinausging. Graves ging davon aus, dass sich als Reaktion auf bestimmte menschliche Existenzbedingungen bestimmte Wertesysteme entwickeln. Jede dieser Stufen ist einerseits die Reaktion auf veränderte Umweltbedingungen und andererseits auf die Einschränkungen der vorangegangenen Stufe. Nach Graves existieren in unserer heutigen Zeit acht Stufen, die aufeinander folgen:

"Trans Graves"	8	Globales Denken
	7	Zusammenhänge / Lösungen
	6	Harmonie / Beziehung
	5	Leistung / Erfolg
	4	Prinzipien / Ordnung
	3	Kontrolle / Macht
	2	Sicherheit / Geborgenheit
	1	Überleben / Grundbedürfnisse

Level 1:
Überleben und Befriedigung der Grundbedürfnisse – reaktiv

Diese Stufe ist im Zusammenhang mit Coaching nicht zu berücksichtigen, weil Menschen auf dieser Entwicklungsstufe als Coaching-Klienten nicht vorkommen.

Auf dieser Stufe geht es um Werte im Zusammenhang mit Überleben und Existenzerhaltung – die Sicherung der Nahrung, der Fortpflanzung, von Wärme und vor allem das Thema Sicherheit haben hier Vorrang. Beispiele sind:

- Neugeborene,
- senile alte Menschen,
- geistig Behinderte,
- Obdachlose.

Motivation über: physiologische Grundbedürfnisse.

Level 2:
Sicherheit und Geborgenheit – tribalistisch – Glaube an die Autorität eines Führers

Menschen auf *Graves-Level 2* bilden Gruppen, die ihren Führer bedingungslos anerkennen und ihm folgen. Eigene Wünsche werden zugunsten des „Häuptlings" zurückgestellt. Beispiele sind:

- naturnah lebende Stämme der so genannten „Dritten Welt",
- klassische Familienhierarchien,
- Sportmannschaften, Clubs,
- Religionsgemeinschaften,
- „Gangs" in Großstadtghettos.

Im Unternehmenskontext:

- Mitarbeiter in Abteilungen und Arbeitsteams bei streng hierarchisch geführten Unternehmen.

Werte: Tradition, Gehorsam, Sicherheit in der Gruppe
Motivation über: Anerkennung der erbrachten Leistung, Sicherheit
Meta-Programme: extern, *In Time*

Level 3:
Kontrolle und Macht – egozentrisch – Helden und Anführer

Menschen auf *Graves-Level 3* sind autoritäre Anführer, die ihre Macht ausüben und genießen. Beispiele:

- Diktatoren, „Machos",
- „Anführer" von Gangs, Motorradclubs,
- radikale Umweltaktivisten und Tierschützer,
- Rockstars,
- zu Gewalt tendierende „Einzelkämpfer" – die „Rambos" unserer Gesellschaft.

Im Unternehmenskontext:

- Autoritäre Führungskräfte in hierarchisch geführten Unternehmen

Werte:	Unabhängigkeit, Mut, Herausforderung
Motivation über:	sofortige Bestätigung und Bedürfnisbefriedigung, Macht
Meta-Programme:	hin zu, *In Time*

Level 4:
Prinzipien und Ordnung – absolutistisch – Gesetze und Regeln

Von wesentlicher Bedeutung für Menschen im *Graves-Level 4* sind geltende Gesetze und Regeln und die damit verbundene Ordnung. Beispiele:

- Rechtsanwälte, Steuerprüfer
- Priester, Lehrer
- bürokratische Beamte, Polizisten

Im Unternehmenskontext:

- Mitarbeiter des Finanz- und Rechnungswesens
- Controller, Qualitätsmanager

Werte:	Ordnung, Disziplin, Verantwortung, Tradition, Gerechtigkeit
Motivation über:	Schuldgefühle, Vermeiden von Bestrafung, auf Verhalten resultierender späterer Lohn.
Meta-Programme:	weg von, prozessorientiert, *Through Time*

Level 5:
Leistung und Erfolg – materialistisch – Gewinn und Kapitalismus

Für Menschen im *Graves-Level 5* zählen ausschließlich kapitalistische Werte – Ergebnisse, der Gewinn, der Erfolg. Ziel ist die Vermehrung materieller Ressourcen. Beispiele:

● Börsenmakler, Vermögensberater

● Spitzensportler

● Karrierefixierte „Workoholics"

Im Unternehmenskontext:

● der finanziell erfolgreiche Unternehmer

● der Manager mit der steilsten Karriere

Werte:	Wohlstand, Fortschritt, Erfolg, Status/Prestige, Leistung
Motivation über:	Preise, Belohnungen, besserer Status
Meta-Programm:	hin zu

Level 6:
Harmonie und Beziehung – personalistisch – Gemeinschaft und Gemeinsamkeit

Das Hauptziel von Menschen des *Graves-Levels 6* ist es, Frieden im Inneren und mit allen anderen Menschen zu finden. Entscheidungen werden nur gemeinsam getroffen. Wenn es sein muss, opfern sie sich selbst zum Wohle der Gemeinschaft auf. Beispiele:

● die „Achtundsechziger", die Hippie-Bewegung der sechziger und siebziger Jahre

● Sozialarbeiter, Seelsorger, Kinderdorfmütter

● Tierschützer, Greenpeace-Bewegung

● New-Age-Bewegung, Friedensbewegung

Im Unternehmenskontext:

● der „Unternehmensvater"

● der freundliche „Kumpel", der allen hilft

● der „Teamarbeit-Junkie"

Werte:	Harmonie, Menschlichkeit, Gemeinschaft, Friede
Motivation über:	gegenseitige Ermutigung und Unterstützung, Gemeinschaft
Meta-Programm:	Menschen

Darüber hinausgehende Entwicklungsstufen. Menschen, die die über diese Stufe hinausgehenden Entwicklungsstufen erreicht haben, kommen kaum als Klient zum Coach. Es gibt sicher einige Klienten, die sich in den letzten zwei Levels einordnen würden. Wesentlich dabei ist zu beachten, dass nur etwa 1 % der Menschheit die Stufe 7 und weniger als 0,1 % die Stufe 8 tatsächlich erreicht haben.

Level 7:
Zusammenhänge und Lösungen – systemisch / integral

Menschen des *Graves-Levels 7* haben als Lebensziel, die Menschen wieder mit der Natur vertraut zu machen und die Welt in ein Gleichgewicht der Ressourcen zu bringen. Ganzheitliches Denken ist für sie wesentlich.

Werte:	systemisches Denken, Flexibilität, Kompetenz, Freiheit
Motivation über:	Ziele werden selbst gesetzt, nur die innere Motivation zählt.
Meta-Programme:	Optionen, Informationen

Level 8:
Globales Denken – transpersonal / holistisch

Menschen des *Graves-Levels 8* (weniger als 0,1 % der Weltbevölkerung) sind bereit, sich selbst für das globale Überleben zu opfern.

Werte:	Intuition, Erfahrungen, Bewusstsein, ganzheitliche Sicht
Motivation über:	gegenseitige Ermutigung und Unterstützung
Meta-Programme:	*Through Time*, global

Das Konfliktpotential der *Graves-Levels*

Die Zuordnung zu den einzelnen *Graves-Levels* kann auch dazu dienen, Konfliktpotential zu orten bzw. bestehende Konflikte zu erklären. Graves zeigt zwischen den folgenden Levels besonderes Konfliktpotential auf (vgl. die Pfeile in der Abbildung auf Seite 141):

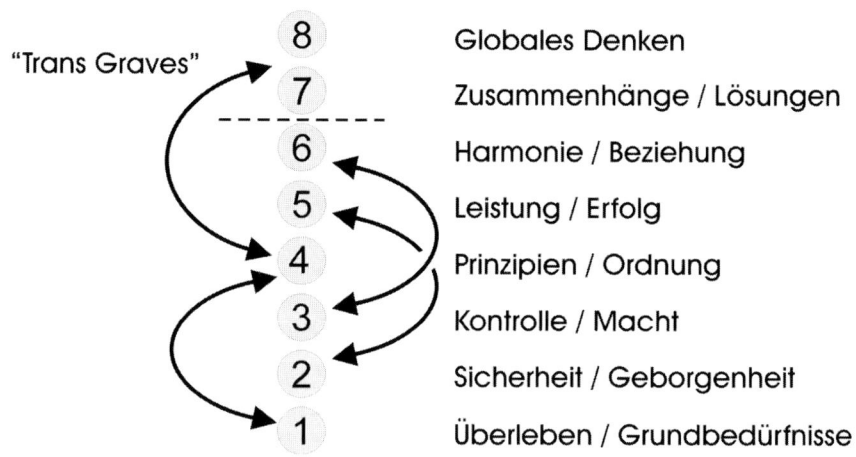

DAS 9-STUFEN-MODELL VON F. GLASL[77]

Friedrich Glasl nennt in seinem „Phasenmodell" neun Stufen der Konflikteskalation:

Verhärtung

Hier finden wir ein deutliches Kooperationsbemühen mit gelegentlichem Abgleiten in Reibungen und Spannungen. Gelegentliche Spannungen und Meinungsverschiedenheiten führen – wenn sie nicht ohne Nachwirkungen bewältigt werden – zu einer Verhärtung der Interessen und Meinungen. Die Standpunkte der Parteien werden inkompatibel, Unterschiede werden bedeutend. Wird keine konstruktive Lösung gefunden, eskaliert der Konflikt.

Debatte und Polarisation

Die Gespräche werden von emotionalen verbalen Auseinandersetzungen abgelöst. Jede Partei vertritt die eigenen Standpunkte mit Nachdruck. Trotz wachsenden Misstrauens zwischen den Konfliktparteien gibt es nach wie vor gemeinsame Ziele und Interessen. Kooperation oder Kampf – beide Möglichkeiten sind noch offen.

Kommt einer der Konfliktpartner zu der Ansicht, dass weitere Gespräche nicht zu einer Konfliktlösung führen, eskaliert der Konflikt – besonders nach provozierenden oder unbeherrschten Aktionen – zur nächsten Stufe.

Nicht Worte, sondern Taten – provozierende Aktivitäten

Eigenmächtige und provozierende Handlungen der Konfliktparteien ersetzen das Wort als Mittel der Auseinandersetzung. Es wird immer wichtiger, die eigenen Ziele durchzusetzen und den Konfliktpartner an seiner Zielerreichung zu hindern. Keine der Parteien ist bereit nachzugeben und ihre Überzeugung und Einstellung zu ändern. Vertrauen in den Konfliktpartner ist nicht mehr vorhanden, er wird zunehmend als Gegner empfunden.

Sorge um Reputation und Unterstützung – Koalitionen

Ab jetzt geht es nicht mehr um ein Ziel oder Thema, sondern nur mehr um Sieg oder Niederlage. Alles, was die Gegenpartei denkt, fühlt oder will, wird als Feindseligkeit angesehen. Der Konflikt wird jetzt auch nach außen getragen, Verbündete werden gesucht, es bilden sich Koalitionen mit externen Partnern.

Kampf mit dem verlorenen Gesicht

Der Konflikt wird mit zunehmend härteren Mitteln ausgetragen, das führt zu Demütigungen. „Wenn jemand sein Gesicht verloren hat, dann muss sein Identitätsbild gründlich revidiert werden." Gesichtsverlust wird als Vernichtung der Identität empfunden. Das gegenseitige Vertrauen ist nicht mehr vorhanden, selbst öffentliche Entschuldigungen werden nicht mehr wahrgenommen.

Drohstrategien beherrschen das Geschehen

Die Einstellungen der Konfliktparteien sind radikaler geworden. Drohungen werden ausgesprochen, die immer direkter und radikaler werden. Ultimaten werden gestellt, um eine Entscheidung zu erzwingen. Extreme Forderungen werden mit schweren Folgen verknüpft. Es kommt zunehmend zum Verlust der Kontrolle über den Konfliktverlauf.

Systematische Zerstörungsschläge gegen das Sanktionspotential

Die Schädigungsabsicht steht bei beiden Konfliktparteien deutlich im Vordergrund. Um den Drohungen der vorangegangenen Stufe mehr Ausdruck zu verleihen, werden begrenzte Vernichtungsschläge gegen den Gegner und dessen Drohpotential geführt. Es erscheint inzwischen unmöglich, eine Lösung zu finden. Ethische Normen verlieren an Bedeutung.

Gezielte Angriffe auf das Nervensystem des Gegners – Zersplitterung

Ziel der Angriffe gegen den „Feind" ist es, sein System zu zerstören, seine Existenzgrundlage zu vernichten. Der Gruppenzusammenhalt beim Konfliktgegner soll gestört werden; es wird angestrebt, interne Probleme beim Gegner zu erzeugen. Die Zerteilung der Parteien in Splittergruppen kann die Situation außer Kontrolle bringen. Hauptziel ist das eigene Überleben.

Totale Vernichtung und Selbstvernichtung

Wenn als letzte Konsequenz sogar der Selbsterhaltungstrieb verloren geht, dann geht es nur mehr um bedingungslose Vernichtung. Es herrscht Krieg. Bedenkenlos wird alle verfügbare Gewalt eingesetzt. Die Konfliktparteien führen einen totalen Vernichtungskrieg gegen ihre Umgebung, ohne zwischen Parteilichen oder Neutralen zu unterscheiden. Die Genugtuung der Parteien besteht darin, dass sie im eigenen Untergang den Feind mit in den Abgrund reißen.

Dieses Modell zeigt die schlimmstmögliche Konflikteskalation auf.

DAS *DUAL CONCERNS MODEL* VON PRUITT, RUBIN UND KIM[78]

Nach Pruitt, Rubin und Kim ist ein Konflikt eine wahrgenommene Unvereinbarkeit der Interessen zweier oder mehrerer Akteure. Ihr *Dual Concerns Model* erklärt, welche Strategie bei welchen Umständen in einem Konflikt eingesetzt wird.

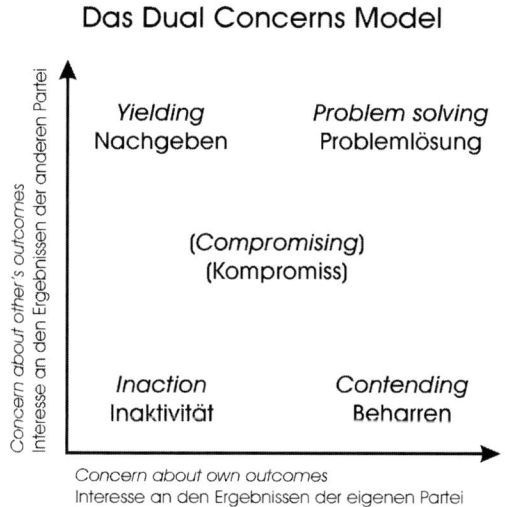

Das Dual Concerns Model

Je nach Ausmaß des Interesses an den Ergebnissen der eigenen und der anderen Partei ergeben sich nach diesem Modell verschiedene Lösungswege:

- **Inaktivität** *verhindert* jede Problemlösung
  Inaktivität bedeutet, dass weder an den Ergebnissen der anderen Partei noch an den eigenen Ergebnissen wirkliches Interesse besteht. Der Konflikt bleibt bestehen, da es keine Aktivitäten gibt, die zur Lösung beitragen.

- **Beharren** in der eigenen subjektiven Wirklichkeit
  Großes Interesse an den eigenen Ergebnissen und völliges Desinteresse an den Ergebnissen der anderen Partei bringt den Konflikt nur scheinbar einer Lösung näher.

- **Nachgeben** gegenüber der anderen Partei
  Auch das völlige Aufgeben der eigenen Interessen bringt nur eine scheinbare Konfliktlösung – es ist eine Kapitulation.

- **Kompromiss** zwischen den Interessen der Parteien
  Ein Kompromiss bringt den Konflikt der Lösung näher – eine echte und dauerhafte Konfliktlösung ist aber auch das noch nicht.

Das *Dual Concerns Model* detailliert unterschiedliche Taktiken zur Konfliktlösung:

Contenious tactics – Kampftaktiken

Kampftaktiken werden dann angewendet, wenn das Interesse an den eigenen Ergebnissen hoch und das an denen der anderen Partei niedrig ist. Es gibt kaum gemeinsame Interessen, damit ergibt sich keine Möglichkeit einer für beide Parteien zufriedenstellenden Problemlösung. Es wird zwischen *light tactics* und *heavy tactics* unterschieden – *heavy tactics* anwenden heißt „Krieg" auf Kosten der anderen Partei zu führen, also diese zu schädigen.

Es ist klar, dass diese Kampftaktiken **keine echte Problemlösung** bringen. Das Modell unterscheidet folgende Kampftaktiken:

- *Ingratiation* – (scheinbar) Beziehungen schaffen
  Diese Taktik geht davon aus, dass die andere Partei die wahren Hintergründe des nur scheinbar freundlichen Verhaltens nicht erkennt. Wenn die andere Partei die Taktik durchschaut, wird sie wirkungslos. Eine echte Problemlösung bringt diese Taktik nicht.

- *Gamesmanship* – Ablenkungsmanöver
  Bei dieser Taktik wird die andere Partei durch Störungen vom eigentlichen Konflikt abgelenkt. *Eine* Art der Störung kann das „Hinunterchunken" durch Fragen sein („Erklären Sie mir das bitte genau …"). Etwaiges Nachgeben der

anderen Partei aufgrund dieser Störungen ist ebenfalls keine dauerhafte Konfliktlösung.

- *Guilt trips* – **Schuldzuweisung**
  Hier geht es darum, bei der anderen Partei das schlechte Gewissen zu wecken, um so die Wünsche der eigenen Partei erfüllt zu bekommen. Gibt die andere Partei auf Grund von Schuldgefühlen nach, ist der Konflikt scheinbar gelöst – aber eben nur scheinbar.

- *Persuasive argumentation* – **Überreden**
  Egal wie gut die Taktiken auch sein mögen – das *Überreden* eines Konfliktpartners durch geschickte Argumentation führt selten zu einer dauerhaften Konfliktlösung.

- *Treats* – **Drohungen**
  Drohungen aussprechen heißt Krieg mit Worten führen – nicht selten geht das dem eigentlichen Krieg voran.

- *Irrevocable commitments* – **Unwiderrufliche Verpflichtungen**
  Die Autoren des Modells nennen als Beispiel für solche „unwiderruflichen Verpflichtungen" den Hungerstreik – eine der Konfliktparteien gibt die Kontrolle über die Situation ab. Das macht es der anderen Partei unmöglich, die eigenen Wünsche durchzusetzen.

Problem solving – **Problemlösungstaktiken**

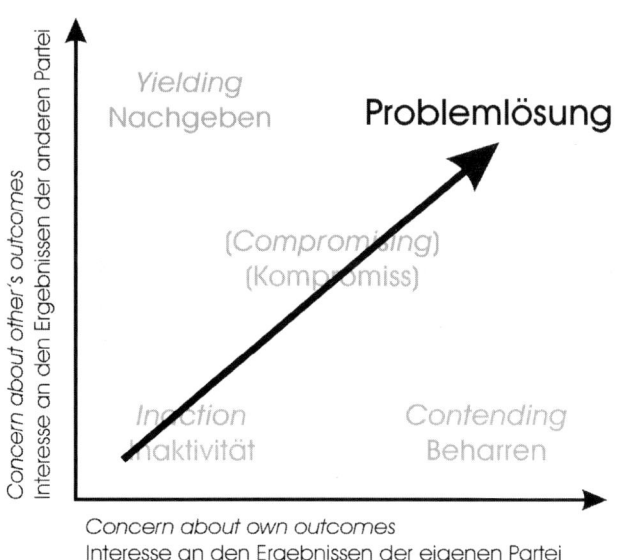

145

Am Ende steht ein Ergebnis. Problemlösungstaktiken werden dann angewandt, wenn die oben beschriebenen Kampftaktiken für nicht sinnvoll gehalten werden und einfaches Nachgeben ausgeschlossen werden kann. Am Ende solcher Taktiken steht zwar nicht immer ein Ende des Konfliktes, aber in allen Fällen ein Ergebnis, mit dem beide Seiten zufrieden sind.

Das *Dual Concerns Model* unterscheidet folgende Problemlösungstaktiken:

- *Compromise* – **Kompromiss**
  Beide Parteien geben ein wenig nach – so sind beide zwar nicht wirklich zufrieden, aber immerhin weniger unzufrieden als vorher. Kompromisse werden auf Grund von Zeitdruck in Konfliktlösungsprozessen häufig geschlossen.

- *Who will win* – **Entscheidung für eine von zwei Lösungsmöglichkeiten**
  Dazu gehören banale Lösungsmethoden wie das Auslosen der Entscheidung, das Werfen einer Münze etc., aber auch die Entscheidung durch einen unbeteiligten Dritten.

- *Integrative solutions* – **Integrative Lösungen**
  sind schließlich die optimalen unter den möglichen Lösungen: In ihnen sind die Interessen beider Parteien integriert.
  Das Modell nennt fünf verschiedene Formen integrativer Lösungen:

  - *Expanding the pie* – Die Ressourcen vergrößern
    Vergrößerung der Ressourcen, so dass für beide Parteien ein genügend großer Teil da ist.

  - *Nonspecific compensation* – Unspezifische Kompensation
    Das Nachgeben einer der Parteien wird durch eine Entschädigung, eine Kompensationsleistung erkauft. Diese Entschädigung hat mit dem Streitobjekt nichts zu tun.

  - *Logrolling* – Individuelles Nachgeben
    Wenn beide Parteien unterschiedliche Prioritäten haben, kann die eine auf einem für sie nicht wesentlichen Gebiet nachgeben.

  - *Cost cutting* – Spezifische Kompensation
    Jene Partei, die nachgibt, erhält einen Ausgleich, der im Zusammenhang mit dem Thema des Konfliktes steht.

  - *Bridging* – Erfüllung von Meta-Interessen
    Die hinter und über dem eigentlichen Konflikt stehenden Interessen der beiden Parteien – die durchaus unterschiedlich sein können – werden erfüllt.

146

DAS KLÄRUNGSHILFE-MODELL VON CH. THOMANN[79]

Hier handelt es sich um ein Modell zur Konfliktklärung. Der Ablauf der Konfliktklärung kann von der Anfrage bis zum Abschluss in sieben Phasen aufgeteilt werden:

- **Auftragsklärung**
  Klären, ob in der vorliegenden Situation Klärungshilfe angebracht ist, und Planen des konkreten Vorgehens zusammen mit dem Auftraggeber.

- **Anfangsphase**
  Alle am Konflikt Beteiligten treffen zusammen und lernen den Coach kennen. Sie nehmen Kontakt auf, um herauszufinden, ob noch Hindernisse vorliegen, die der Klärung im Wege stehen.

- **Selbstklärung**
  In der Selbstklärungsphase stellt jede der beteiligten Personen ihre Sicht des Konfliktes dar.

- **Dialogphase**
  In dieser Phase geht es darum, die unterschiedlichen und einander widersprechenden Sichtweisen durch einen Dialog der Konfliktparteien miteinander in Kontakt zu bringen. Diese Phase dient dazu, negative Gefühle und die belastende Vergangenheit aufzulösen, bevor mit der Lösungssuche begonnen wird.

- **Erklärungen und Lösungen**
  In dieser Phase werden Erklärungen für den Konflikt und schließlich Lösungen gefunden.

- **Abschluss**
  In der Abschlussphase wird der Klärungsprozess beschlossen und es wird Abschied genommen.

- **Nachsorge**
  Diese Phase dient dem Überprüfen des Erfolgs der Konfliktklärung unter einer eventuell notwendigen Nachbetreuung. Das Ziel der *Klärung* ist nach Thomann die Stärkung der Zusammenarbeit, der guten fach- und personengerechten Führung, der sachgerechten Hierarchie, der Klarheit, der Transparenz, der Effizienz und Effektivität.

Dazu ist es notwendig, Fehler der Vergangenheit zuzugeben und negative, verhärtete Gefühle aufzulösen. Vorbedingung dafür ist ein Klima von Toleranz und Offenheit. „Klärung heißt nicht, dass es hinterher schöner wird, nur wahrer", schreibt Thomann. „Klären heißt den Nebel wegblasen" – wobei vorher nicht klar ist, was sich hinter dem Nebel verbirgt.

Akzeptanz vor Konfrontation. In der Klärungshilfe geht es nicht um die *objektive* Wahrheit – es zählt nur die *subjektive* Wahrheit jeder Konfliktpartei. Es ist die Aufgabe des Coachs, diese subjektive Wahrheit der Konfliktparteien herauszufinden und zu akzeptieren. Erst auf der Grundlage von Akzeptanz kann Konfrontation fruchtbar sein. Akzeptanz und Konfrontation gehören zusammen und ergeben die Möglichkeit der Veränderung. Thomann: „Akzeptanz allein unterstützt alles, … auch die Wahrheit verschleiernde Tendenzen. Konfrontation allein bewirkt Widerstand, Blockaden, Rückzug und Abbruch des Kontakts. Erst wenn die grundsätzliche Akzeptanz deutlich geworden ist, kann konfrontiert werden."

Widerstand ist ein wichtiger Teil der subjektiven Wahrheit, deswegen muss er beachtet und ernst genommen werden. Ohne Beachtung des Widerstandes kann ein Konflikt nicht gelöst werden.

Nach Thomann muss ein Klärungshilfe praktizierender Coach folgende Eigenschaften haben:

- Adlerblick – den Scharfblick für das Negative.
- Herz – weit und offen, verurteilt und wertet nicht.
- Flügel – er muss frei und unabhängig sein. Die Freiheit ist seine Macht.
- Kopf / Gehirn – das sich besonders mit Hierarchien, Führung, Strukturen und Abläufen in Organisationen auskennt.
- Krallen – um den „roten Faden und die Werkzeugkiste fest und sicher" zu halten.

Das Klärungshilfemodell ist für Zweierklärungen genauso anwendbar wie für Teamklärungen.

DAS VERHALTENSGITTER VON BLAKE UND MOUTON

Blake und Mouton definieren in ihrem *Managerial Grid* (vgl. nächste Seite oben) unterschiedliche Führungsstile. Der Unterschied besteht in der Sachorientierung (sachlich-rationale Aspekte) oder der Menschorientierung (sozio-emotionale Aspekte).

Unterschiedliche Führungsstile werden Konflikte generieren – besonders dann, wenn sie bezüglich der emotionalen und rationalen Faktoren diametral entgegengesetzt sind (vgl. auch: „Konflikte im Kontinuum der Führungsstile", Seite 126). Auch in diesem Modell gibt es kein „richtig" oder „falsch".

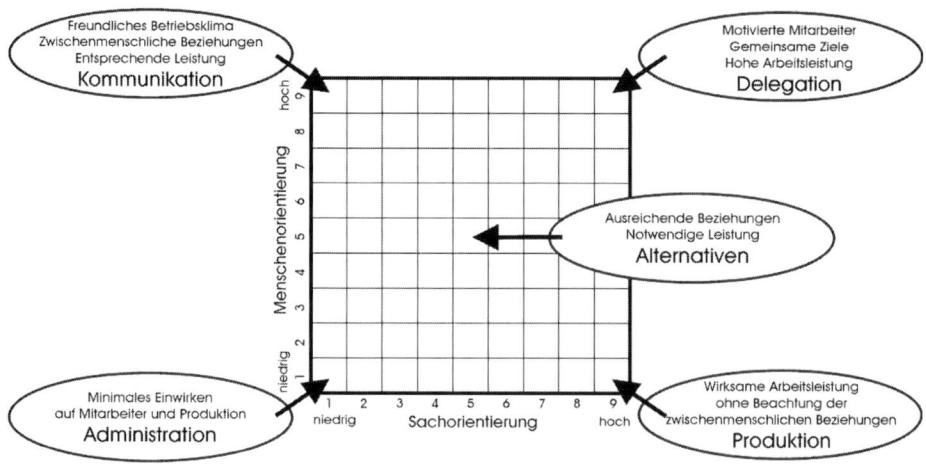

DAS KONFLIKTMODELL VON F. B. SIMON

Simon[80] nennt als Gegensatzpaar im Zusammenhang mit Konflikten: **Konflikte heraufspielend vs. Konflikte herunterspielend.** Zur Klärung der Frage, zu welchem Konfliktmodell der Klient neigt, nennt er folgende Beobachtungspunkte:

● Werden (mögliche) Konflikte eher vermieden oder gesucht?

● Sowohl/als auch, weder/noch, stark oder schwach?

● Wie werden Entscheidungen getroffen? Im Familienkontext:
Verhält die Familie sich dabei (Anmerkung B. Kaweh: bei Entscheidungen) eher „konsensus-" oder „distanzsensitiv"?

● Ist so etwas wie „Pseudofeindschaft" oder „Pseudogemeinschaft" zu beobachten?

● Werden Unterschiede zwischen Familienmitgliedern (Anmerkung B. K.: oder Konfliktpartnern), ihren Wünschen und Motiven eher betont oder verwischt?

● Ist Harmonie oder Konflikt ein positiver Wert für die Familie?

DAS 4-TIERE-KONFLIKTMODELL NACH C. DÄUBNER

Claudia Däubner[81] geht von vier Konflikttypen aus, denen jeweils ein Tier zugeordnet ist. Diese Verhaltensweisen zeigen sich vor allem in Stress-Situationen, die Übergänge sind fließend:

Der Tiger

Der Tiger ist der entscheidungsfreudige Macher. Er hat Angst die Kontrolle zu verlieren und reagiert unter Druck aggressiv und verletzend. Der Umgang mit Tigern:

- Argumente vorbringen,
- nicht persönlich oder aggressiv werden,
- keine Angst zeigen,
- nicht rechtfertigen,
- nicht zum Gegenschlag ausholen.

Die Bienen

Bienen sind unbequeme, pessimistische Skeptiker. Sie haben Angst vor Kritik. Der Umgang mit Bienen:

- zuhören und mitschreiben,
- Lösungsvorschläge einfordern,
- keine Gegenargumente bringen,
- keine Motivationsversuche.

Die Delphine

Delphine sind selbstdarstellerische Motivierer. Sie haben Angst vor Unbeliebtheit und fordern Anerkennung. Der Umgang mit Delphinen:

- nicht bloßstellen,
- kein überhebliches Verhalten,
- Gesichtsverlust vermeiden.

Die Elefanten

Elefanten verbergen Emotionen und schmollen lieber. Der Umgang mit Elefanten:

- keine Tigereigenschaften zeigen!
- geduldig sein,
- persönliche Betroffenheit zeigen,
- zur Entscheidung führen,
- keinen Druck ausüben.

DAS TRAUMAKONFLIKTMODELL DES *DEBRIEFING* NACH G. PERREN

Dieses für das *Debriefing* [82] nach traumatischen Erlebnissen wie Unfällen, Katastrophen und Ähnlichem für Betroffene und Helfer entwickelte Modell kann ebenso zum Nachbearbeiten von Konflikten eingesetzt werden.

Folgende **Vorannahmen** liegen zugrunde:

- Ein traumatisches Erlebnis kettet Verstand und Gefühl aneinander.

- Diese Ebenen können durch Kommunikation und Worte getrennt werden.

- Der Weg zum Weiterleben entsteht aus der Geschichte des Klienten.

Das Modell des *Debriefing* umfasst folgende **Elemente**:

- Es wird ein Rahmen geboten, in dem es das Recht zu reden gibt.

- Das Wort ermöglicht Information und Ordnung im Chaos.

- Arbeit in der Gruppe.

- Freisetzen von Ressourcen und Entdecken eigener Stärken.

- Anerkennung am Ende des Prozesses.

Perren beschreibt den **Verlauf einer Traumatisierung** folgendermaßen:

- Traumatisches Ereignis
- Akute traumatische Reaktion
  - ○ Übererregung:
    somatische Beschwerden, Schlafstörungen, Aggressivität, Hyperaktivität, innere Unruhe
  - ○ Intrusive Erinnerungen:
    Albträume, *Flash-backs*, Wiederagieren als Opfer / Täter
  - ○ Dissoziation / Vermeidungsverhalten:
    Vermeiden von Auslösern der Erinnerung, Angst vor Menschen, Misstrauen, Tagträume
- Posttraumatische Belastungsstörung:
  Übererregung, intrusive Erinnerungen, Dissoziation, multiple Persönlichkeit
- Chronische posttraumatische Störungen:
  psychosomatische Probleme, chronische Schlafstörungen, Phobien, Selbstmordgefährdung

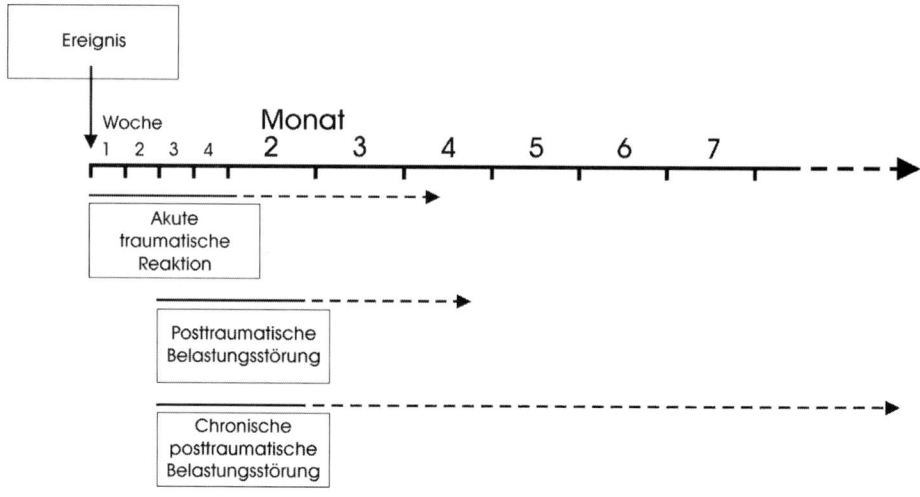

Die 7 Schritte des Debriefing:

- **Information** zum Ablauf

- **Geschichte** rekonstruieren und erzählen
  Dissoziation und Kognition – Sinneswahrnehmung

- **Denken**
  Werte und Gedanken

- **Emotion** – Beschreibung von Gefühlen – Körpererfahrung
  Oberflächen- und Tiefensensibilität

- **Information** über Reaktionsweisen
  Stressmanagement, Selfempowerment

- **Ritual** finden
  Abschluss des Ereignisses

- **Wiedereintritt**
  Anerkennung, Aufgaben

Nachgespräch 6 bis 8 Wochen nachher!

L.E.A.V.E.

Martina Schmidt-Tanger bietet in ihrem Buch *Veränderungscoaching*[83] das Modell L.E.A.V.E. als Problem-Check an. L.E.A.V.E. steht für:

Leiden

- Worunter leidet der Klient oder sein System?
- Was sind die Symptome?
- Wer leidet noch außer dem Klienten?

Entwicklungsgeschichte des Problems

- Was ist die Problemursache, woher kommt das Problem?
- Wann ist das Problem das erste Mal aufgetreten?
- Wie hat sich das Problem verändert?
- Gab es Zeiten, in denen das Problem nicht da war?
- Gibt es Orte, an denen das Problem nicht präsent ist?

Auswirkungen des Problems

- Welche Auswirkungen hat das Problem für den Klienten?
- Welche Auswirkungen hat das Problem auf das Umfeld des Klienten?

Verluste

- Was würde verloren gehen, wenn das Problem nicht mehr da wäre?
- Was ist der Vorteil für den Klienten, wenn das Problem da ist?

Evidenz des Problems

- Woran merkt der Klient, dass das Problem vorhanden ist?
- Was muss geschehen, damit der Klient sagt: „Jetzt habe ich das Problem!"?
- Woran merkt der Klient, dass das Problem verschwunden ist?
- Wann merkt er es?
- Wer merkt es noch?

Landkarte

Wirklichkeit. Die Landkarte des Klienten gibt seine persönliche Wirklichkeit wieder. Landkarten werden nach Bandler und Grinder durch die aus den Repräsentationssystemen gebildeten individuellen Filter gebildet. Daraus ergibt sich, dass die Landkarten zweier Menschen selten gleich sind. (➜ **Repräsentationssysteme**) Robert Dilts[84] schreibt:

> *„Die Sprache … ist eine Art Landkarte oder ein Modell der Welt. Mit ihrer Hilfe können wir unsere Erfahrungen zusammenfassen oder generalisieren, sie an andere weitergeben und es diesen ersparen, die gleichen Fehler wie wir noch einmal zu machen.“*

Kommunikation. Um zielgerichtet arbeiten zu können, muss der Coach die Landkarte des Klienten erkennen. Das geschieht durch guten Rapport. Gleiches gilt für jede Kommunikation: Wird die Landkarte des Empfängers ignoriert, kommt die Botschaft nicht an. Robert Dilts:

> *„Es gibt keine einzige korrekte Landkarte der Welt …, die ‚weisesten‘ und ‚mitfühlendsten‘ Landkarten sind diejenigen, welche die größte und umfassendste Anzahl von Möglichkeiten eröffnen – im Gegensatz zu den ‚wirklichkeitsgetreusten‘ oder ‚akkuratesten‘.“*

Der Ausspruch „Die Landkarte ist nicht das Gebiet" stammt von Alfred Korzybski[85] und wurde lange vor der Entwicklung von NLP gemacht. Seine Arbeiten bildeten später einen Teil der linguistischen Grundlagen des NLP. Korzybski weist mit diesem Ausspruch auf den grundlegenden Unterschied zwischen unseren *Beschreibungen* der Welt (den „Landkarten") und der Welt selbst hin.

L.E.I.T.E.R.

Die Auftragsklärung kann auch mit dem L.E.I.T.E.R.-Format von Martina Schmidt-Tanger[86] erreicht werden. Folgende Fragen sind zu beantworten:

Leiden – Was? Was noch?

- Was ist das augenblickliche Symptom, das offensichtliche Leiden, die momentane Situation?
- Was noch?
- Welche Auswirkungen hat das Problem?
- Was/Wer ist dadurch noch negativ beeinflusst?

Entwicklungsgeschichte – Woher?

- Was wird als tiefere Ursache der Symptome angenommen?
- Welche Kausalitäten werden hergestellt?
- Wo kommt das Symptom her? Wodurch und wie ist es entstanden?

Identifizierte Person – Wer?

- Wer wird als Symptomträger identifiziert?
- Bei welcher Person/bei welchen Personen soll die Veränderung stattfinden?

Target, Ziel – Wohin?

- Was ist das Ziel, wohin soll es gehen?
- Gibt es ein wohlgeformtes Ziel oder ist Ziel lediglich die Abwesenheit der Symptome?

Effekte – Wozu?

- Welche Effekte sollen damit erreicht werden?
- Was sollen die Auswirkungen der Maßnahme sein – beim einzelnen Klienten und/oder im größeren System?

Ressourcen – Womit?

- Welche Maßnahmen werden in Betracht gezogen?
- Wie soll die Veränderung vonstatten gehen?

- Gibt es Vorstellungen über die Art des Vorgehens?
  Coaching, Training, Unterricht, Gespräch …

- Welche Ressourcen stehen zur Verfügung?

- Wie viel Zeit, Geld, Engagement, Bereitschaft zur Veränderung ist vorhanden?

Meilensteine formulieren

Ein „Projektmeilenstein" definiert ein zu einem bestimmten Zeitpunkt zu erreichendes Ergebnis. Er muss daher folgendermaßen formuliert werden: „21.4.2004 – Die notwendigen Projektressourcen sind vorhanden."

Eine Formulierung wie „Die notwendigen Projektressourcen bereitstellen" bezeichnet eine Tätigkeit in einem Zeitraum und ist daher falsch. Ein Meilenstein muss in der Gegenwartsform formuliert sein.

Ein guter Projektplan zeigt auch die Prioritäten und die Abhängigkeiten der Meilensteine untereinander.

Meta Mirror

Der NLP-Prozess *Meta Mirror* ist ein Modell zum Perspektivenwechsel. Der Ablauf:

- Eine kritische Kommunikations- oder Konfliktsituation finden.

- Den Kontext der Situation etablieren:
  - Erste Position
  - Zweite Position
  - VAKOG

- In die erste Meta-Position im Raum wechseln, Veränderungen wahrnehmen.

- So lange in weitere Meta-Positionen im Raum wechseln, bis keine Veränderung mehr wahrnehmbar ist. Ankern.

- Durch alle Meta-Positionen zurückführen und die Positionen ankern.

- Die zweite Position neu erleben.

- Die gemeinsame Position (Wir-Position) neu erleben.

- Abschluss in der ersten Position.

Metaphern

Metaphern können sein:

- immer wieder gebrauchte Wortkombinationen,
- Sprichwörter, Leitsätze,
- Witze,
- Phantasiegeschichten,
- scheinbar reale Geschichten.

Meta-Programme – Sorting Styles

WAS SIND META-PROGRAMME?

Meta-Programme sind:

- Programme über Programme – sie existieren auf einer Meta-Ebene, das heißt, sie werden nicht inhaltlich, sondern prozedural beschrieben,
- Denk- und Verhaltensmuster,
- personenspezifische Wahrnehmungsfilter,
- *Sorting Styles* = Auswahl- oder Sortierkategorien,
- grundlegende Organisationsprinzipien, wie eine Person wahrnimmt und wie sie denkt,
- übergeordnete, interne Sortiermuster (-Programme),
- die „Steuerinstanz" der diversen Filterungsprozesse in uns,
- das Ordnungssystem, mit dem wir neu gewonnene Informationen einsortieren und ihnen Bedeutung geben,
- durch prägende Erfahrungen (*Imprints*) entstanden,
- tief in unserem Unterbewusstsein verankert (daher auch veränderbar),
- innere Strukturen (Programme), die im Kopf des Menschen immer wieder durchlaufen werden.

DIE META-PROGRAMM-PYRAMIDE

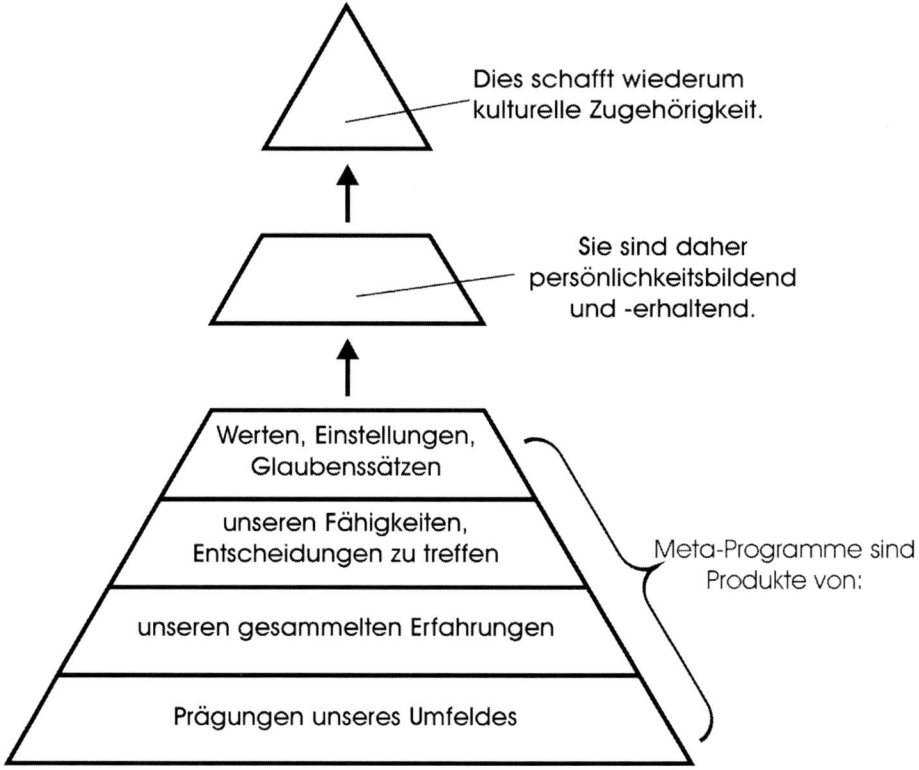

Dies schafft wiederum kulturelle Zugehörigkeit.

Sie sind daher persönlichkeitsbildend und -erhaltend.

Werten, Einstellungen, Glaubenssätzen

unseren Fähigkeiten, Entscheidungen zu treffen

unseren gesammelten Erfahrungen

Prägungen unseres Umfeldes

Meta-Programme sind Produkte von:

ANWENDUNGSBEISPIELE FÜR META-PROGRAMME

● Verhalten bzw. Reaktionen einer Person „vorhersehen" (auch in Personalwesen / Recruiting anwendbar)

● Vertiefen des Rapports

● Das Meta-Programm einer positiven Erfahrung auf eine negative übertragen, um damit die Einstellung zu diesem Thema zu verändern

● Zielarbeit

MOTIVATIONSMERKMALE

	Meta-Programme		
Motivationsniveau:	Proaktiv aktiv	Reaktiv reflektiv	
	= Handlungsfilter, Filter für unsere Aktivitäten		
Motivationsrichtung:	Hin zu	Weg von	
	= Richtungsfilter, Filter für unsere Orientierung = Zielorientierung		
Motivationsquelle:	Internal innen Eigenreferenz	External außen Fremdreferenz	
	= Bezugsrahmenfilter, Filter für (Feedback-)Referenz = Handlungsorientierung		
Motivationsgrund:	Möglichkeit Optionen	Notwendigkeit Prozeduren	
	= Beweggrundfilter, Filter für unsere Aufmerksamkeit		
Motivationale Entscheidungsfaktoren:	Ähnlichkeit m a t c h i n g	Unterschiedlichkeit m i s m a t c h i n g	
	= Beziehungsfilter, Filter für Vergleiche = Problemorientierung		
Motivationale Zeitorientierung:	Vergangenheit	Gegenwart	Zukunft
	= Zeitfilter = Zeitorientierung		

INFORMATIONSVERARBEITUNGSMERKMALE

Informationsgröße:	Detail spezifisch s m a l l c h u n k		Global allgemein b i g c h u n k		
	= Informationsaufnahme und -verarbeitungsfilter				
Informationsorientierung:	Menschen	Orte	Dinge	Aktivitäten	Informationen
	= Primärer Interessensfilter = Filter für die Organisation von Informationen				

159

Meta-Programm-Matrix

	K	K	A	A	
R	L	L	L N	N	Pr
R		V	N K	N	O
Pa	B G	B G V	K	F	O
Pa	B U	B U V		F	Pr
	T	I	I	T	

Meta-Programme:

K	Konkret
A	Abstrakt
R	Reflektiv
Pa	Proaktiv
I	In Time
T	Through Time
O	Optional
Pr	Prozedural

Wer?

B	>50% der Bevölkerung
N	NLP-Interessierte
F	Führungskräfte
L	Lehrer
G	Unternehmensgründer
U	Unternehmer
K	Künstler
V	Verkäufer

Stellt man die Meta-Programme in einer Matrix dar, kann man Personen- und Berufsgruppen eindeutig zuordnen. Das kann für den Coach besonders beim Vertiefen des Rapports von mehrfacher Bedeutung sein:

● Der Coach kann aus der Berufsgruppe des Klienten auf dessen wesentliche Meta-Programme schließen.

● Der Coach kann überprüfen, ob die aufgrund dieser Matrix zugeordneten Meta-Programme mit den tatsächlichen Meta-Programmen des Klienten übereinstimmen.

● Der Coach kann schließlich aus den beim Klienten erkannten Meta-Programmen Rückschlüsse darauf ziehen, welche Berufsgruppe den Neigungen des Klienten entspricht.

Musterunterbrechung

Unterbrechung ermöglicht Veränderung. Unterbricht der Coach Verhaltensmuster des Klienten, so stehen Letzterem neue Möglichkeiten der Veränderung zur Verfügung. Der Coach kann dann dem Klienten helfen, aus dem eigenen Ressourcenschatz ein neues Verhalten zu finden und zu ankern.

Provokation. Beispielhaft dafür ist der provokative Stil von Frank Farrelly, der vorwiegend verbale Provokationen einsetzt. Davon abgeleitet ist eine Methode des Amerikaners Ed Reese, der kinästhetische Interventionen mit der gleichen Zielsetzung verwendet (zum Beispiel Berührungen). **➜ Provokativer Stil**

Wut. Der Coach muss auf wütende und emotionale Reaktionen vorbereitet sein und auch darauf, diese entsprechend zu nutzen. Entscheidend ist es zu unterscheiden, ob diese Wut ein Primär-, ein Sekundär- oder ein Fremdgefühl ist.

➜ Gefühlskategorien

Neurologische Ebenen

Das Konzept der neurologischen Ebenen stammt von Robert Dilts und leitet sich aus den vier Lernkategorien Gregory Batesons[87] und der Bedürfnispyramide von Maslow ab. **➜ Tetralogisches Holon**

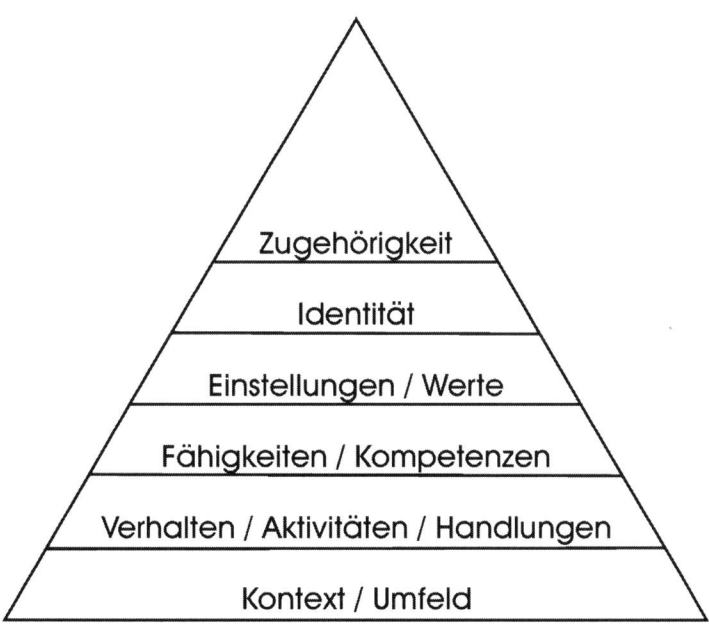

161

Dilts beschreibt sie[88] folgendermaßen:

> *„Das Gehirn hat verschiedene Verarbeitungsebenen. Das ist der Grund, weshalb verschiedene Ebenen des Denkens und des Seins existieren. Wenn wir das Gehirn verstehen oder Verhaltensweisen verändern wollen, müssen wir uns mit diesen unterschiedlichen Ebenen befassen."*

Im Coaching-Kontext ist folgende Aufteilung der logischen Ebenen angebracht:

1 Kontext / Umfeld

Die äußeren Bedingungen, die auf den Menschen einwirken – die Umwelt, Orte, Dinge, Menschen, Informationen

2 Verhalten / Aktivitäten / Handlungen

Die Aktionen und Reaktionen – das Verhalten und Handeln, Wort und Stimme, Bewegung und Gestik, Atmung

3 Fähigkeiten / Kompetenzen

Das, was Menschen können, denken und fühlen

4 Einstellungen und Werte

Das, woran Menschen glauben, ihre Glaubenssätze, ihre Überzeugungen und Werte

5 Identität

Die Vorstellung, die ein Mensch von sich selbst hat

6 Zugehörigkeit

Jene Gruppen und Systeme, denen der Mensch sich zugehörig fühlt

Zwei Faktoren sind für den Coach bei der Arbeit mit den (neuro-) logischen Ebenen wichtig:

● Ein Grundsatz der Kybernetik lautet: **Das Element mit den meisten Verhaltensmöglichkeiten ist das bestimmende im System**. Ein Mensch, der bis zu einer höheren Ebene entwickelt ist, hat mehr Verhaltensmöglichkeiten.

● **Jede Ebene bestimmt, welche Veränderungen auf den Ebenen unter ihr möglich sind**. Anders gesagt: Veränderungen auf höheren Ebenen bewirken Veränderungen auf den tieferen Ebenen. Die Veränderungsarbeit mit dem Klienten muss daher auf der höchsten Ebene beginnen, die für sein Anliegen relevant ist.

New Behaviour Generator

Der *New Behaviour Generator* ist ein NLP-Prozess, der mit dem Ziel angewandt wird, Verhaltensänderungen herbeizuführen. Ablauf:

● Störendes Verhalten definieren,

● 3 Phasen des störenden Verhaltens finden,

● für jede dieser Phasen ein Beispiel (Modell) für das angestrebte Verhalten finden,

● 3 Bildschirme etablieren:

  ○ das jeweilige positive Verhalten des Modells sehen,

  ○ das positive Verhalten an sich selbst sehen (dissoziiert),

  ○ das angestrebte Verhalten selbst erleben (assoziiert),

● dissoziiert Lernerfahrungen definieren,

● Future Pace & Öko-Check

Nicht-Klienten

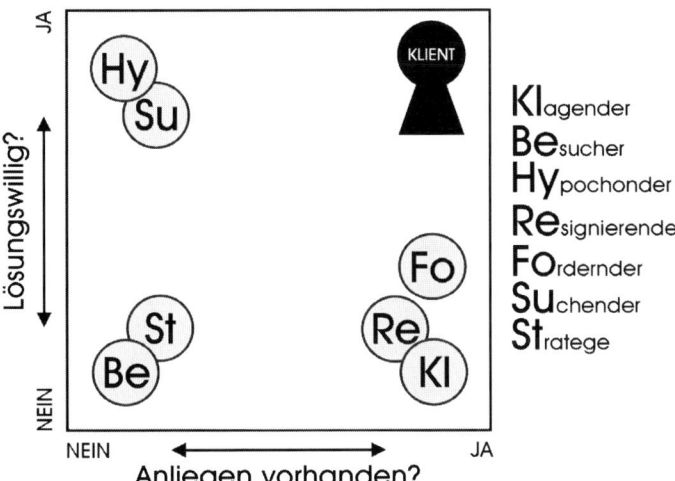

Bei allen so genannten „Nicht-Klienten" ist es die Aufgabe des Coachs zu beobachten, ob die „Nicht-Klienten-Strategie" (Klagende, Hypochonder, ...) selbst das Problem darstellt oder ob dahinter ein ernst zu nehmendes Thema steckt.

163

Der Klagende

Der Klagende sucht einen Menschen, bei dem er ungestört jammern kann. Sein Problem ist: „Alle sind immer so böse zu mir und alles, was schief gehen kann, geht schief!" Das ist eine Lebenseinstellung, ein fest verwurzelter Glaubenssatz.

Im Drama-Dreieck der Transaktionsanalyse ist der Klagende das Opfer, das er sehr professionell verkörpert.

Der Klagende hat ein Anliegen, oft sogar mehrere. Er wird willig Coaching-Honorar zahlen, um einige Stunden „jammern" zu können. Er geht weg, ohne dass sich etwas geändert hat, denn einen eigenen Beitrag zur Lösung seiner Probleme ist er nicht bereit zu leisten. Einen Unterschied macht es, wenn ein Klient mit dem Anliegen zum Coach kommt, seine negative Lebenseinstellung loszuwerden, und das auch ernst meint.

Sonja Radatz[89] schlägt Coachs den folgenden Umgang mit Klagenden vor:

● Der Coach zeigt aktives Verständnis,

● sucht nach Ansatzpunkten für eine Zielorientierung

● und ermöglicht es, aus der Problemschilderung eine Zielschilderung zu machen,

● und zwar so lange, bis der Klient ein „wohldefiniertes Coaching-Ziel" nennen kann.

Der Hypochonder

Der Hypochonder trägt glaubhaft ein schwer wiegendes Problem vor. Spätestens wenn dieses Problem gelöst ist – oder nachdem der Coach aufgedeckt hat, dass ein solches niemals vorhanden war –, hat der Hypochonder ein neues zur Hand. Daran kann der Coach erkennen, dass er eigentlich kein echtes Anliegen hat, sondern seine „Probleme" nur vortäuscht.

Vorgetäuschte Probleme kann der Coach durch entsprechende Fragestellungen aufdecken:

● Was geschieht, wenn dieses Problem gelöst ist?

● Woran merken Sie das?

● Was tun Sie dann, was sie vorher nicht getan haben?

Ein Hypochonder glaubt fest an seine vielen „Probleme". Die Aufgabe des Coachs besteht darin, dem Klienten Zugang zum eigentlichen Thema (= Meta-Problem) zu verschaffen und ihm von vornherein klarzumachen, dass Coaching keine „Dauertherapie" ist. Auch der Hypochonder ist im Drama-Dreieck der Transaktionsanalyse das Opfer.

Der Besucher

Ein Besucher ist jemand, der „einfach einmal ganz unverbindlich ein Gespräch führen" möchte oder neugierig ist, wie ein Gespräch mit einem Coach abläuft. Vielleicht hat er sich zum Ziel gesetzt zu beweisen, dass Coaching eigentlich gar nicht funktioniert. Manchmal wird der Besucher von jemand anderem zum Coach geschickt, mit dem Ziel, diesen einmal zu testen. Der Besucher ist im Drama-Dreieck der Transaktionsanalyse der Verfolger.

Der Besucher hat kein Thema, er ist auch nicht bereit, die Initiative zu übernehmen. Er wird gerne viele Vorgespräche führen und selten bereit sein, dafür zu bezahlen. Ein Coach tut daher gut daran, ihn spätestens nach dem ersten Gespräch abzuweisen.

Fallweise wird sich der Besucher wie ein „Ko-Berater" verhalten, also deutlich machen, dass er das Coaching nur dafür nutzen will, seine bereits perfekte Lösung zu überprüfen und dem Coach gute Ratschläge zu geben. Sonja Radatz[90] schlägt Coachs vor, mit solchen „Ko-Beratern" wie folgt umzugehen:

- Wertschätzung für deren „Expertise" zeigen,
- nach bisherigen Lösungsansätzen fragen – jenen, die weiterverfolgt wurden, und jenen, die nicht weiterverfolgt wurden.
- Reduktion auf jene Erfolg versprechenden Lösungsansätze und
- Erarbeitung gemeinsamer Kriterien und damit eines Ziels für die Arbeit mit den Klienten.

Der Fordernde

Der Fordernde stellt Forderungen an den Coach und ist überzeugt davon, dass diese berechtigt seien, denn er zahle schließlich dafür. Auch der Fordernde ist im Drama-Dreieck der Transaktionsanalyse der Verfolger.

Der Fordernde erwartet vom Coach, dass dieser für ihn an der Problemlösung arbeitet, und wird daher oft jede Mitarbeit ablehnen.

Im Vorgespräch oder spätestens in der ersten Coaching-Sitzung kann der Coach den Fordernden als solchen erkennen. Bleibt er – trotz Information darüber, wie das Coaching abläuft und welche Voraussetzungen er als Klient für erfolgreiches Coaching erfüllen muss – bei seinen Forderungen, so tut der Coach gut daran, ihn abzulehnen. Ein Fehler wäre es, wenn der Coach scheinbar auf die Forderungen des Fordernden einginge, um ein gutes Arbeitsklima zu schaffen – dann würden die Forderungen nur noch größer.

Der Resignierende

Der Resignierende wird selten aus eigenem Antrieb den Weg zum Coach finden, denn eigentlich geht er davon aus, dass seine Probleme nicht lösbar seien. Probleme hat er viele, aber irgendwann gewinnt er die Überzeugung, dass weder er noch jemand anderer sie lösen könne.

Der Resignierende hat ein Problem, aber er kommt gar nicht auf die Idee, es lösen zu können. Er sollte nur dann als Klient angenommen werden, wenn der Coach ihn in der ersten Coaching-Sitzung aus seiner Resignation hinausführen kann.

Der Suchende

Der Suchende hat sich hohe Ziele gesetzt – er sucht nach Freiheit, nach *der* Lösung, nach Heilung, nach Anerkennung. Seine Ziele sind so hoch gesteckt, dass er keine Chance hat, sie aus eigenem Antrieb zu erreichen – eine richtige Zieldefinition ist daher unmöglich.

Der Suchende ist lösungswillig, wird seine zu hoch gesteckten Ziele aber nur dann erreichen, wenn der Coach ihm hilft, sie „hinunterzuchunken", in Teilziele zu zerlegen, die er aus eigener Kraft erreichen kann. Das sollte auch das Ergebnis des Vorgesprächs mit dem Coach oder der ersten Coaching-Sitzung sein.

Der Stratege

Der Stratege lässt sich im beruflichen Umfeld aus strategischen Gründen coachen, obwohl kein echter Coaching-Bedarf besteht. Er will allein damit Anerkennung erreichen oder sich von Kollegen unterscheiden, weil er einen Coach hat – und weil Coaching im Unternehmen „in" ist.

Der Stratege hat kein echtes Anliegen und ist nicht zur Mitarbeit bereit. Erste Aufgabe des Coachs wird es sein, ihn aus seiner falschen Sichtweise des Coaching herauszuführen. ➜ **„Problemklienten"** nach Irvin D. Yalom

Nicht-Klienten – Tieranalogien

Den im vorausgehenden Abschnitt beschriebenen Arten der Nicht-Klienten lassen sich (zur besseren Typisierung) Tiere zuordnen. (➜ **Nicht-Klienten**) Diese Tieranalogien stammen aus zwei Quellen: „Die vier Konflikttypen anhand von Tierbildern" von Claudia Däubner und „Die Charakterstrukturen der Bioenergetik als Tiergeschichten"[91].

Der Frosch – Der Klagende

Der Frosch ist der Klagende – er verleiht seiner Klage lautstark Nachdruck. Nichts kann ihn von seinem Klagelied abhalten, selbst die Nahrungsaufnahme unterbricht er nur sehr kurz.

Die Biene – Der Hypochonder

Die Biene ist die unbequeme, pessimistische Skeptikerin, die unter ständiger Angst vor Kritik lebt. Egal, welche positive Lösung Sie der Biene bieten – sie wird immer wieder eine neue Quelle der Angst finden. Gegenargumente oder Motivationsversuche nützen nichts.

Der Tiger – Der Fordernde

Der Tiger ist der aggressive Macher. In den Charakterstrukturen der Bioenergetik entspricht der Tiger dem „Psychopathen", der schließlich allein bleibt, weil er Freund und Feind gefressen hat. Härte gegenüber dem Tiger macht ihn nur noch angriffslustiger.

Der Elefant – Der Resignierende

Der Elefant hat resigniert – er wird zwar nicht zugeben, dass ihn etwas bedrückt, aber er schmollt vor sich hin, weil sowieso alles sinnlos ist. Elefanten kann man nur mit viel Geduld von ihrem Weg abbringen.

Der Delphin – Der Suchende

Der Delphin liebt die Selbstdarstellung und sucht nach Anerkennung, ja fordert sie sogar. *Eine* Möglichkeit der Anerkennung läuft über den Faktor Zeit. Im Coaching-Kontext ist es dem Delphin wichtig, dass der Coach sich für ihn extra viel Zeit nimmt, sich viel Zeit lässt und sich an die abgemachten Zeiten hält. Zeit setzt er oft mit Wert gleich.

Der Stratege – Das Chamäleon

Das Chamäleon hat immer die richtige Strategie: Es ist so anpassungsfähig, dass man es kaum mehr sieht – daher hat es auch keine Freunde. Es entspricht in der Bioenergetik der Charakterstruktur des „Schizoiden" – der Weg zur echten Persönlichkeitsspaltung ist somit nicht mehr weit.

Pacing und Leading

PACING

Beim Pacen[92] oder Einstimmen auf den Klienten geht es darum, engen Kontakt zu diesem zu bekommen. Pacen schafft Vertrauen und Vertrautheit. Pacen kann auf verschiedenen Ebenen erfolgen:

- physiognomisch (körperlich)
- physiologisch
- linguistisch (Dialekt, Akzent)
- verbal (Sprache)
- auf der Ebene der Bewegung (motionales und gestikales *Matching*)

Der so geschaffene Kontakt ist unabhängig von der inhaltlichen Übereinstimmung.

Gute Verkäufer kennen diese Methode – bewusst oder unbewusst. Dem Coach geht es nicht darum, dem Klienten etwas zu verkaufen, sondern so eng in Kontakt zu kommen, dass in den nachfolgenden Coaching-Sitzungen ein optimales Ergebnis erreicht werden kann.

Pacen wirkt um so besser, je unbewusster es seitens des Coachs angewandt wird.

LEADING

Den Klienten abholen. Dem *Pacing* folgt *Leading* – der Coach holt den Klienten sozusagen ab. Guter Rapport ist dafür Voraussetzung. Der Coach verändert zu Gunsten des Klienten sein eigenes Verhalten, der Klient folgt ihm unbewusst.

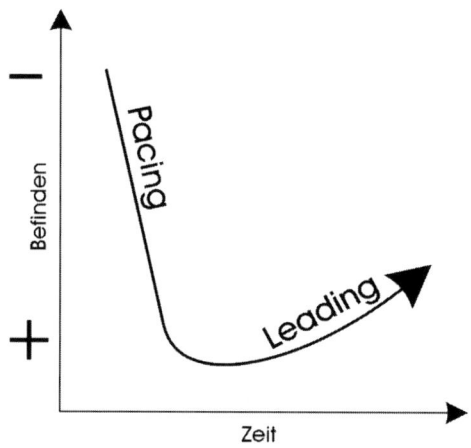

Spürbewusstsein. Die Psychoenergetik[93] kennt den Begriff „Spürbewusstsein". Darunter versteht man das „ungeteilte Dabeisein"[94] oder die Gefühlsaufmerksamkeit. Hier geht es nicht um Wertung, um urteilendes Bewusstsein, sondern um aufnehmendes und wahrnehmendes Bewusstsein. Dieses Bewusstsein ermöglicht es dem Coach, nach einer intensiven *Pacing*-Phase das *Leading* einzuleiten.

Perspektivenwechsel

Ein Problem entsteht durch eine bestimmte Perspektive – Anliegen können dann erledigt werden, wenn der Klient seine Perspektive wechselt. Martina Schmidt-Tanger[95] schlägt **drei Vorgehensweisen** vor, die diesen Perspektivenwechsel herbeiführen können:

Fokuslenkung

Ein wichtiges Werkzeug des Coaching ist es, dem Klienten neue Sichtweisen anzubieten. Eine Reihe von Interventionen eignen sich nach M. Schmidt-Tanger für diese Aufgabe:

- **Solution-Fokus**
  „Was soll in Ihrem Umfeld unverändert bleiben?"

- **Variety-Fokus**
  „Machen Sie einmal etwas anderes, als Sie bisher gemacht haben, etwas, was nichts mit der direkten Lösung Ihres Problems zu tun hat."

- **Wunder-Fokus**   ➜ **Wunderfrage**

- **Reframing-Fokus**
  „Was sind die Vorteile, die für Sie durch Ihr Problem entstehen? Was sind die Nachteile, die entstehen, wenn das Problem gelöst ist?"   ➜ **Reframing**

- **Separator-Fokus**
  „Wenn das Problem das nächste Mal auftaucht, stellen Sie sich eine Herde blauer Elefanten vor."

- **Ressourcen-Fokus**
  „Machen Sie mehr von dem, was bisher in Ihrem Leben gut und hilfreich für Sie war."

- **Modell-Fokus**
  „Wozu würden Ihnen andere Menschen raten?"

- **Internal-control-Fokus**
  „Achten Sie genau auf das, was Sie tun, kurz *bevor* Ihr Problem auftritt."

- **Paradoxer Fokus**
  „Tun Sie bis zum nächsten Termin alles, um das Problem zu verstärken."

Wechsel der Meta-Programme

Die Meta-Programme sind Filter der Wahrnehmung – eine Veränderung der Meta-Programme verändert die Sichtweise. ➔ **Meta-Programme – Sorting Styles**

Wechsel der Wahrnehmungsposition

Nimmt der Klient eine neue Wahrnehmungsposition (assoziiert, dissoziiert, Meta-Position) ein bzw. erweitert er seine Wahrnehmung, so kann er seine Probleme durch neue Sichtweisen lösen. Unterschiedliche Methoden sind dazu geeignet, zwei davon sind in diesem Buch näher erläutert: der Meta Mirror und der Da-Vinci-Prozess. ➔ **Meta Mirror,** ➔ **Da-Vinci-Prozess**

Process Utilities nach Th. Stahl

Die *Process Utilities* von Thies Stahl sind eine Reihe von Techniken und Hilfsmitteln, die es dem Coach ermöglichen, das nonverbale Verhalten des Klienten unmittelbar und umfassend in die Coaching-Arbeit mit einzubeziehen. Sie eignen sich sowohl zum Umgang mit Einzelklienten als auch für den Umgang mit Teams.

Process Utilities für die Arbeit mit Einzelklienten ermöglichen es dem Coach, mit den Inhalten prozessorientiert und flexibel umzugehen. Im Falle einer Stagnation des Coaching-Prozesses helfen diese Techniken dem Coach, dem Klienten dessen Ressourcen wieder zugänglich zu machen und den Prozess wieder in Gang zu bringen. Ein anderer Anwendungsfall ist bei inhaltlichen oder systemischen Verstrickungen des Coachs gegeben.

„Problemklienten" nach I. D. Yalom[96]

Problemklienten sind entweder „Nicht-Klienten", die vom Coach aus besonderem Grund trotzdem als Klienten angenommen wurden – oder sie übernehmen diese Rolle im Laufe des Coaching-Prozesses. Manche dieser „Problemklienten" kommen vorwiegend im Gruppen-Coaching vor. ➔ **Nicht-Klienten**

Die nachfolgenden Typen nach Yalom habe ich für den Coaching-Kontext angepasst:

Der Alleinunterhalter

… ist „ein gewohnheitsmäßiger Alleinredner, der unter dem Zwang zu stehen scheint, unaufhörlich weiterzuplappern". Der Alleinunterhalter tritt bevorzugt im Gruppenkontext auf. Er beeilt sich, auch das kürzeste Schweigen auszufüllen, reißt mit unterschiedlichen Techniken das Wort an sich und macht jedes Problem zu seinem eigenen.

Am Beginn der Gruppenarbeit wird der Alleinunterhalter von der Gruppe eventuell noch willkommen geheißen. Später erzeugt er Frustration und Wut bei den anderen Gruppenmitgliedern. Der Moderator kann dem Alleinunterhalter zwar das Wort entziehen, zum Schweigen bzw. zur konstruktiven Mitarbeit kann ihn aber nur die Gruppe selbst bringen. Die Wahrscheinlichkeit ist groß, dass aus dem Alleinunterhalter ein Schweigender wird oder er sich überhaupt von der Gruppe zurückzieht.

Tritt der Alleinunterhalter als Einzelklient auf, hat der Coach ein einfaches Gegenmittel: Er kann ihn so lange reden lassen, wie er dadurch wertvolle Klienteninformationen bekommt – dann aber auf das vereinbarte zielgerichtete Vorgehen beim Coaching hinweisen und damit die Steuerung übernehmen.

Der Schweigende

… ist das Gegenteil des Alleinunterhalters. Auch er tritt vorwiegend im Gruppenkontext auf. Er ist weniger gruppengefährdend als der Alleinunterhalter, stellt aber ein nicht weniger schwieriges Problem dar. Es ist Aufgabe des Moderators, Kontakt zum Schweigenden aufzunehmen – das kann vorerst auch nonverbal geschehen. Der Coach wird herausfinden, warum der Schweigende schweigt, und ihn gegebenenfalls durch geeignete Maßnahmen in den Gruppenprozess einbinden.

Tritt der Schweigende als Einzelklient auf (was äußerst selten geschieht), gibt es ein einfaches Gegenmittel für den Coach: Fragen stellen – und wenn diese nicht beantwortet werden, selbst schweigen. Irgendwann wird der Klient das Schweigen brechen.

Der Langweilige

ist meist eine Sonderform des Schweigenden im Gruppenkontext – er trägt kaum etwas zum Gruppenprozess bei, langweilt sich vielleicht selbst und langweilt mit seinen wenigen und meist unqualifizierten Wortmeldungen die Gruppe. Er ist im Regelfall „ein stark gehemmter Mensch mit wenig Selbstvertrauen, dem es an Spontaneität fehlt und der nie Risiken eingeht".

Auch in diesem Fall ist – wie beim Alleinunterhalter – vor allem die Gruppe gefordert, dem Langweiligen Mut zu machen. Der Moderator kann das dadurch unterstützen, dass er dem Langweiligen einen gesicherten Rahmen in der Gruppe zur Verfügung stellt und ihn dabei unterstützt, die Hindernisse zu beseitigen, die seinen freien Ausdruck hemmen.

Der Jammerer

ist eine Spielart des Alleinredners – er lehnt jede Hilfe ab, „weil es ja sowieso nichts nützt". Der Jammerer ist als Einzelklient ein typischer „Nicht-Klient", der den Coach als Klagemauer benutzt und daher im Regelfall von diesem abgewiesen werden sollte.

Im Kontext des Gruppen-Coachings fordert der Jammerer Hilfe von der Gruppe, indem er seine Klagen und Probleme vorbringt – um dann jede angebotene Hilfe abzulehnen. Lassen der Moderator und die Gruppe den Jammerer gewähren, wird die negative Wirkung auf die Gruppe deutlich: Die anderen Mitglieder langweilen sich oder reagieren gereizt. Yalom schreibt: „Der Jammerer erscheint ihnen wie ein saugender Wasserstrudel, der die Energie der Gruppe in sich hineinzieht."

Yalom warnt vor einer „mitleidig hingewandten Beziehung" des Moderators zum Jammerer. Ein Coach kann ausschließlich durch sensible Definition von Regeln und zu erreichenden Teilzielen den Jammerer dazu bringen, konstruktiv in der Gruppe mitzuarbeiten. Emotionale Distanz ist also angebracht.

Der Psychotische

Der Psychotische wird in Gruppen außerhalb des Therapiekontextes kaum vorkommen. Wenn das doch geschieht, ist er von der Gruppe auszuschließen, sonst schafft er erhebliche Probleme. Die Arbeit mit einem psychotischen Einzelklienten gehört in die Hände eines Psychotherapeuten. Beim Weiterempfehlen an einen Therapeuten ist besondere Sensibilität des Coachs angebracht, wenn er Eskalationen vermeiden will.

Der charakterologisch Schwierige

Yalom unternimmt in diesem Fall weitere Unterteilungen, die jedoch ebenfalls im Coaching-Kontext irrelevant sind. Daher wird hier nicht detaillierter darauf eingegangen. Für diesen Kliententyp gilt Ähnliches wie im vorigen Abschnitt für den psychotischen Typ. Er ist von der Gruppe auszuschließen und an einen Psychotherapeuten weiterzuempfehlen.

Alle anderen nicht erwähnten „schwierigen" Klienten fallen in eine der oben beschriebenen Gruppen.

Provokativer Stil

Durch Aufdecken des blinden Flecks des Klienten werden Emotionen frei, die zu verstärktem Problembewusstsein führen. Im provokativen Stil nach Frank Farrelly spielt der Coach „des Teufels Advokat". Wichtig für provokatives Coaching sind verkürzte Coaching-Einheiten – Frank Farrelly arbeitet maximal 25 Minuten –, guter Rapport des Coachs zum Klienten und eine positive Grundhaltung des Coachs zum Klienten – Provokation ist keine „Bestrafung".

Die wesentlichen Elemente des provokativen Coaching sind:

● Der Coach macht wertende Aussagen und stellt kaum Fragen.

● Wenn Fragen, dann sind diese provozierend und rhetorisch.

● Der Coach unterbricht den Klienten ständig und redet mehr als dieser.

● Der Coach steigt in das Weltbild des Klienten ein und stimmt all dem Negativen – es absurd verstärkend – zu.

● Der Coach verallgemeinert.

● Versteckte innere Wahrheiten werden vom Coach offen ausgesprochen. Diese Tabus werden unter Einsatz von Mimik und Stimme genussvoll und übertrieben ausgemalt.

● Der Coach begeistert sich für das Symptom.

● Der Coach gibt keinerlei Ratschläge – höchstens extrem absurde.

● Der Coach erzählt Geschichten und Metaphern.

Unverzichtbar ist der versöhnende Abschluss: Der Coach geht aus der Rolle des Provokateurs heraus und holt Feedback vom Klienten ein: Hatte der Klient Reaktionen auf die Interventionen des Coachs? Wenn ja, sollte er drei davon nennen. Ende mit Versöhnung und Rapport.

Push- und Pull-Stile

Zwei grundlegend verschiedene Vorgehensweisen sind im Coaching möglich[97]:

Push-Stile

Der Coach nimmt eine dominierende, leitende Rolle ein. Hauptaufgabe des Coachs: Wissen vermitteln und fehlende Informationen geben. Unterschieden wird zwischen

- „Vorschreiben" und
- „Konfrontieren".

Pull-Stile

Diese Coaching-Stile entsprechen dem allgemeinen Verständnis von Coaching – der Coach ist nicht die führende Kraft, sondern Begleiter des Klienten. Der Coach nimmt eine fördernde Rolle ein. Unterschieden wird zwischen:

- Emotionale Abreaktion,
- „Unterstützung",
- „Selbstentdeckung".

R.A.F.A.E.L.

Die R.A.F.A.E.L.-Methode von E. Hauser[98] bietet Richtlinien für die Gestaltung eines Coaching-Gesprächs, das dem Klienten viel Raum zur **Selbstexploration** lässt. R.A.F.A.E.L. steht für:

Report

„Wie haben Sie die Situation erlebt?"

Der Coach analysiert Wahrnehmung und Beurteilung des Klienten bezüglich seiner Situation und seines Verhaltens. Stimmt die Selbstwahrnehmung des Klienten mit der Wahrnehmung des Coachs nicht überein, werden die erkannten Unterschiede besprochen.

Alternativen

„Was würden Sie beim nächsten Mal anders machen?"

Der Klient wird vom Coach ermutigt, nach Alternativen für Ziel und Zielerreichung zu suchen. Die dadurch ermöglichten Veränderungen führen zu neuem Verhalten.

Feedback

„So habe ich Sie erlebt …"

Der Klient erhält Feedback über die positiven und negativen Aspekte seines Verhaltens.

Austausch

„Welche Dinge sehen wir verschieden?"

Unstimmigkeiten zwischen dem Feedback des Coachs und dem Report des Klienten werden besprochen, der Vergleich zwischen Selbst- und Fremdwahrnehmung ist Ausgangspunkt für neue Einsichten und Erfahrungen.

Erarbeiten von Lösungsschritten

„Was ist als Nächstes zu tun?"

Konsequenzen aus dem Gespräch werden diskutiert und konkrete Möglichkeiten besprochen, die gesetzten Ziele zu erreichen.

R.E.A.C.H.

Das R.E.A.C.H.-Modell von Martina Schmidt-Tanger[99] bietet einen einfachen Ziel-Check an. R.E.A.C.H. steht für:

Relevanz

- Ist das Ziel für den Klienten wichtig?
- Ist es überhaupt das richtige Ziel?
- Gibt es ein übergeordnetes (Meta-)Ziel dazu?
- Ist es das Ziel des Klienten oder ist es von jemand anderem übernommen?

Evidence (Offensichtlichkeit) des erwünschten Zustandes

- Woran ist das Ziel zu erkennen?
- Woran erkennt der Klient, ob das Ziel erreicht ist?
- Was hat sich dann für ihn verändert?
- Woran erkennen andere, dass das Ziel erreicht ist?

Auswirkungen

- Was sind die gewünschten Auswirkungen, wenn das Ziel erreicht ist?
- Was sind die erwarteten Auswirkungen, wenn das Ziel erreicht ist?
- Was ist sichergestellt, wenn das Ziel erreicht ist?
- Welche Auswirkung hat das auf das Umfeld des Klienten (Ökologie[100])?

Change (Veränderungsweg)

- Wie sieht der Weg vom Problem zum Ziel aus?
- Auf welche Art soll die Veränderung stattfinden?
- Wie viel Zeit darf/soll der Veränderungsprozess in Anspruch nehmen?

Hemmnisse und Hindernisse

- Was konnte das Erreichen des Ziels bisher verhindern?
- Welche Informationen daraus sind für die Zielformulierung relevant?
- Gibt es eventuell noch weitere Hindernisse auf dem Weg zum Ziel?
- Was muss man ändern, um diese Hindernisse zu entfernen oder zu umgehen?

Reframing

Das englische Wort *frame* steht für Rahmen. „Reframing" heißt daher: in einen anderen, neuen Rahmen setzen. Manchmal wird es übersetzt mit „kreatives Umdeuten" – dieses Umdeuten hilft, das Thema in einem anderen Zusammenhang neu zu sehen und zu bewerten. Die dahinterstehenden Vorannahmen sind:

● Jedem Verhalten wird eine Bedeutung zugeschrieben.

● Für jedes Verhalten gibt es einen Kontext, in dem es sinnvoll und nützlich ist.

● Hinter jedem Verhalten gibt es für den Handelnden eine positive Absicht.

Kontext-Reframing

Eine Eigenschaft, ein Verhalten ruft im Kontext A negative Gefühle hervor, generiert Probleme, ist hinderlich. Im Kontext B sorgt dieselbe Eigenschaft für positive Ergebnisse. Leslie Lebeau[101] sieht „alle Verhaltensweisen in einem bestimmten Kontext als nützlich an".

Passende Fragen:

● „Welches Verhalten / welche Ihrer Eigenschaften hat zu dem Problem geführt?"

● „In welchem Zusammenhang war dieses Verhalten / diese Eigenschaft für Sie schon nützlich?"

● „Können Sie sich vorstellen, in welchem Kontext sie nützlich sein könnten?"

Six Step Reframing. In diesem NLP-Prozess wird die positive Absicht hinter störendem Verhalten hinterfragt und dann ein neues, passendes Verhalten zur Erfüllung dieser Absicht gefunden. **➡ Six Step Reframing**

Bedeutungs-Reframing

Ein Sachverhalt wird vom Klienten als negativ oder hinderlich empfunden – das heißt, dass dieser Sachverhalt einem seiner Werte entgegensteht. Derselbe Sachverhalt kann aber Erfüllungsbedingung für einen gleich hohen oder höheren *Wert* des Klienten sein.

Passende Frage:

● „Was ist für Sie wichtig, bei dem dieser jetzt störende Sachverhalt hilfreich sein könnte?"

Parts Integration ist eine Sonderform des Reframing („Verhandlungs-Reframing"), im NLP manchmal auch *Visual Squash Prozess* genannt. **➡ Visual Squash**

REFRAMING IN DER *Ü*BERSICHT

	Inhaltliches Reframing			
	Bedeutungs-Reframing	Kontext-Reframing	Verhandlungs-Reframing Visual Squash Parts Integration	Six-Step-Reframing
Trennung von:	Verhalten + Bedeutung	Verhalten + Kontext	Verhalten + Absicht	Verhalten + Absicht
Anliegen des Klienten (typische Sätze):	Ich fühle mich x, wenn y passiert.	a) Ich bin zu x. b) Es ist zu y. c) Ich fühle mich nirgends wohl. d) Ich muss immer …	a) Immer, wenn ich x will, passiert y. b) Ja, aber … c) Eigentlich … d) Einerseits (ja), andererseits (nein)	a) Ich möchte mit x aufhören, aber ich kann nicht. b) Ich möchte y machen, aber … (etwas) hält mich davon ab/zurück.
Vorannahmen:	● Jedem Verhalten wird eine Bedeutung zugeschrieben. ● Hinter jedem Verhalten steht eine positive Absicht des Handelnden.	● Jedes Verhalten ist in einem bestimmten Kontext sinnvoll. ● Hinter jedem Verhalten steht eine positive Absicht des Handelnden.	● Teile-Modell des NLP ● Hinter jedem Verhalten steht eine positive Absicht des Handelnden.	● Teile-Modell des NLP ● Hinter jedem Verhalten steht eine positive Absicht des Handelnden.

Repräsentationssysteme

Die Repräsentationssysteme sind die Sinnessysteme oder Wahrnehmungsbereiche der Menschen. Das Hauptrepräsentationssystem ist das bevorzugte Sinnessystem des Klienten. Aus seinem Hauptrepräsentationssystem kann seine „Landkarte" der Wirklichkeit abgeleitet werden. Entsprechend unseren Sinnen werden fünf Repräsentationssysteme unterschieden:

- Visuell – sehen
- Auditiv – hören
- Kinästhetisch – fühlen
- Olfaktorisch – riechen
- Gustatorisch – schmecken

Zugangshinweise machen es dem Coach möglich zu erkennen, welches Repräsentationssystem der Klient bevorzugt.

Rollen des Coachs

Der Coach nimmt im Verlauf des Coaching gegenüber dem Klienten verschiedene Rollen ein. Er tut das unbewusst oder bewusst, um eine bestimmte Reaktion des Klienten auszulösen.

Der Ratgeber

Der Coach als Ratgeber spielt eine gefährliche Rolle: Eigentlich darf er dem Klienten keinen Rat geben, sondern muss ihn sorgsam dazu bringen, eigene Lösungsideen zu entwickeln. Ein Ratgeber nutzt seine Autorität und gibt einem Hilfe suchenden und sich unterordnenden Klienten „Rat-Schläge" – das hat mit Coaching nichts zu tun.

Peter Schellenbaum[102] schreibt in seinem Buch *Nimm deine Couch und geh!*: „Die nutzloseste Form der Psychotherapie besteht aus guten Ratschlägen." Das kann wortwörtlich auf Coaching übertragen werden – auch die unwirksamste Form des Coaching besteht aus guten Ratschlägen. Der Klient braucht keinen Rat, sondern einen Coach, der ihm Wege zu eigenen Lösungen aufzeigt.

Der Rat gebende Coach handelt aus einer Position der Stärke heraus – und schwächt damit den Klienten. Dieser versucht sich zu stärken, indem er den Rat *nicht* befolgt und sich nicht selten einen neuen Ratgeber sucht. Schellenbaum nennt das „die Endlosbewegung zwischen Ohnmacht und Macht".

Der Regieassistent

Die Rolle eines Regieassistenten passt gut für den Coach: Er führt nicht Regie wie der Regisseur, sondern schafft nur das notwendige Umfeld, die Vorbedingungen, und unterstützt die Abläufe, damit im Klienten – dem Regisseur – ein positiver Prozess in Gang kommt. So führt der Klient selbst Regie und darf sich groß fühlen.

Der Coach als Regieassistent *führt im Hintergrund* und sorgt für den ordnungsgemäßen Ablauf.

Der Mitspieler

Der Coach wird in dem Ausmaß das „Spiel" seines Klienten mitspielen, als es für gutes *Pacing* notwendig ist. Dieses „Mitspielen" kann sich in der Körperhaltung, in der Mimik, im Tonfall und in der Wortwahl des Coachs ausdrücken. Nur ein Coach, der sich sozusagen „körperlich" in die Person des Klienten hineinversetzt, wird dessen Strukturen erkennen können.

Der Coach muss auf jeden Fall *vermeiden*, *vollständig* in die Rolle das Klienten zu schlüpfen – sonst fehlt ihm die notwendige Distanz.

Die Resonanzperson

Der Coach als Resonanzperson geht einen Schritt weiter: Er schwingt mit den Emotionen des Klienten mit und verstärkt sie dabei. So kann der Klient die eigenen Emotionen deutlicher spüren und verstärkt erfahren. Aber auch der Coach als Resonanzperson muss in der Lage sein, sich wieder zurückzunehmen. (Der Begriff Resonanzperson stammt aus der Psychoenergetik.)

Der Reflektor

Die Psychoanalyse geht von Spiegelung statt von Resonanz aus: Der Coach spiegelt das Verhalten und die Emotionen des Klienten. Er tut das einerseits, um für gutes *Pacing* zu sorgen (siehe Seite 168), andererseits auch mit dem Zweck, dem Klienten im wahrsten Sinne des Wortes einen Spiegel vorzuhalten, damit dieser sein Verhalten deutlich sehen kann.   → **Pacing und Leading**

Der Provokateur

Der Coach wird in vielen Fällen Provokateur sein müssen. Ganz besonders dann, wenn der Klient sich emotional eher passiv verhält oder als ein eher dissoziierter Mensch durchs Leben geht. In extremer Form agiert der Coach als Provokateur bei der Methode des provokativen Stils nach Frank Farrelly[103].

→ **Provokativer Stil**

Der Transformator

Ein Ziel des Coaching muss es sein, Veränderungen beim Klienten herbeizuführen. Die Rolle des Coachs kann in diesem Zusammenhang unterschiedlich nuanciert sein. Um bei technischen Begriffen zu bleiben – die Facetten des „Transformators" sind:

- **der Katalysator,**
  der Veränderungen im Verhalten des Klienten auslöst und beschleunigt,

- **der Adapter,**
  der vorhandene Fähigkeiten und Verhaltensweisen des Klienten brauchbar macht für die Lösung von dessen Problemen,

- **der Umwandler,**
  der nutzlos vergeudete Energien wieder für das Erreichen des Ziels nutzbar macht.

Satir-Kategorien

Virginia Satir hat ein Kommunikationsmodell entwickelt, das von John Grinder und Richard Bandler in der Entwicklungsphase des NLP untersucht wurde. Die Satir-Kategorien sind für das rasche Erkennen von Verhaltensmustern bei Kommunikation in Stresssituationen nützlich. Die fünf Muster der Satir-Kategorien können wie folgt in zwei Abschnitten zusammengefasst werden:

A – INKONGRUENTE KOMMUNIKATION:

Geringer Selbstwert, der immer mehr in Frage gestellt wird. Die Kommunikation ist indirekt, unklar, unspezifisch, inkongruent, beschwichtigend, anklagend, ablenkend. Veränderungen haben sich den bestehenden Regeln anzupassen. Die nachfolgenden Kategorien sind zu erkennen:

1 Das beschwichtigende Muster – Der Beschwichtiger *(Placator)*

- entschuldigend, bittend
- „Ich bin auf dich angewiesen", „Ich bin weniger wert als du"

2 Das anklagende Muster – Der Ankläger *(Blamer)*

- autoritär, bestimmend
- „Ich bin einsam und erfolglos"

3 Das rationalisierende Muster – Der Rationalisierer *(Computer)*

- neutral, distanziert
- „Ich darf keine Fehler machen", „Gefühle machen mir Angst"

4 Das ablenkende Muster – Der Clown *(Distractor)*

- unterhaltend, auflockernd
- „Ich gehöre nicht dazu", „Es hat alles keinen Sinn"

B – KONGRUENTE KOMMUNIKATION:

Hoher Selbstwert, die Basis der Persönlichkeit wird immer zuverlässiger. Die Kommunikation ist direkt, klar, spezifisch, übereinstimmend, kongruent. Regeln können geändert werden.

5 Das kongruente Muster – Der Erder *(Leveler)*

● überzeugend, selbstsicher, klar

Six Step Reframing

In diesem NLP-Prozess wird die positive Absicht hinter störendem Verhalten erfragt und dann ein neues, passendes Verhalten zur Erfüllung dieser Absicht gefunden. Dies erfolgt in der klassischen Form in sechs Schritten:

1. Veränderungswunsch:
   Das störende / hemmende Verhaltensmuster identifizieren.
2. Kontakt:
   Zu dem Teil, der für dieses Verhalten verantwortlich ist, Kontakt aufnehmen.
3. Verhalten und Absicht:
   Das Verhalten von der positiven Absicht trennen, die dahinter steht.
4. Erneuerung:
   Mit Hilfe eines oder mehrerer kreativer Teile drei neue, positive Verhaltensweisen finden, die dieser Absicht entsprechen.
5. Auswahl:
   Den Teil, der für das störende Verhalten verantwortlich ist, eine dieser Verhaltensweisen aussuchen lassen.
6. Ökologie-Check und *Future Pace.*

Sleight of Mouth

Sleight-of-Mouth-Muster sind „verbale Tricks", Sprachmuster, mit denen Glaubenssätze des Klienten entmachtet werden können. *Sleight of Mouth* leitet sich von der Bezeichnung *sleight of hand* für Taschenspielertricks ab, *sleight* bedeutet hier: Geschicklichkeit, Fertigkeit, Kunstgriff, Trick, List, Schlauheit.

Robert Dilts schreibt [104]: „Die Sleight of Mouth-Muster sind mein Versuch, einige der zentralen linguistischen Mechanismen zu beschreiben, die diese Menschen (Anm.: Jesus von Nazareth, Karl Marx, Abraham Lincoln, Albert Einstein, Mahatma Ghandi, Martin Luther King) zur Beeinflussung gesellschaftlicher Überzeugungen und Glaubenssysteme benutzten."

Sleight of Mouth hat also mit der „Magie der Sprache" und deren Worten zu tun. Die von Dilts und Epstein gefundenen *Sleight-of-Mouth*-Muster basieren auf Untersuchungen über das Benutzen von Sprache beim Beeinflussen von Menschen.

Es geht bei der Anwendung dieser Muster vorwiegend um die Umwandlung hemmender Glaubenssätze und Überzeugungen. Robert Dilts vergleicht den Veränderungszyklus von Glaubenssätzen mit dem Wechsel der Jahreszeiten:

> *„Eine neue Überzeugung gleicht einem Saatkorn, das im Frühjahr ausgesät wird. Es wächst, während der Sommer naht …, und schlägt Wurzeln. Im Laufe seines Heranwachsens muss es manchmal mit anderen Pflanzen oder Unkräutern, die bereits im Garten wachsen, um sein Überleben kämpfen. Damit dies der neuen Pflanze gelingt, benötigt sie die Hilfe des Gärtners …*
>
> *Ebenso wie die Nutzpflanzen nach der Ernte im Herbst hat auch eine Überzeugung irgendwann ihren Zweck erfüllt; sie ist dann überholt und verwelkt. Die ‚Früchte' der Überzeugung jedoch (die positiven Absichten und Zwecke, die ihr zugrunde liegen) werden aufbewahrt oder ‚geerntet'. …*
>
> *Im Winter werden die nicht mehr benötigten und verwelkten Teile der Überzeugung weggeworfen, und der Zyklus beginnt von vorn."*

Dilts teilt diesen Zyklus der Umwandlung in sechs Stufen auf:

Glauben wollen

Wir wollen etwas in der Erwartung glauben, dass sich diese neue Überzeugung positiv auf unser Leben auswirkt. Dieses „etwas glauben wollen" beinhaltet das Faktum, dass wir jetzt noch nicht daran glauben.

Offen dafür werden, zu glauben

Dilts nennt diese Stufe „eine aufregende und fruchtbare Erfahrung, die gewöhnlich mit einem Gefühl der Freiheit und der Freude am Erforschen verbunden ist". Auf dieser Stufe sind wir noch keineswegs sicher, dass die Überzeugung „richtig", also zutreffend ist – vorstellbar allerdings ist es.

Augenblicklich glauben

Wenn wir an etwas glauben, akzeptieren wir es als Teil unseres Lebens und unserer Wirklichkeit. So bildet sich unser System an Glaubenssätzen. Ein neuer Glaubenssatz, eine neue Überzeugung steht oft in Konflikt mit alten Überzeugungen – Widerstand wird aktiviert.

Offen für Zweifel werden

Diese Phase dient der Überprüfung bereits existierender Überzeugungen. Wenn diese eine neue Überzeugung, einen neuen Glaubenssatz verhindern, müssen wir bereit sein, sie aufzugeben. Diese Zweifel fördern die Bereitschaft, über alte Überzeugungen nachzudenken.

Das Museum der Lebensgeschichte – Erinnerung an das, was wir einmal geglaubt haben

Dilts schreibt:

> *„Wenn wir eine Überzeugung aufgeben, entwickeln wir im Hinblick auf das zuvor Geglaubte keine Amnesie, und wir vergessen auch nicht, was wir geglaubt haben. … Wir erinnern uns daran, dass wir dies einmal geglaubt haben, wissen aber, dass diese Überzeugung keinen großen Einfluss auf unser Denken und Handeln mehr hat."*

Alte Überzeugungen müssen daher nicht unterdrückt werden, sie werden einfach zu Erfahrungen. Gleiches gilt für abgelegte Glaubenssätze.

Vertrauen

Wenn wir auf neue Glaubenssätze, auf neue Überzeugungen vertrauen, können wir uns auf sie verlassen. „Zu vertrauen ist oft das Einzige, was uns übrig bleibt, wenn wir keinen Beweis für die Richtigkeit der Annahme haben", schreibt Dilts. Erst dieses Vertrauen gibt uns die Sicherheit, neue Bereiche der Veränderung zu erschließen.

Ein System verbaler Interventionen. Die Nutzung der *Sleight-of-Mouth*-Muster im Coaching liegt auf der Hand. Dilts nennt 14 solcher Muster als System möglicher sprachlicher Interventionen mit hoher Wirksamkeit. Prinzipien des *Chunking* sind in diesem System ebenso enthalten wie *Reframing* und die Anwendung des negativen, hemmenden Glaubenssatzes auf den Glaubenssatz selbst. (Für Details verweise ich auf die Fachliteratur [105].) Zuerst ist es notwendig, die Struktur eines Glaubenssatzes deutlich zu machen:

Ursache und Wirkung. Ein Glaubenssatz besteht immer aus zwei Teilen – der Ursache und der Wirkung. Beispiele:

- „Immer, wenn ich mich verliebe (Ursache), leide ich nachher unter der Trennung (Wirkung)."

- „Wenn ich eine Leistung mit *Leichtigkeit* vollbringe (Ursache), ist sie nichts wert (Wirkung)."

- „Das Leben (Ursache) ist voller Enttäuschungen (Wirkung)."

Mit beiden Teilen des Glaubenssatzes kann nach den in nachfolgender Übersicht skizzierten 14 *Sleight-of-Mouth*-Mustern gearbeitet werden:

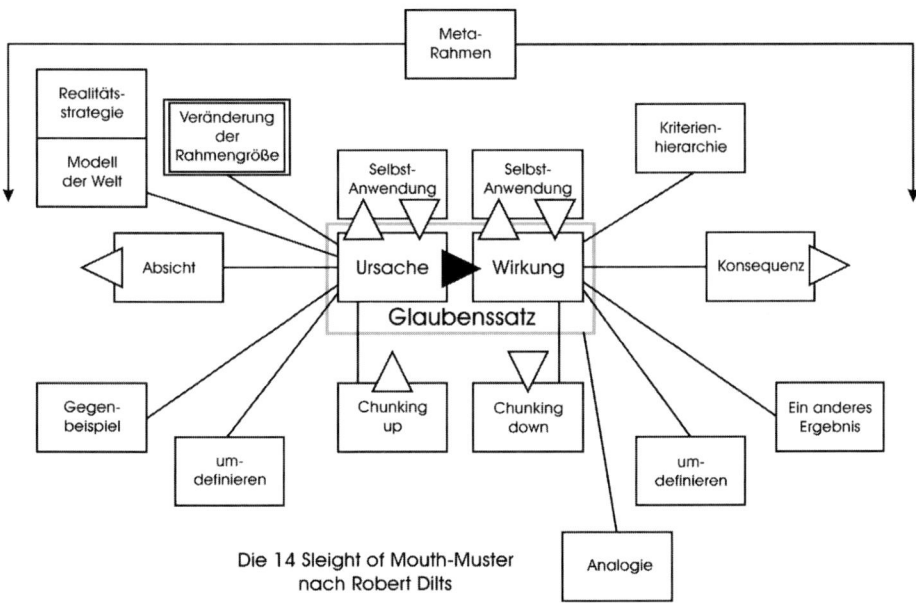

Die 14 Sleight of Mouth-Muster
nach Robert Dilts

SMART PURE CLEAR

Das *SMART-PURE-CLEAR*-Modell von John Withmore[106] ist ein mögliches Modell zur Beschreibung eines Ziels. Ziele müssen sein:

SMART

- *specific* – spezifisch
- *measurable* – messbar
- *attainable* – erreichbar
- *realistic* – realistisch
- *time phased* – zeitlich gegliedert

PURE

- *positively stated* – positiv formuliert
- *understood* – verstanden
- *relevant* – bedeutsam
- *ethical* – moralisch

CLEAR

- *challenging* – herausfordernd, lockend
- *legal* – gesetzesgemäß, legal
- *environmentally sound* – umweltverträglich
- *agreed* – akzeptiert
- *recorded* – protokolliert

John Withmore: „Wenn ein Ziel nicht erreichbar ist, besteht keine Hoffnung, aber wenn es nicht lockt, motiviert es nicht. In diesen Rahmen sollten sich alle Ziele einordnen."

SMARTE-POWER-Modell

Mein SMARTE-POWER-Modell stellt eine umfassende Synthese der wichtigsten Ziel-Check-Modelle dar. SMARTE POWER steht für:

Sinnesspezifisch

- „Wie stellen Sie sich Ihr Ziel bildlich vor, was hören, spüren, riechen Sie, wenn Sie Ihr Ziel erreicht haben?"
- „Woran erkennen Sie, wenn Sie Ihr Ziel erreicht haben?
- „Woran erkennen Sie, ob Sie sich Ihrem Ziel nähern?"

Messbar

- „Wie werden Sie wissen / woran werden Sie merken, dass Sie Ihr Ziel erreicht haben?"
- „Welche messbaren Erfolgskriterien gibt es für Sie?"

Attraktiv / Aktiv

Um Zielen eine positive Richtung zu geben, ist es sinnvoll, nach dem Ziel hinter dem Ziel (Meta-Ziel) zu fragen:

- „Wozu wollen Sie Ihr Ziel erreichen?"
- „Welche Werte beflügeln Sie?"
- „Inwiefern passt es zu Ihnen?" (Sinn, Identität, Werte)

Damit ein Ziel sinnvoll ist, muss ich etwas dafür tun können, muss ich es selbst in der Hand haben:

- „Wie können Sie Ihren Einflussbereich vergrößern?"
- „Was tun Sie, wenn Sie Ihr Ziel erreicht haben?"
- „Was tun Sie unmittelbar vorher?"
- „Haben Sie Alternativen, haben Sie Wahlmöglichkeiten?" (Fähigkeiten, Verhalten)

Realistisch

Wenn Menschen etwas für „realistisch" erachten, dann ist das ein sehr dehnbarer Begriff, der noch nichts Genaues aussagt. Deshalb:

- „Was gibt Ihnen den Glauben daran, dass Sie das Ziel erreichen?"
- „Haben andere dieses Ziel auch schon erreicht?"
- „Haben Sie früher schon Ähnliches geschafft?
- „Welche Glaubenssätze und Überzeugungen beflügeln Sie beim Arbeiten auf das Ziel hin?

Terminiert

- „Bis wann wollen und können Sie Ihr Ziel oder ein Zwischenziel erreicht haben?"
- „Wann unternehmen Sie den ersten Schritt?"
- „Was können Sie heute bereits tun und erreichen?"
- „Wann tun Sie den zweitletzten Schritt?" (Rückwärts planen!)

Extern beobachtbar

- „Woran kann jemand von außen erkennen, dass Sie Ihr Ziel erreicht haben?"
- „Wie ist das Erreichen des Ziels testbar?"

Positiv

- „Wie lautet Ihr spezifischer Zielsatz?"

Eine Zielformulierung soll aussagen, was ich erreichen will, und positiv formuliert sein. Zudem sind vergleichende Aussagen zu konkretisieren.

Oekologisch

- „Ist das, was Sie möchten, in jeder Lebenslage ein erstrebenswertes Ziel?"
- „Wo, wann, mit wem möchten Sie Ihr Ziel erreichen?"
- „Wie können Sie Ihre Umgebung in die Zielerreichung integrieren?"

Widerstände

- „Was hat Sie bisher daran gehindert, Ihr Ziel zu erreichen?"
- „Was könnte Sie in Zukunft hindern?"
- „Was sind äußere, was sind innere Blockaden?"
- „Wie können Sie diese überwinden?"
- „Sind die Blockaden immer gleich präsent?"
- „Gibt es Ausnahmen?"

Effekte

- „Haben Sie nur zu gewinnen, wenn Sie Ihr Ziel erreichen, oder gibt es vielleicht auch etwas zu verlieren?"
- „Inwiefern sind andere von Ihrem Ziel betroffen?"

Ressourcen

- „Welche Ressourcen helfen Ihnen dabei, Ihr Ziel zu erreichen?"
- „Welche haben Sie schon?"
- „Welche brauchen Sie noch?"

SOLIO-Modell

Das SOLIO-Modell[107] ist auf der Basis von Beobachtungen in der systemischen Aufstellungsarbeit – vor allem von Roman Braun – entstanden. Durch das SOLIO-Modell ist der Coach in der Lage, nonverbales Verhalten des Klienten im Hinblick auf den Ursprung der relevanten Systemdynamik zu deuten.

Grundstimmungen

Das SOLIO-Modell geht von zwei Grundstimmungen aus:

- der **Solo-Stimmung**,
  die der Klient zeigt, wenn er mit sich alleine ist, und
- der **Sozio-Stimmung**,
  die der Klient im Kontakt mit anderen zeigt.

Die Stimmungsausprägung in „Solo" gibt einen deutlichen Hinweis auf die mütterliche oder väterliche Linie in der Herkunftsfamilie des Klienten. Die Stimmungsausprägung in „Sozio" gibt einen Hinweis darauf, ob es sich in dieser Linie um einen Mann oder eine Frau handelt.

		Sozio-Stimmung	
		traurig wirkend	Bierzelt-fröhlichkeit
Solo-Stimmung	Bierzelt-fröhlichkeit	Frau väterlicher-seits	Mann väterlicher-seits
	traurig wirkend	Frau mütterlicher-seits	Mann mütterlicher-seits

Systemische Verstrickungen

Das Familiensystem des Klienten bestimmt dessen persönliche Geschichte. Der Ausdruck stammt aus der systemischen Aufstellungsarbeit von Bert Hellinger. Er bezieht sich auf die Störeinflüsse und Symptome, die das Mitglied eines Familiensystems als Auswirkungen der Störung in dessen Ordnung erlebt. Systemprinzipien sind gestört, wichtige Systemfunktionen unterbrochen.

Der Lösungsweg systemischer Verstrickungen geht im individuellen Kontext immer über den Ausgleich zur Ordnung und zur Bindung[108]:

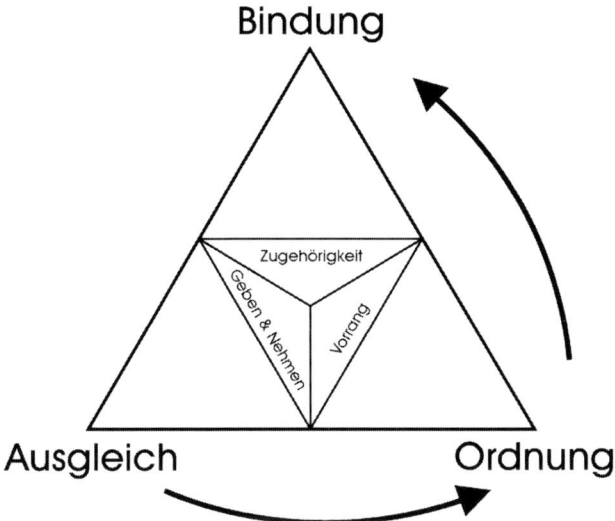

Verstrickung aus systemischer Sicht bedeutet, dass die Kraft des Systems auf einen Nachkommen einwirkt, um eine Balance für ein Ungleichgewicht im System herzustellen, und damit das Gleichgewicht im System wieder herstellt. Der so „Verstrickte" übernimmt die Verantwortung für etwas, was nicht in seinem Verantwortungsbereich liegt. Er identifiziert sich mit Menschen aus seinem Herkunftssystem und übernimmt von ihnen Glaubenssätze, Werte oder Gefühle.

Störungen des Ausgleichs entstehen durch schwere Schicksalsschläge in früheren Generationen der Herkunftsfamilie – etwa Krankheiten, Unglücksfälle, Mord oder Selbstmord, Totgeburt oder Tod im Kindbett.

Störungen der Ordnung entstehen durch den Zusammenbruch von Grenzen – etwa Scheidung, Tod oder Behinderung eines Elternteils.

Störungen der Bindung entstehen durch fehlende Würdigung von Mitgliedern des Systems – etwa Ausschluss, Verschweigen, Unrecht.

Aus dem Herkunftssystem

Die systemische Störung kann aus dem Herkunftssystem stammen, das sind die Eltern, die Geschwister, die Geschwister der Eltern, die Großeltern usw.

- Herkunftssystem Ausgleich (**Kürzel: „Her-aus"**)
- Herkunftssystem Ordnung (**„Her-o"**)
- Herkunftssystem Bindung (**„Her-bi"**)

191

Aus dem Gegenwartssystem

Es gibt auch systemische Störungen, die aus dem Gegenwartssystem stammen. Zum Gegenwartssystem gehören der derzeitige Partner, alle wesentlichen vorangegangenen Partner, alle Kinder aus diesen Verbindungen, alle wesentlichen vorangegangenen Partner des Partners und alle aus diesen Verbindungen hervorgegangenen Kinder.

- Gegenwartssystem Ausgleich („**Ge-a**")
- Gegenwartssystem Ordnung („**Ge-o**")
- Gegenwartssystem Bindung („**Ge-bi**")

Talking Stick

In engem Zusammenhang mit dem Dialog-Prozess steht das ebenfalls von David Bohm entwickelte Modell des *Talking Stick*. Er übernahm indianische Überlieferungen von Leroy Little Bear[109] und übertrug sie in die moderne Kommunikationstheorie.

➜ **Dialog-Prozess**

Es gab in indianischen Kulturen[110] tatsächlich einen *Talking Stick* – also einen besonders verzierten Stab, den der jeweilige Redner in der Hand hielt. Erst, wenn dieser Stab hingelegt oder weitergeleitet wurde, durfte ein neuer Redner das Wort ergreifen. Die Rolle dieses Stabes hat in modernen Gruppengesprächen zum Beispiel das Mikrofon übernommen.

Tetralogisches Holon

Ein neuartiges Persönlichkeits(betrachtungs)modell. Beobachtungen in der Praxis zeigten mir vier Aspekte der Persönlichkeit und vier „Quell-Richtungen", aus denen die geschilderten Themen der Klienten stammen können. Jedes Thema hat eine bestimmte Qualität und erfordert eine dementsprechende Lösung.

Um die Quell-Richtung leichter orten zu können, entwickelte ich das Tetralogische Holon mit den oben erwähnten vier Hauptebenen (*Tetaronen*) und jeweils sechs Unterteilungen.

Ein Problembetrachtungsmodell. Bei psychischen Problemen sind oft viele Aspekte beteiligt. Diese Arrangements von Störungen bezeichnet der klinische Psychologe Roger J. Callahan in Anlehnung an Arthur Koestler (1967) als Holone.

> *„Im Kern ist ein Holon eine Störung oder ein Bündel von Störungen, das ‚unabhängig' assoziiert oder verbunden sein kann mit einem anderen Bündel von*

Störungen. Ein Holon ist ein Ganzes, das Teil eines größeren Ganzen sein kann. Wenn zum Beispiel ein Patient wegen Gefühlen von Depression mit einer spezifischen Sequenz von Störungen (einem Holon) behandelt wurde, könnte ein anderes Holon auftauchen, das verwandte Gefühle von Depression, Ärger oder Schuld umfassen könnte. Dies ist eine andere Sequenz von Störungen (ein Holon), das, wenn es subsumiert wird oder zusammenbricht, mit einem anderen Holon verbunden sein kann oder auch nicht. Ein Holon ist in gewisser Hinsicht vergleichbar mit der Beschreibung, die Shapiro (1995) von Eye Movement Desensitization and Reprocessing (EMDR) gibt, einem Verfahren der Stimulation oder Aktivierung des Ziels oder Knotens, das dann zu einem Prozess entlang verschiedener verbundener Kanäle führt. Diese sind die sprichwörtlichen Schichten der Zwiebel." (Fred Gallo, Energetische Psychologie, Kirchzarten: VAK, 2000, S. 198)

Ein Diagnosemodell. Die Betrachtung des Tetralogischen Holons in seiner Gesamtheit ermöglicht es, das Handeln der Person als Ganzes zu erklären.

→**Checklisten Tetralogisches Holon**

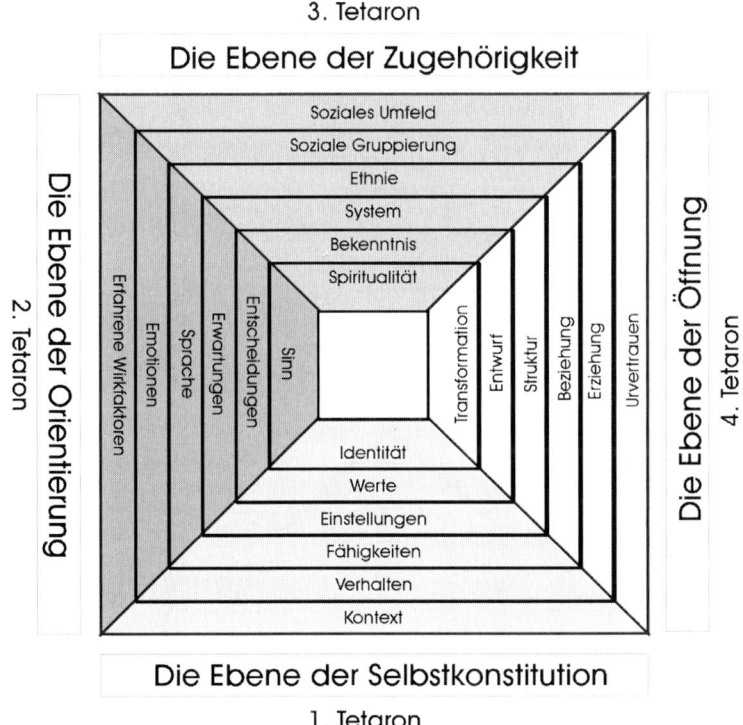

ERSTES TETARON: DIE EBENE DER SELBSTKONSTITUTION

Das erste Tetaron repräsentiert die **intrapersonale Ebene**. Diese Ebene entspricht im Großen und Ganzen den von Robert B. Dilts definierten neurologischen Ebenen und ermöglicht Entwicklung. Ist diese Ebene geklärt, erfährt die Person Autonomie oder Hingabe, eine sprossende Kraft zu entdecken, kreativ zu sein und zu forschen. Ist diese Ebene außer Balance, generiert dies das Bedürfnis nach Selbstaufgabe oder führt zum anderen Extrem, der Isolation. Da Freiheit über Selbstbestimmung definiert wird, stellt die Entwicklung auf dieser Ebene einen Schritt dahin dar. Grafisch können die beiden positiven Gegenwerte in zwei Waagschalen und die jeweiligen Unwerte direkt darunter dargestellt werden (➜ **Werte- und Entwicklungsquadrat**):

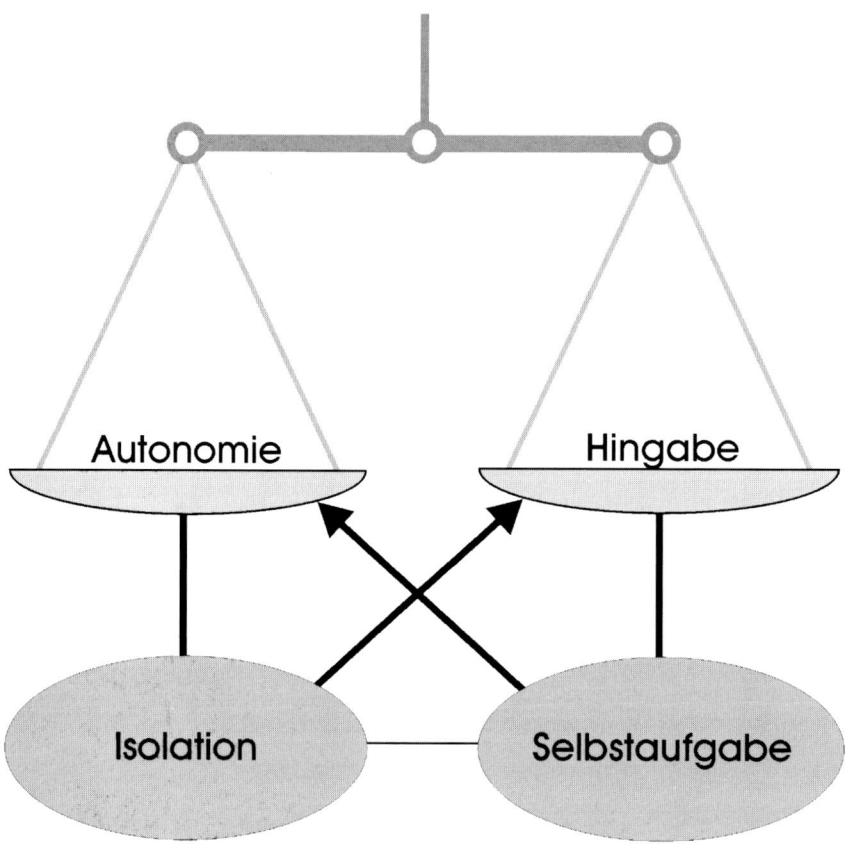

Die nachfolgenden Faktoren bestimmen diese Ebene:

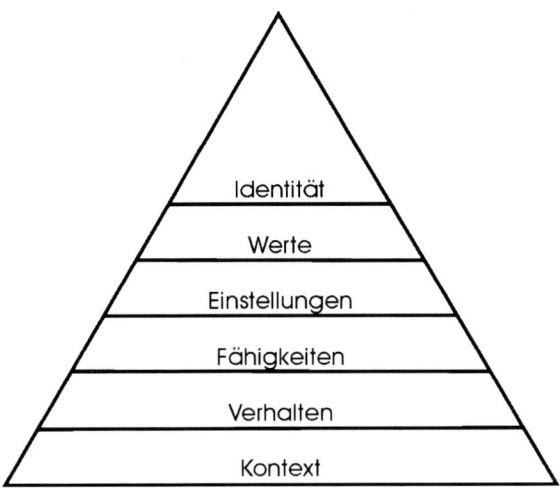

Identität = personale Kompetenz

● Selbstbild

● Wunschbild

● Körperbild

● Rolle

  ○ Eltern-Ich

  ○ Erwachsenen-Ich

  ○ Kindheits-Ich

Werte = personale Kompetenz

● Ideale

● Bedürfnisse

Einstellungen = personale Kompetenz

● Glaubenssätze

Fähigkeiten = Fach- und Methodenkompetenz

Verhalten[111] = Aktivität- und Handlungskompetenz

- Tätigkeit
- Operation
- Handlungen
- reaktive:
  erlebnisbezogen → ausgleichend
  situationsbezogen
- proaktive:
  erfahrungsbezogen
  schöpferisch

Kontext = sozial-kommunikative Kompetenz

- Menschen
- Informationen
- Orte
- Dinge

ZWEITES TETARON: EBENE DER ORIENTIERUNG

Das zweite Tetaron repräsentiert die **interpersonale Ebene**. Diese Ebene gibt der Person eine Richtung. Ist diese Ebene geklärt, erfährt die Person über die Wahrhaftigkeit tiefen Frieden und ist fähig, sachgerecht das Leben zu genießen. Ist diese Ebene außer Balance, generiert dies Dogmatismus oder Starre, die sich in Form fanatischen Verhaltens äußern kann:

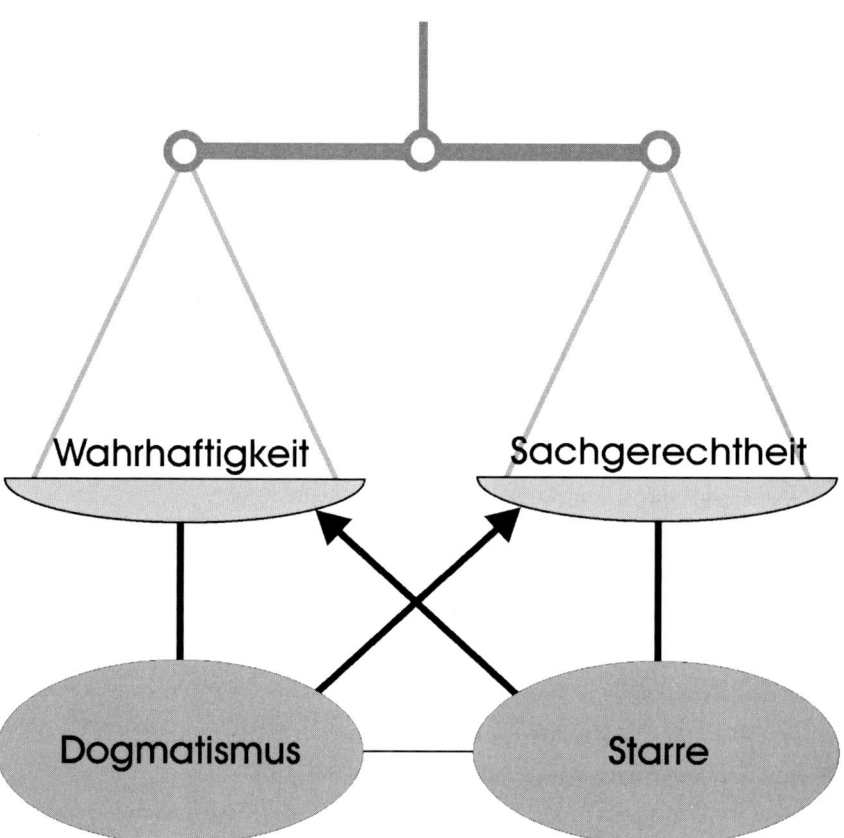

Die nachfolgenden Faktoren bestimmen diese Ebene:

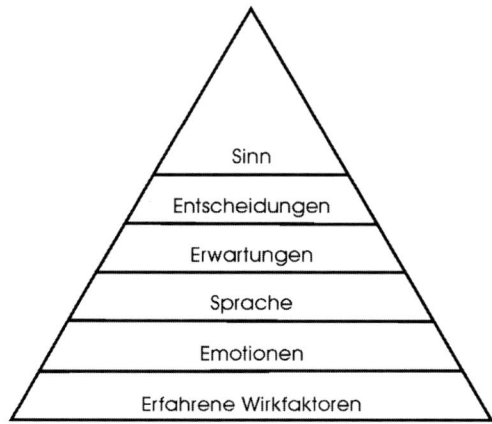

Sinn

● Visionen

● Mission

Entscheidungen, Absichten

Da Sinn über Entscheidungen organisiert wird, haben hier in diesem Tetaron die Entscheidungen und Absichten diesen hohen Stellenwert. Interessanterweise wird im Englischen für das Wort „Absicht" und das Wort „Sinn" das gleiche Wort *purpose* verwendet!

● Ziele

● Zwecke

● Aufgaben

Erwartungen, Vorstellungen

● Träume

● Wille

● Wünsche

● Bedürfnisse

● Hoffnungen

● Aufgaben

Sprache

- Nonverbale Sprache
- Gesprochene Sprache
- Innerer Dialog

Emotionen

- Überraschung
- Trauer
- Anerkennung
- Zorn
- Furcht
- Freude

Erfahrene Wirkfaktoren

Erfahrungen aus der Vergangenheit in Verbindung mit:

- Intuition
- Trieben
- Gewissen
- Wissen
- Tugend
- Streben nach Macht
- Konfliktbereitschaft
- Genuss
- Mut
- Anstand

DRITTES TETARON: EBENE DER ZUGEHÖRIGKEIT

Das dritte Tetaron repräsentiert die **transpersonale Ebene**. Diese Ebene dient dem sozialen Umgang miteinander und somit der Bindung. Ist diese Ebene geklärt, erfährt die Person Eingebundensein und ist fähig, ihre Bestimmung zu erkennen und selbstbehauptend zu erfüllen. Ist diese Ebene außer Balance, generiert dies auf der einen Seite Selbstauflösung, auf der anderen Seite Rückzug bis hin zu Solipsismus (vom lat. *solus* = allein und *ipse* = selbst). Solipsismus ist ein erkenntnistheoretischer Standpunkt, der nur das eigene Ich mit seinen Bewusstseinsinhalten als das einzig Wirkliche gelten lässt.

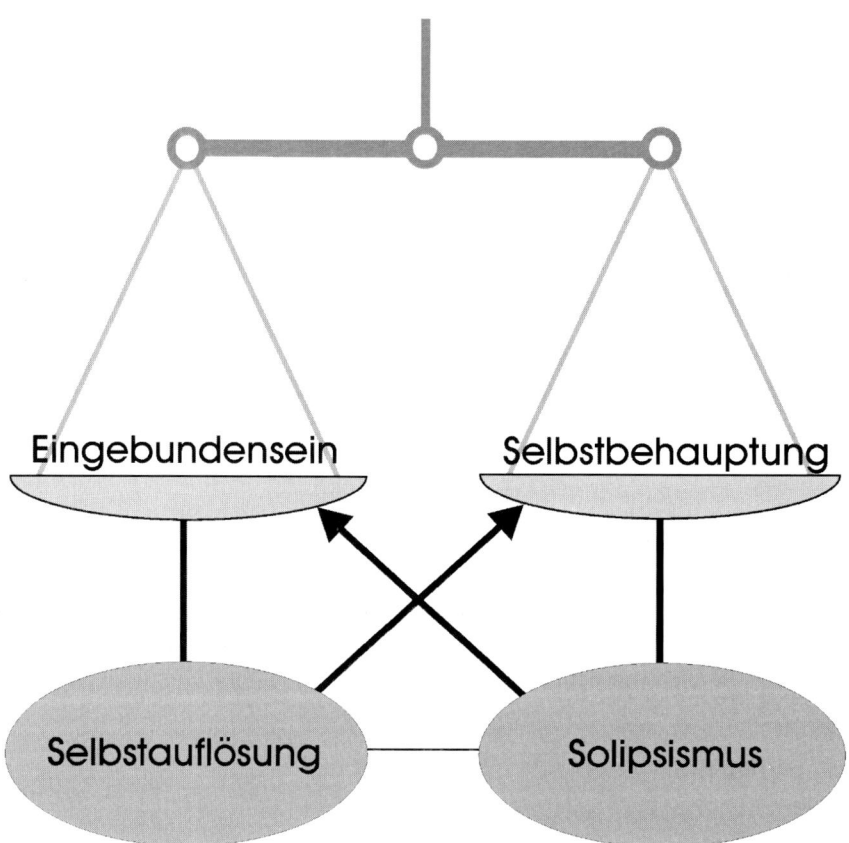

Die nachfolgenden Faktoren bestimmen diese Ebene:

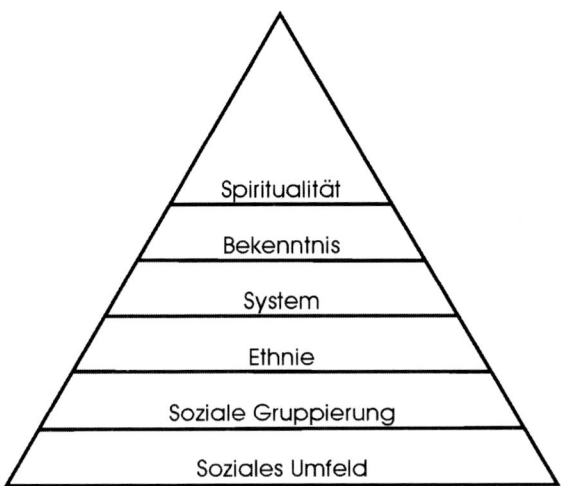

Spiritualität

- Religion
- Glaube
- Größeres Ganzes

Bekenntnis

- Konfession

System

Hier wären im Rahmen einer Organisation, einer Gruppe, eines Teams, der Herkunfts- oder Gegenwartsfamilie folgende Faktoren/Kriterien relevant:

- Bedarf nach Kontrolle
- Streben nach Sicherheit
- Bedürfnis nach Anerkennung

Ethnie

- Ethnische Herkunft

Soziale Gruppierung

- Verein
- Beruf

Soziales Umfeld

Das so genannte „soziale Panorama"[112] beeinflusst in unserem Kopf Autoritäts-
und Machtbeziehungen und schafft Orientierung in Beziehungen und Familien-
strukturen.

VIERTES TETARON: EBENE DER ÖFFNUNG

Das vierte Tetaron repräsentiert keine personale, sondern die **transzendente Ebene**.
Diese Ebene der Grenzerfahrung und des Sich-auseinander-Setzens mit Grenzen
dient dem Spüren seiner selbst. Die humanistische Psychologie spricht hier von

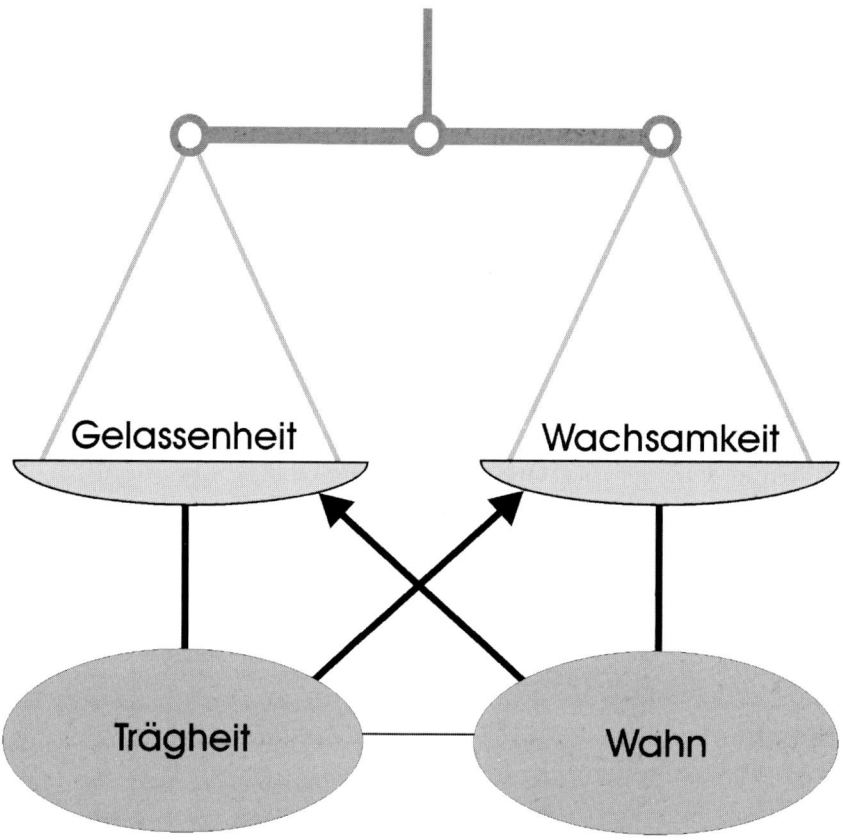

Sich-auseinander-Setzen mit Grenzerfahrung (engl. *peak experience*). Oder Grenzerfahrung als „Mündung der Seele", wie es Winfried Paarmann bezeichnet. Ist diese Ebene geklärt, erfährt die Person Gelassenheit, eine festigende und beruhigende Kraft. Diese ermöglicht der Person, sich selbst und eventuell auch andere zu schützen. Eine besondere Wachsamkeit kann entstehen.

Ist diese Ebene außer Balance, generiert dies Trägheit auf der einen Seite und eine extrem verzerrte Wahrnehmung auf der anderen Seite. Dies kann sich steigern bis hin zur Paranoia und Wahn:

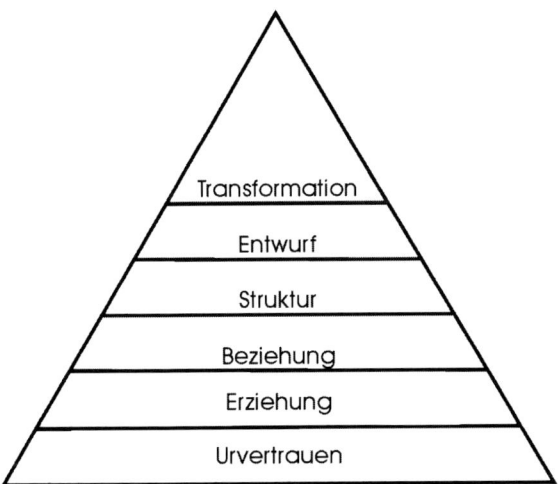

Die nachfolgenden Faktoren bestimmen diese Ebene:

Transformation

- Geburt
- Lebensabschnitt
- Sterben

Entwurf

Der Entwurf ist ein Prozess, in dem wir unsere Vorstellungen entwickeln, wie wir im Zusammenhang mit anderen unser Leben gestalten wollen, und ist somit eine Kategorie der Existenz. „Wir existieren, wenn wir uns entwerfen." (Martin Heidegger)

Struktur

- Loyalität
- Autorität (Eine Besonderheit dieser Kategorie wäre das Festhalten an Diagnosen eines Fachmanns.)
- Symptome (geben durch ihre Quasi-Struktur dem Klienten / der Klientin etwas, an dem er/sie sich festhalten kann)

Beziehung als Grenze

- zu sich selbst
- zum eigenen Körper
- zum Umfeld
  - zum Einzelnen:
    Partnerschaft
    Freundschaft
  - zu mehreren:
    Gruppe

Erziehung als Grenze

- elterlicher Auftrag – Antreiber
- Erlaubnisse
- frühkindliche Prägungen
- Skripten[113]
  - Gewinner
  - Verlierer
  - Nicht-Gewinner

Urvertrauen

- Vertrauen als Basis von allem. Etwas, worauf alles andere aufbaut.

UMSETZUNGSTEMPO NACH VERÄNDERUNGEN

Die vier Tetarone können auch nach dem Umsetzungstempo nach Veränderungen (Reaktion auf externe Reize/Situationen) eingeteilt werden:

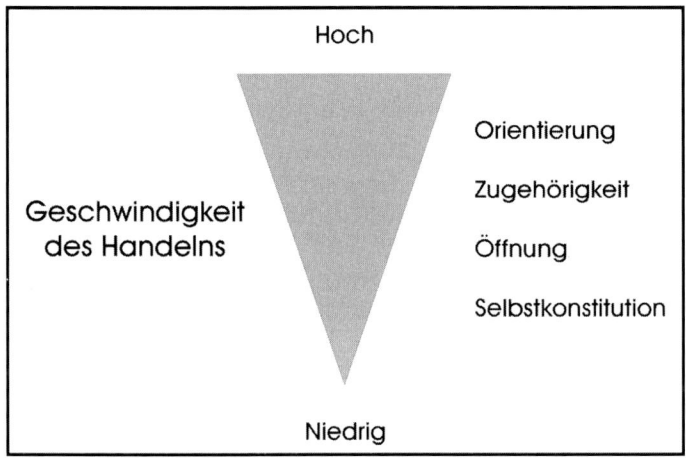

RICHTUNG DER AUFMERKSAMKEIT

Eine weitere Einteilung ist das Berücksichtigen der Richtung der Aufmerksamkeit:

	Innen	Außen
Singular Eins	1. Tetaron: Selbstkonstituion	2. Tetaron: Orientierung
Plural Dual	4. Tetaron: Öffnung	3. Tetaron: Zugehörigkeit

INTEGRATION

Es ist zu beobachten, dass jeweils zwei Tetarone als Partner auftreten, das heißt, sie bedingen sich gegenseitig. Einer von beiden „regiert" den anderen, das heißt, er überträgt besondere Eigenschaften auf ihn. Ohne den Partner kann kein Tetaron auskommen.

Deshalb gehören die geradzahligen Tetarone Orientierung (= 2. Tetaron) und Öffnung (4. Tetaron) zusammen, wobei die Öffnung bildlich gesprochen der „Meister" der Orientierung ist. Ohne Öffnung verlischt die Flamme der Orientierung. Viel Öffnung lässt dieses Feuer auflodern, zu viel bläst es aus. Durch Orientierung wird aber auch der Grad der Öffnung beeinflusst.

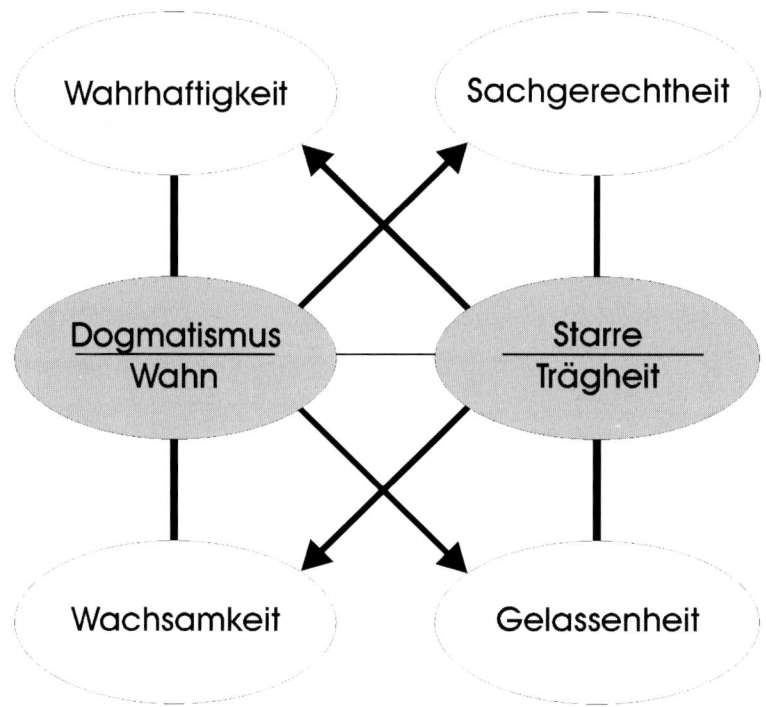

Auf der anderen Ebene gehören die ungeradzahligen Tetarone Zugehörigkeit (= 3. Tetaron) und Selbstkonstitution (= 1. Tetaron) zusammen. Die Zugehörigkeit regiert die Selbstkonstitution. Diese hätte ohne Zugehörigkeit keinen Bezug und würde verkümmern, austrocknen und unfruchtbar werden. Zu viel Zugehörigkeit würde jedoch die Selbstkonstitution verstummen lassen. Die Selbstkonstitution bietet der Zugehörigkeit Einhalt und lenkt sie in personentypische Bahnen.

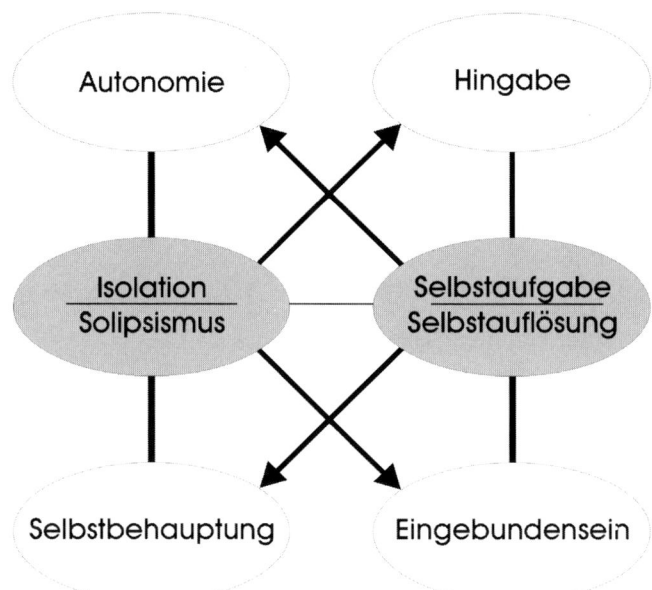

INTERAKTIONEN

Gemeinsam betrachtet ergibt sich folgendes Bild:

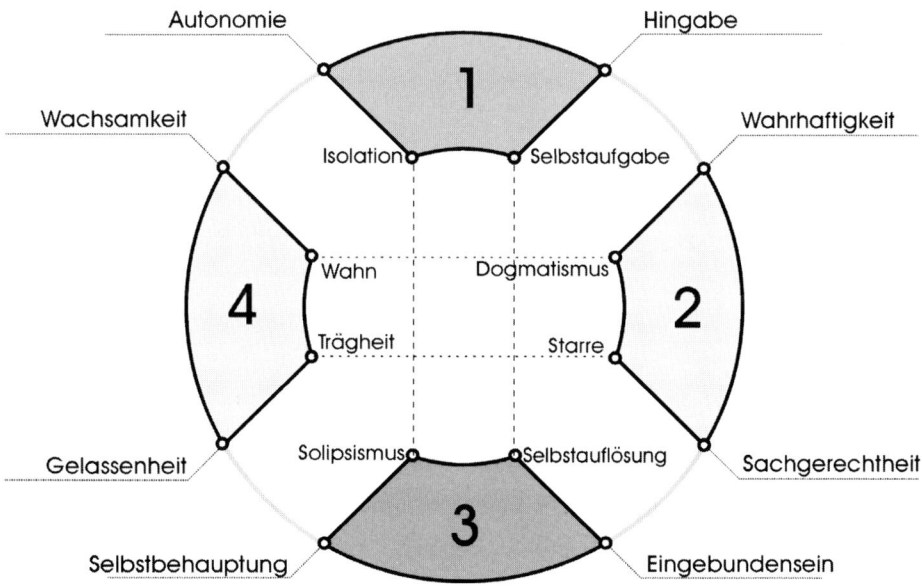

INEINANDERGREIFEN DER TETARONE:

Wird das Holon als interagierend betrachtet, ergibt sich folgendes Yin-Yang-Bild:

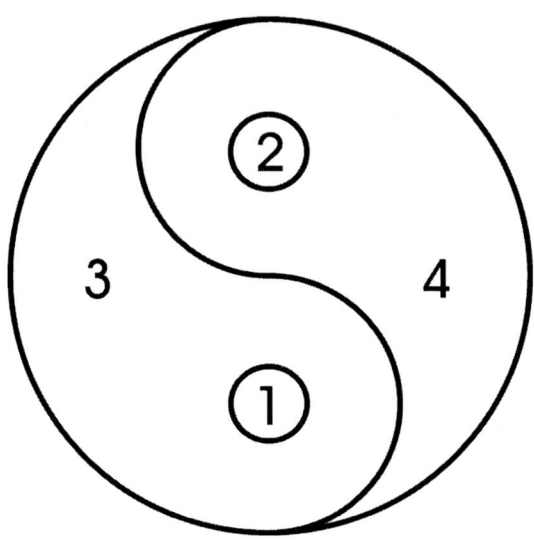

ÜBERSICHT UND VERGLEICH

In der Tabelle Seite 209–211 zeigt ein Vergleich interessante Übereinstimmungen des Holons mit anderen Modellen.

		Selbst-konstitution	Orientierung	Zugehörigkeit	Öffnung
Psychologisch begründete Modelle	Yalom	Freiheit	Sinn	Isolation	Tod bzw. Lebensgrenze
	4 Grundformen der Angst – Riemann	schizoid verstandes-orientiert	hysterisch risikoorientiert	depressiv beziehungs-orientiert	zwanghaft ordnungs-orientiert
	Max Lüscher	Blau verstehen Zufriedenheit	Rot ausführen Selbstvertrauen	Gelb aufnehmen innere Freiheit	Grün ordnen Selbstachtung
	Virginia Satir	rationalisieren	anklagen	beschwichtigen	verwirren/ ablenken
	C. G. Jung	Thinker	Sensor	Feeler	Intuitor
	Kommunikations-quadrat Schulz von Thun	Sachinhalt	Selbstkundgabe	Beziehung	Appell
	Situations-Modell Schulz von Thun	Eingangskanal	Oberbauch	Unterbauch	Ausgangskanal
	Balancemodell der Positiven Psychotherapie	Sinne	Phantasie/ Zukunft	Kontakte	Leistung/Ver-stand
	4 Grundausrichtungen des Riemann-Thomann-Modells	Distanz	Wechsel	Nähe	Dauer
	Grundfunktionen nach C. G. Jung	Denken	Intuition	Fühlen	Empfinden
Entwicklungsdynamische Modelle	**Ken Wilber**	Wertesystem, Kultur	Intention	soziale Systeme	Umwelt
	4-Quadranten-Modell von Ken Wilber	individuell	internal	kollektiv	external
	Ken Wilber	kognitiv	psychosexuell	emotional	interpersonell
	Claire Graves	Level 2	Level 5	Level 4	Level 3
	Umwelt- und Erziehungstheorie nach Leary	Schaltkreis 2	Schaltkreis 5	Schaltkreis 4	Schaltkreis 3
	Annegret Hallanzy	Handlungskraft	Verschmelzung	Spiegelung	Ordnung
	„Hallanzy: Voll-Identifikationen"	Toten-Identifikation	Vitalstörung	Identitätskonflikt	Opfer-Identifikation
	„Hallanzy: Transformation"	Neubewertung	Vision	Vergleich	Bestands-aufnahme

		Selbst-konstitution	Orientierung	Zugehörigkeit	Öffnung
Modelle, die Bezug auf den Körper nehmen	Die Energieformen nach den Himmelsrichtungen	Lebensenergie	Herzensenergie	Niere	Lungenenergie
	Blutgruppen-Profil nach Peter J. D'Adamo	A	O	B	AB
	YANG-Organe	Gallenblase	Dünndarm	Harnblase	Dickdarm
	YIN-Organe	Leber	Herz	Niere	Lunge
	Körpertypen nach Abravanel & King	Schilddrüsen-Typ	Hypophysen-Typ	Nebennieren-Typ	Gonaden-Typ
	DNA-Nukleotide-Model von Watson & Crick	Guanin	Adenin	Cytosin	Thymin
Lerntheoriemodelle	David Kolb	Assimilator WAS-Quadrant	Converger WIE-Quadrant	Diverger WARUM-Quadrant	Akkomodator WAS-WENN-Quadrant
	4 Lerntypen nach Bernice Mc Carthy	Theoretiker	Experimentierer	Gefühlsmensch	Praktiker
	Peter Honey & Alan Mumford	Theorist	Pragmatist	Activist	Reflector
Welterklärungsmodelle	Tetralemma	das eine	das andere	beides	keines von beiden
	Chinesische 4-Elemente-Lehre	Erde	Feuer	Wasser	Luft
	Theorie der Gegensätze nach Aristoteles	Erde (trocken)	Feuer (warm)	Wasser (feucht)	Luft (kalt)
	4 Urgründe des Seins nach Aristoteles	Causa materialis	Causa formalis	Causa efficiens	Causa finalis
	4 Jahreszeiten	Frühling	Sommer	Winter	Herbst
Hirnforschungsmodelle/Persönlichkeitsprofile	HDI	A rational Fakten analytisch	D visionär Konzept strategisch	C Gefühl Mitgefühl zwischenmenschlich	B Sicherheit Genauigkeit organisatorisch
	DISG	Dominanz	Initiative	Gewissenhaftigkeit	Stetigkeit
	MBTI	Intraversion Thinking	Sensing Judging	Extraversion Feeling	Intuition Perceiving
	Myers & Briggs'scher Kodex	INFU, INDU INFW, INDW	XEDU, XEFU XEDW, XEFW	IEDU, IEFU IEDW, IEFW	XNFU, XNDU XNFW, XNDW
	Kompetenzmodell nach Erpenbeck/Heyse/Baitsch	Fach- und Methoden-kompetenz	Aktivitäts- und Handlungs-kompetenz	Sozial-kommunikative Kompetenz	Personale Kompetenz
	Elementemodell der inneren Energie	Vorstellungs-kraft	Handeln	Emotionen	Grundregeln

		Selbst-konstitution	Orientierung	Zugehörigkeit	Öffnung
Verhaltensstil / Kommunikationsmodelle	Stärkenmanagement + Entwicklungsmodell nach Stuart Atkins & Allan Katcher (Lifo®)	Leistung	Aktivität	Kooperation	Vernunft
	Prozessmodell für Kommunikation	Vorbereiten	Vortragen (Ausdruck)	Verarbeiten	Verinnerlichen (Aufnahme)
	Reaktionstypen nach Pawlow & Lykken	gehemmt	leicht erregbar	zuverlässig	energisch
	Bengt Stern	Ebene 3 P 3 Die Fassade	Ebene 2 P 2 Wut	Ebene 2 P 2 Resignation (als das Gegenteil von Wut)	Ebene 1 P 1 Allumfassende Präsenz
	Delphin-Strategien	Karpfen	Hai	PEK (Pseudo-erleuchteter Karpfen)	Delphin
	Beeinflussen des Verhaltens nach Burr-hus Frederic Skinner	Bestrafung durch aversive Reize	positive Verstärkung	Bestrafung durch Verstärkerentzug	negative Verstärkung
	4 Energien des Führens – Fritz Hendrich	Erde	Feuer	Wasser	Luft
Persönlichkeitsentwicklungsmodelle	Konstitutionstypen nach Kretschmer	leptosomer Typ	athletischer Typ	pyknischer Typ	dysplastischer Typ
	Ökologische Systeme nach Bronfenbrenner	Mikrosystem	Mesosystem	Exosystem	Makrosystem
	Elementare Formen der Vergesellschaf-tung nach Fiske	Gleichheit	autoritäre Rang-ordnung	Teilen des gemeinsamen Besitzes	Marktaustausch
	Gesichtstypen nach Mar	dreieckig	rund	quadratisch	rechteckig
	Kulturtypen nach Diane Turner & Thelma Greco	Ost	Süd	Nord	West
	Hippokratische Temperamente-Theorie (Antike des Abendlandes)	Melancholiker Traurigkeit, Verstimmung	Choleriker Zorn	Phlegmatiker Oberflächlichkeit, Bequemlichkeit	Sanguiniker Fröhlichkeit
	Handschrifttypen-Modell von Mendel	bogenförmig	girlandenförmig	eckig	fadenförmig

Veränderungsbereitschaft

Ein echter Klient bringt neben seinem Anliegen auch die Bereitschaft zur Veränderung mit. Im Kapitel über die „Nicht-Klienten" haben Sie verschiedene „Spielarten" von echten, möglichen und scheinbaren Klienten kennen gelernt, die sich auch in Hinblick auf Veränderungsbereitschaft unterscheiden (**➜ Nicht-Klienten**):

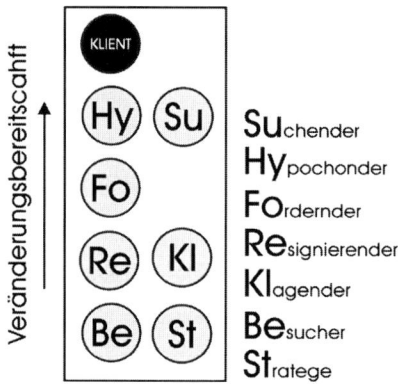

Nicht vorhandene Veränderungsbereitschaft des „Klienten" kann genauso ein Ablehnungsgrund sein wie ein nicht vorhandenes Anliegen.

Verbale Zugangshinweise

Die Sprache des Klienten verrät sein Hauptrepräsentationssystem (VAKOG/
→ **Augenzugangshinweise**):

- **Visuell – Sehen**
  Ich sehe schon … Ich mache mir ein Bild … Ich blicke da nicht durch …

- **Auditiv – Hören**
  Ich sage immer … Das klingt gut … Das ist harmonisch …

- **Kinästhetisch – Fühlen**
  Ich bin in Kontakt mit … Das bewegt mich sehr … Ich begreife das so …

Es gibt noch drei weitere Repräsentationssysteme, die jedoch meist nicht alleine auftreten, das heißt nur in bestimmten Situationen in Erscheinung treten:

- **Olfaktorisch – Riechen**
  Das stinkt zum Himmel … Lunte riechen … eine ätzende Bemerkung …

- **Gustatorisch – Schmecken**
  Das ist geschmacklos … eine bittere Pille … eine faule Sache …

- **Auditiv digital – Innerer Dialog**
  Ich überlege mir das noch … ich werde mich entscheiden … das ist mir bewusst …

Visual Squash

Parts Integration ist eine Sonderform des *Reframing* („Verhandlungs-Reframing"). Im NLP wird es als der *Visual Squash Process* bezeichnet. Der Ablauf:

- Einen Konflikt finden,

- beide Teile des Konflikts identifizieren,

- die Teile in der linken und in der rechten Handinnenfläche zu Symbolen werden lassen,

- die Teile begrüßen, würdigen und deren Absicht erfragen,

- die Hände zusammenführen und einen neuen Teil daraus entstehen lassen,

- daraus ein Symbol entstehen lassen,

- Symbol und neuen Teil körperlich integrieren (ankern),

- *Future Pace* und Öko-Check.

Vorstellungsrunde

Vorteile einer Vorstellungsrunde sind:

- Gruppenmitglieder, die einander nicht kennen, haben so die Möglichkeit, sich erstmals zu „beschnuppern".
- Ein Teil der Dynamik der „Storming-Phase" der Gruppenbildung wird dadurch abgefangen bzw. hier ausgelebt.

Nachteile einer Vorstellungsrunde sind:

- Klienten fahren voll ihre bewährten Coping-Mechanismen[114] ein.
- „Seminarerfahrene" Gruppenmitglieder könnten Vorstellungsrunden negativ geankert haben.
- Wenn der Gesamt-Rapport in der Gruppe noch nicht aufgebaut ist, kann dieses plötzliche „Entblößen" für einige Gruppenmitglieder zu einem Abblocken und „Zumachen" führen.

Ohne Anspruch auf Vollständigkeit möchte ich hier exemplarisch **einige der gängigsten Vorstellungsrunden in Kurzform** erläutern:

Die formelle Vorstellungsrunde

Alle Teilnehmer stellen sich der Reihe nach vor, der Moderator beginnt, dann geht es im Uhrzeigersinn weiter. Zeitvorgabe pro Person: 1 Minute – nicht kürzer und nicht länger. Ein vom Coach dazu beauftragter Teilnehmer misst die Zeit.

Die scheinbar zufällige Vorstellungsrunde

Der Moderator wirft einem der Teilnehmer einen Ball zu – dieser Teilnehmer beginnt und stellt sich vor. Zeitvorgabe 1 Minute – nicht kürzer und nicht länger. Nach Ablauf dieser Zeit wirft er den Ball einem Teilnehmer seiner Wahl zu. Ein vom Coach dazu beauftragter Teilnehmer misst die Zeit.

Die gegenseitige Vorstellung

Diese Methode ist nur zu empfehlen, wenn die Teilnehmer einander noch nicht (gut) kennen. Jeder sucht sich einen Übungspartner, und zwar einen der Teilnehmer, den er noch *nicht* kennt, und interviewt ihn (Zeitvorgabe: 5 Minuten). Jedes Paar stellt sich gegenseitig vor – Zeitvorgabe für diese Präsentation: 1 Minute.

Informelle Vorstellungsrunden

Hier sind der Phantasie des Coachs keine Grenzen gesetzt –Beispiele:

- **Positionierung von Teilgruppen im Raum**
  (beliebige Einteilung etwa in: Raucher – Nichtraucher, verheiratet – geschieden – ledig, Biertrinker – Weintrinker etc.),

- **Neuanordnung des Sitzkreises**
  (nach Alter, Größe, Schuhgröße, Erfahrung mit …, Unternehmenszugehörigkeit etc.),

- **Umhergehen im Raum**
  (erst kein Blickkontakt, dann Blickkontakt, Körperkontakt, linke Hand geben etc.)

Hemmungen seitens des Moderators sind nicht angebracht; Sensibilität hinsichtlich der Teilnehmer allerdings schon.

Wahrnehmungsfilter

Von außen nach innen. Ein äußeres Ereignis führt zu einer inneren Repräsentation desselben und davon ausgelöst zu einem inneren emotionalen Zustand. Auf diesem inneren emotionalen Zustand beruht das Verhalten, die Reaktion auf das äußere Ereignis. Der Weg vom äußeren Ereignis zur inneren Repräsentation führt über vier Filterebenen:

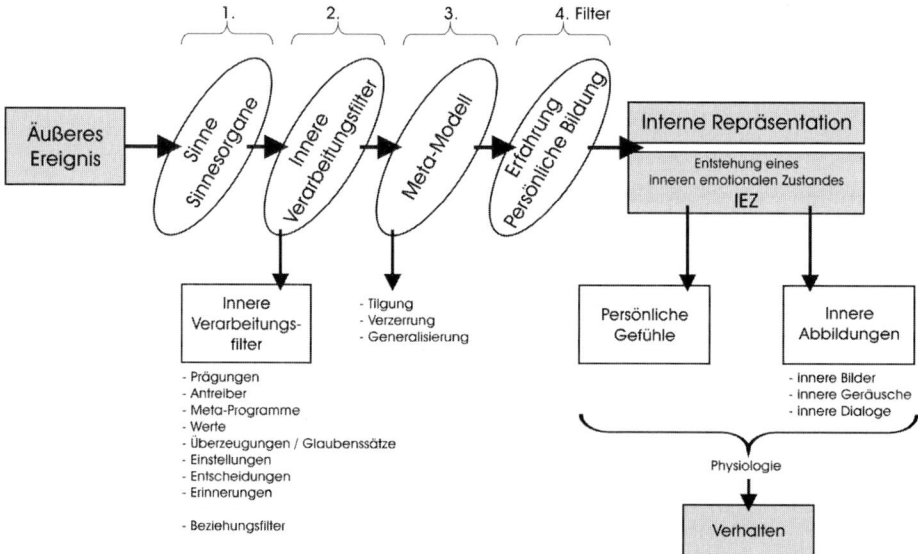

Veränderbarkeit. Wahrnehmungsfilter sind veränderbar, wobei der Grad der Bewusstheit des jeweiligen Filterelements bestimmt, wie leicht oder wie schwer sie zu verändern sind: Je bewusster der jeweilige Filter ist, desto schwerer ist er veränderbar:

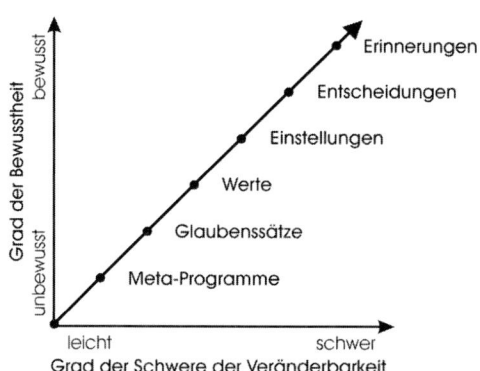

Zieldefinition

Kriterien für die Definition des erwünschten Zielzustandes:

- **Das Ziel muss kurz und prägnant formuliert sein.** Ein Satz ist in diesem Fall aussagekräftiger und wirksamer als eine ganze Seite.

- **Das Ziel muss positiv formuliert sein.**
  Richtig: „Ich werde meine Emotionen zulassen."
  Nicht so: „Ich werde meine Emotionen nicht mehr unterdrücken."
  Negative Formulierungen sind durch positive zu ersetzen. Grund:

  - „Hin-zu-Bewegungen" motivieren stärker als „Weg-von-Bewegungen".
  - Unser Unterbewusstsein tilgt Negationen.

- **Das Ziel muss attraktiv und motivierend sein.**

- **Das Ziel muss in der Ich-Form formuliert sein.**
  Richtig: „Ich werde eine feste Beziehung haben."
  Nicht so: „Man sollte eine feste Beziehung haben."

- **Das Erreichen des Ziels muss im Einflussbereich des Klienten liegen**, er muss es aus eigener Kraft und mit eigenen Mitteln erreichen können. Nicht zulässig ist etwa: „Ich werde aus eigener Kraft fliegen können."

- **Vergleiche sind bei der Zielformulierung zu vermeiden.**
  Richtig: „Ich werde gut schlafen."
  Nicht so: „Ich werde besser schlafen."

- **Das Ziel muss konkret wahrnehmbar und messbar sein.**

- **Das Ziel muss kontextualisiert sein:**
  Wann – wo – mit wem?

- **Das Ziel muss ökologisch sein,**
  also die Reaktion des Umfeldes des Klienten berücksichtigen.

➔ **SMARTE-POWER-Modell**

Zielrahmen

Durch gezielte Fragen und Anleitungen kann der Coach den Klienten zum Erreichen eines wohlgeformten, also richtig definierten Ziels führen, das dauerhaft aufrechterhalten werden kann. Beispiele dafür sind:

- Fragen zum Ist-Zustand, zum persönlichen Anliegen, zum Problem des Klienten
- detaillierte Fragen nach dem Kontext des Ziels
- Fragen nach den Kriterien zur Zielerreichung und deren Erkennbarkeit
- Fragen nach der Auswirkung des Ziels auf andere Lebensbereiche und Personen (*Future Pace*, Ökologie-Check)
- Fragen nach dem zeitlichen Aspekt der Zielerreichung
- Fragen nach behindernden Glaubenssätzen und Vorannahmen, die das Problem weiter aufrechterhalten
- Fragen nach den Nachteilen der Zielerreichung – und nach den Vorteilen für den Klienten, wenn das Problem erhalten bleibt (**➜ Zieldefinition**)

Zugangshinweise

Wir unterscheiden 7 Schichten der Zugangshinweise:

1. Die persönliche Geschichte

Jeder Klient wird dem Coach seine persönliche Geschichte erzählen, meist sogar ohne Aufforderung. Wichtig für den Coach ist es dabei, die Geschichte *hinter* der Geschichte offen zu legen. Das kann er erreichen, indem er dem Klienten einerseits genügend Zeit lässt, andererseits indem er nachfragt, um auch die Hintergründe aufzudecken, wenn er starke Emotionen beim Klienten bemerkt.

Die Zugangshinweise liegen dabei nicht nur in der Geschichte selbst, sondern auch im Verhalten und in den Emotionen des Klienten.

2. Gefühlskategorien

Ein wichtiger Zugangshinweis ist die Art der Gefühle, die der Klient bei der Formulierung seines Anliegens, beim Erzählen seiner persönlichen Geschichte zeigt. Fremdgefühle – also übernommene Gefühle oder Altgefühle – können leicht von Sekundärgefühlen – also überlagernden Gefühlen, die dem Klienten in der jeweiligen Situation angemessener erscheinen – unterschieden werden.

Ein Klient, der durchgängig Primärgefühle, also seine unverfälschten, spontanen Gefühle zeigt, wird den Coaching-Erfolg erheblich unterstützen und die Arbeit des Coachs erleichtern.   ➔ **Gefühlskategorien**

3. Zugangshinweise aus der Familiengeschichte des Klienten

Das Familiensystem. Systemische Zugangshinweise ergeben sich aus der Familiengeschichte des Klienten, das heißt aus seiner Herkunftsfamilie oder seiner Gegenwartsfamilie. Durch Beobachtung in der systemischen Aufstellungsarbeit wurde das SOLIO-Modell entwickelt, das es dem Coach ermöglicht, aus dem nonverbalen Verhalten des Klienten auf einfache Weise auf den Ursprung der relevanten Systemdynamik zu schließen.   ➔ **SOLIO-Modell**

4. Verbale Zugangshinweise

Die Sprache. Der Coach wird aus der Sprache des Klienten viele Zugangshinweise erhalten, die sein Hauptrepräsentationssystem verraten (VAKOG). Hier wird es selten zu Verwechslungen kommen. Diese Zugangshinweise spielen auch beim *Pacen* eine wesentliche Rolle.

→ **Verbale Zugangshinweise,**
→ **Pacing und Leading**

Neben den verbalen Zugangshinweise gibt es auch nonverbale:

5. Augenzugangshinweise

Schau mir in die Augen. Augenzugangshinweise sind aus dem NLP bekannt. Der Coach braucht einige Erfahrung, um im Gespräch die Augenzugangshinweise erkennen und zuordnen zu können. Außerdem ist hier das Kalibrieren besonders wichtig.

→ **Augenzugangshinweise,** → **Kalibrieren**

6. Schlüsselgebärde

Peter Schellenbaum[115] bezeichnet ein **Bewegungs- oder Stimmungsmuster** dann als Schlüsselgebärde, wenn es einerseits richtungsweisend ist und andererseits einen deutlichen Impuls zur Weiterentwicklung gibt. Dieser Schritt löst eine vorhandene Hemmung auf und führt zu weiteren Schritten nach dem ersten und zu einer fortschreitenden Entwicklung.

7. Energiesignale

Das Energiesignal der Psychoenergetik entspricht dem spontanen Einfall, der freien Assoziation der Psychoanalyse. Der Begriff bezeichnet nach Schellenbaum[116] einen „An-Stoß zu einem Spontanritual oder zu einem Szenenwechsel in dessen Verlauf".

> *„Ein Energiesignal ereignet sich spontan, also ohne bewusste Absicht …, und entfaltet seine Wirksamkeit nur dann, wenn es wahrgenommen und als bedeutsam bewertet wird."*

TEIL III

Checklisten, Akronyme und Fragen

Checklisten

Vorbemerkung: Die einzelnen Checklisten sind zur besseren Zuordnung mit folgenden Abkürzungen gekennzeichnet:

Fragen an den Klienten **F**

Zur Selbstanwendung im Selbst-Coaching **S**

Checkliste für den Coach zur Einschätzung der Klientensituation **C**

Anliegen (Formulierung)   C

- Ist das Anliegen des Klienten sein persönliches Anliegen?
- Ist das Anliegen des Klienten ein allgemeines Anliegen?
- Ist das Anliegen des Klienten ein adaptiertes Anliegen?
- Macht das Anliegen den Klienten betroffen, betrifft es ihn?
- Kann er das Problem aus eigener Kraft und mit eigenen Mitteln lösen?
- Ist dem Klienten die positive Auswirkung der Lösung des Problems bewusst?

Das Anliegen muss ...

- verständlich formuliert sein (für den Coach und den Klienten);
- knapp formuliert sein, aber ausreichend detailliert;
- positiv formuliert sein („ich werde" statt „ich möchte");
- Verneinungen vermeiden („ich werde" statt „ich werde nicht") und
- Vergleiche vermeiden („ich werde" statt „ich werde ... besser als ...").

Coaching-Vertrag

Die Rahmenbedingungen des Coaching sind vor Annahme des Auftrages zu klären. Empfehlenswert ist auch bei privatem Einzel-Coaching die schriftliche Festlegung in Vertragsform.

EINZEL-COACHING – PRIVATER KONTEXT

Eigenverantwortung

● Hinweis auf die Eigenverantwortung des Klienten

● Ist der Klient in ärztlicher / psychotherapeutischer Behandlung? Wenn ja, Verpflichtung für den Klienten, den Arzt / Therapeuten über das Coaching zu informieren.

Thema

● Thema des Coaching – Anliegen, Problem

Zeit / Ort

● Zeitumfang des Coaching – Maximum

● Geplanter Beginn und geplantes Ende

● Voraussichtliche Anzahl der Coaching-Sitzungen?

● Zeitintervall (wöchentlich, monatlich …)

● Dauer einer Coaching-Einheit

● An welchem Ort finden die Coaching-Sitzungen statt?

Mitarbeit

● Hinweis auf die Notwendigkeit der aktiven Mitarbeit des Klienten

Rechte des Coachs

● Recht des Coachs, das Coaching jederzeit abzubrechen

Kosten

● Kosten pro Coaching-Einheit

● Finanzielle Regelung beim Ausfall einer Coaching-Einheit

● Zahlungskonditionen

Unterschrift des Klienten

Unterschrift des Coachs

Einzel-Coaching im Unternehmenskontext

Eigenverantwortung
- Hinweis auf Eigenverantwortung des Klienten
- Ist der Klient in ärztlicher/psychotherapeutischer Behandlung? Wenn ja, Verpflichtung für den Klienten, den Arzt/Therapeuten über das Coaching zu informieren.

Thema
- Thema des Coaching – Anliegen, Problem

Zeit/Ort
- Zeitumfang des Coaching – Maximum
- Geplanter Beginn und geplantes Ende
- Voraussichtliche Anzahl der Coaching-Sitzungen?
- Zeitintervall (wöchentlich, monatlich …)
- Dauer einer Coaching-Einheit
- Hinweis auf die Notwendigkeit der aktiven Mitarbeit des Klienten

Ausstiegskriterien
- Seitens des Klienten:
- Seitens des Coachs:
- Seitens des Auftraggebers:

Termine
- Geplanter/frühester Starttermin:
- Geplanter Endtermin:
- Voraussichtliche Anzahl der Coaching-Sitzungen:
- Dauer einer Coaching-Sitzung

Kosten
- Kosten pro Coaching-Einheit
- Finanzielle Regelung beim Ausfall einer Coaching-Sitzung
- Zahlungskonditionen

Unterschrift des Klienten
Unterschrift des Coachs

GRUPPEN- / TEAM-COACHING IM UNTERNEHMENSKONTEXT

Auftraggeber
- Firma
- Adresse

Allgemeine Daten
- Teambezeichnung/Gruppenbezeichnung
- Teamleiter/Gruppenleiter
- Ansprechpartner beim Auftraggeber (Name, Tel., E-Mail)

Thema des Coaching
- Aus dem Klientenfragebogen!

Anlass des Coaching
- Aus dem Klientenfragebogen !

Anliegen und Ziel
- Anliegen: Aus dem Klientenfragebogen !
- Ziel: Aus dem Klientenfragebogen !

Termine
- Geplanter/frühester Starttermin:
- Geplanter Endtermin:
- Voraussichtlicher Zeitaufwand des Coachs:
- Kostenkalkulation, Zahlungskonditionen

Unterschrift des Auftraggebers
Unterschrift des Coachs

Empfehlenswert ist, den Klienten / den Auftraggeber einen Fragebogen ausfüllen zu lassen, der einen Teil der oben erwähnten Punkte enthält. Der Klient / der Auftraggeber definiert so die wesentlichen Teile des Vertrages selbst.

➜ **Checkliste: Klientenfragebogen**

Ein-Punkt-Abfragebogen C

EIN-PUNKT-ABFRAGEBOGEN I

„Meine Erfahrungen mit ... sind ...“

☹ .... ☺

Alle Teilnehmer drücken ihre Einschätzung durch je einen auf dieser Linie an einer Stelle ihrer Wahl gezeichneten, markierten oder aufgeklebten Punkt aus. Die größte Häufung von Punkten zeigt die Tendenz der Mehrheit. Eine Variante des Ein-Punkt-Abfragebogens:

EIN-PUNKT-ABFRAGEBOGEN II

„Meine Erfahrungen mit ... sind ...“

Name oder anonym	☹☹	☹	☺	☺	☺☺
....	....	....	....	....	....
....	....	....	....	....	....
....	....	....	....	....	....
....	....	....	....	....	....
....	....	....	....	....	....
....	....	....	....	....	....
....	....	....	....	....	....
....	....	....	....	....	....

Die Teilnehmer drücken ihre Einschätzung durch eine Markierung oder einen eingeklebten Punkt in der entsprechenden Spalte aus. Die größte Häufung von Punkten zeigt die Tendenz der Mehrheit.

Emotionstiefe   C

- Wie leicht zeigt der Klient Emotionen – Information aus dem Vorgespräch?
- Lässt der Klient Emotionen offen zu oder versucht er sie zu unterdrücken?
- Wie oft hat der Klient im Ablauf des bisherigen Coaching-Prozesses schon Emotionen gezeigt?
- Wie tief waren diese Emotionen?
- Waren diese Emotionen kongruent zur Situation / zum Gesprächsthema?
- Waren diese Emotionen angemessen?

Erfolgs-Check   F + S

- Wenn Sie bis zur nächsten Sitzung das vereinbarte Ziel erreichen würden, …
  - ○ wann würden Sie das bemerken?
  - ○ woran würden Sie es bemerken?
  - ○ wer würde es noch bemerken?

Erwarten der Veränderung   C

- Wann werden Sie mit der Veränderung beginnen?
- Was können Sie schon vorher tun?
- Wann wird diese Veränderung abgeschlossen sein?
- Was können Sie dazu beitragen, damit das schon früher geschieht?
- Welche Veränderung wäre möglich, wenn dieser Schritt abgeschlossen ist?

Erwartung Team-Coaching   C

- Decken sich die Erwartungen mit den Erwartungen des Auftraggebers?
  - ○ Sind die Erwartungen im Rahmen des Auftrages erfüllbar?
  - ○ Unter welchen Voraussetzungen?
  - ○ Mit welchen Ressourcen?
- Was sind die Erwartungen der Alphas[117] im Team?

  (Anm.: Werden diese Erwartungen nicht erfüllt, muss der Moderator mit Problemen rechnen.)
- Was sind die Erwartungen der Gammas im Team?

  (Anm.: Werden diese Erwartungen nicht erfüllt, wird das Team wertvolle Mitarbeiter verlieren, weil sich einige Gammas in Omega-Positionen zurückziehen.)
- Aufgrund welcher unerfüllter Erwartungen haben sich einzelne Teammitglieder in Omega-Positionen zurückgezogen?

Erwartungen der Klienten   C

- Welche Erwartungen – eigene und fremde – haben Sie in Ihrem bisherigen Leben oder im Zusammenhang mit Ihrem Anliegen schon erfüllt?
- Welche Erwartungen glauben Sie noch erfüllen zu müssen?
- Welche Erwartungen müssen Sie tatsächlich noch erfüllen?
- Wer setzt diese Erwartungen in Sie – Sie selbst oder andere?
- Welche Erwartungen gehen auf elterliche Forderungen (Antreiber) zurück?

Erwartungs-Abfragebogen   C

Hier soll geschehen:	Hier soll nicht geschehen:
....	....
....	....
....	....
....	....
....	....
....	....
....	....
....	....
....	....
....	....
....	....
....	....
....	....

Future Pacing   F + S

- Bei welcher Gelegenheit werden Sie bemerken, dass Sie „auf dem Weg" sind?
- Wie kann sichergestellt werden, dass Sie „auf dem Weg" bleiben?
- Wie können Kursabweichungen korrigiert werden?
- Was waren die Nachteile des alten Verhaltens?
- Was sind die Vorteile des neuen Verhaltens?

Anmerkung: Future Pacing ist in dieser Form auch für den Coach selbst relevant.

Helfender Kontext $\qquad$ C

- Gibt es im Umfeld, im Kontext des Klienten Unterstützung?
- Gibt es im Umfeld, im Kontext des Klienten Behinderung?
- Gibt es externe Ressourcen, also Dinge, Personen, Informationen?
- Wie kann diese Unterstützung erreicht, wie können diese Ressourcen aktiviert werden?
- Wie kann das Ziel auch ohne diese Unterstützung, ohne diese Ressourcen erreicht werden?

Klienten-Fragebogen $\qquad$ C + F

PRIVATER EINZELKLIENT:

Allgemeine Daten
- Adresse, Telefonnummer, E-Mail-Adresse
- Geburtsjahr

Gesundheit
- Sind Sie in ärztlicher oder psychotherapeutischer Behandlung?
- Ist Ihr Arzt / Psychotherapeut über das angestrebte Coaching informiert?
- Nehmen Sie Medikamente?
  Wenn ja, welche?

Anliegen
- Was ist Ihr Anliegen für dieses Coaching?
- Wenn dieses Anliegen erledigt wäre, was wären die nächsten drei Anliegen?
- Nachdem dieses Anliegen erledigt ist, was werden Sie dann tun, was Sie jetzt noch nicht tun?

Datum und Unterschrift

EINZELKLIENT IM UNTERNEHMENSKONTEXT:

Allgemeine Daten – Auftraggeber
- Firma
- Name, Funktion
- Adresse, Telefonnummer, E-Mail-Adresse

Allgemeine Daten – Klient
- Adresse, Telefonnummer, E-Mail-Adresse
- Abteilung, Position im Unternehmen
- Geburtsjahr

Thema des Coaching

....

Anlass des Coaching

....

Anliegen
- Was ist Ihr persönliches Anliegen für dieses Coaching?
- Wenn dieses Anliegen erledigt wäre, was wären die nächsten drei Anliegen?
- Nachdem dieses Anliegen erledigt ist, was werden Sie dann tun, was Sie jetzt noch nicht tun?

Datum und Unterschrift des Klienten

optional: Datum und Unterschrift des Auftraggebers

Anmerkung: Manchmal ist vom Klienten erwünscht, dass diese persönliche Angaben auch gegenüber dem Auftraggeber vertraulich behandelt werden.

TEAM-COACHING ODER GRUPPEN-COACHING IM UNTERNEHMENSKONTEXT:

Allgemeine Daten – Auftraggeber
- Firma
- Name, Funktion
- Adresse, Telefonnummer, E-Mail-Adresse

Allgemeine Daten – Team / Gruppe
- Teambezeichnung / Gruppenbezeichnung
- Teamleiter / Gruppenleiter
- Ansprechpartner beim Auftraggeber (Name, Tel., E-Mail)
- Arbeitsaufgabe des Teams / der Gruppe

Thema des Coaching

....

Anlass des Coaching

....

Anliegen – Team / Gruppe
- Was ist das Anliegen für dieses Coaching?
- Was ist das Ziel für dieses Coaching?
- Was sind die Messkriterien, nach denen die Zielerreichung festgestellt werden kann?

Datum und Unterschrift des Klienten

Datum und Unterschrift des Auftraggebers

Klienten-Zustand   C

- In welchem körperlichen Zustand ist der Klient?
  - ○ Welche Körperhaltung nimmt er ein?
  - ○ Spricht er von akuten Krankheiten oder körperlichen Beeinträchtigungen?
- In welchem emotionalen Zustand ist der Klient?
  - ○ Ist er ruhig und gelassen oder erregt?
  - ○ Nimmt diese Erregung zu oder ab, wenn der Klient zuhört?
  - ○ Nimmt diese Erregung zu oder ab, wenn der Klient spricht?
- Ist der Klient in therapeutischer Behandlung?
  - ○ Seit wann und wie lange schon?
  - ○ Ist der Therapeut über das Coaching informiert?
  - ○ Nimmt der Klient Medikamente?
- Ist der Klient in sonstiger ärztlicher Behandlung?
  - ○ Wenn ja, welches Symptom/Anliegen betreffend?
  - ○ Seit wann und wie lange schon?
  - ○ Nimmt der Klient Medikamente?   **Klienten-Fragebogen**

Kriterien für „echte" Klienten   C

- Kommt der Klient aus eigenem Antrieb/freiwillig zum Coach?
- Hat der Klient ein Anliegen oder Problem?
- Zeigt der Klient seine Primärgefühle, wenn er sein Anliegen schildert? Zeigt er Beteiligung?
- Ist der Klient bereit, aktiv an der Lösung mitzuarbeiten?
- Wurde der Klient vom Coach informiert, dass Coaching zeitlich begrenzt ist?
- Hat er das akzeptiert?

Lernaufgaben der Klienten C

- Muss der Klient etwas völlig Neues lernen?
- Kann er das auch?
- Was genau ist dieses Neue und wie sollte es gelernt werden?
- Hat der Klient schon einmal eine ähnliche Lernaufgabe erfolgreich gemeistert?
- Kann der Klient unter einem anderen Blickwinkel ein vermeintliches Defizit als Ressource erleben? (➜ **Reframing**)

Lernziele der Klienten C

- Welches Lernziel will der Klient erreichen?
- Lässt sich dieses Lernziel in Teilziele (Meilensteine) zerlegen?
- In welchem Zeitraum will der Klient die Teilziele / das Lernziel erreichen?
- Gab es in der Vergangenheit ähnliche Lernvorhaben, die der Klient erfolgreich gemeistert hat?
- Wenn ja, was waren damals die bestimmenden Erfolgskriterien?
- Welche anderen Ziele sind erreicht – oder leichter erreichbar –, wenn dieses Lernziel erreicht ist?
- Welche unterstützenden Ressourcen können genutzt werden?

Lösungsversuche der Klienten C

- Wenn der Klient einen gescheiterten Lösungsversuch schildert:
  - ○ Was hat sich durch diesen Lösungsversuch an seinem Problem verändert?
  - ○ Was hat er aus diesem Lösungsversuch gelernt?
- Wenn der Klient einen Lösungsversuch schildert, der teilweise erfolgreich war:
  - ○ Was war nach diesem Lösungsversuch besser als vorher?
  - ○ Was hat er aus diesem Lösungsversuch gelernt?
- Gibt es bisher überhaupt keine Lösungsversuche des Klienten, muss der Coach überprüfen, ob es sich um ein ernst gemeintes Anliegen handelt – und ob der Klient überhaupt bereit ist, aktiv mitzuarbeiten.

Location für Teambesprechung C

- Gute Lichtverhältnisse
- Ausreichende Belüftung
- Genügende Raumgröße in Relation zur Teilnehmerzahl
- Sitzqualität und Sitzanordnung
- Ausreichende und geeignete Pausenräumlichkeiten, ausreichende Pausenverpflegung

Meta-Problem F

- Wenn Ihr Problem gelöst ist – gibt es dann andere Probleme, die gelöst werden müssen?
  - ○ Ist Ihr Problem ein Teil dieser anderen Probleme?
  - ○ Sind diese anderen Probleme ein Teil Ihres Problems?
- Ist es möglich, Ihr Problem in einzelne Teile zu zerlegen?
  - ○ Sind das auch wieder Probleme?
  - ○ In welcher Reihenfolge könnten Sie an diesen Teilproblemen arbeiten?

Ökologie-Check   F

- Wenn Ihr Problem gelöst ist, wer außer Ihnen bemerkt das noch?
  - ○ Woran merkt diese andere Person das?
- Wenn Ihr Problem gelöst ist, welche Auswirkung hat das auf andere Menschen in Ihrem Umfeld?
  - ○ Welche Reaktionen können dadurch ausgelöst werden?
  - ○ Geht es Menschen, die mit Ihnen verbunden sind, durch Ihre Veränderung besser oder schlechter?
  - ○ Wenn Ihr Anliegen erledigt ist, gibt es einen Vorteil, der anderen Personen daraus entsteht?
  - ○ Wenn Ihr Anliegen erledigt ist, gibt es einen Nachteil, der anderen Personen daraus entsteht?
  - ○ Welche Maßnahmen können eventuelle negative Auswirkungen vermeiden oder abschwächen?

Im Unternehmenskontext:

- Welche Unternehmensbereiche sind von dem Ergebnis / den Ergebnissen betroffen?
  - ○ In welchem Ausmaß und in welchem Zeitraum?
- Welche Personengruppen sind von dem Ergebnis / den Ergebnissen betroffen?
  - ○ In welchem Ausmaß und in welchem Zeitraum?
- Können vom Team gefundene Problemlösungen neue Probleme in anderen Bereichen schaffen?
- Kann das Erreichen des Teamziels / Projektziels andere Ziele im Unternehmen beeinflussen?
- Was bedeutet die Zielerreichung für das Umfeld des Unternehmens – für Kunden, Lieferanten, Kooperationspartner etc.?

Problemanalyse   **C + S**

- Wann ist das Problem erstmals aufgetreten?
- Welche Auswirkungen hat dieses Problem?
- Wer ist von diesem Problem noch betroffen?
- Welche Ressourcen braucht man, um dieses Problem lösen zu können? Sind diese Ressourcen vorhanden oder müssen sie erst geschaffen werden?

Protokoll der Teambesprechung   **C**

- Datum / Zeitdauer
- Anwesende Teilnehmer
  Entschuldigt abwesende Teilnehmer
  Unentschuldigt abwesende Teilnehmer
- Tagesordnung
  Teilergebnisse zu den Punkten der Tagesordnung
- Andere behandelte Themen
- Beschlossene Aktivitäten und die dafür Verantwortlichen
- Fragen und Wünsche der Teilnehmer
- Geplante Tagesordnung der nächsten Teambesprechung
- Ort / Zeitpunkt der nächsten Teambesprechung

Ressourcen (andere)   **C**

- Welche anderen Ressourcen als die unter „Helfender Kontext" (siehe Seite 36 und 230) genannten sind zum Realisieren des Anliegens, zum Erreichen des Zieles notwendig? Beispiele: Zeit, Geld, Wissen etc.
- Welche davon sind bereits vorhanden und welche müssen erst erarbeitet oder gefunden werden?
- Wo und durch wen kann der Klient Unterstützung bei der Suche nach diesen Ressourcen finden?
- Kann das Ziel auch ohne diese zusätzlichen Ressourcen erreicht werden?

Ressourceneinsatz (Auswirkungen)   C

- Was sind mögliche Konsequenzen, wenn der Klient diese Ressourcen einsetzt?
- Kann der Klient seine Fähigkeiten ungestört für die Zielerreichung einsetzen?
- Sind Widerstände oder unerwünschte systemische Auswirkungen zu erwarten, wenn diese Ressourcen genutzt werden?
- Inwieweit betrifft die Nutzung dieser Ressourcen andere? (Ökologie)

➜ **Checkliste: Ökologie-Check**

Selbst-Coaching   S

Diese Checkliste soll den Coach darin unterstützen, dem Klienten im Vorfeld (als eine Art Selbstreflexion) oder zwischen den Coaching-Einheiten (als Hausaufgabe) die Möglichkeit zu geben, über seine Identität zu reflektieren.

- Wer bin ich?
  - ○ Welche Nachteile hat diese Identität für mich / für andere?
  - ○ Welche Vorteile hat diese Identität für mich / für andere?
- Wer will ich sein?
  - ○ Welche Vorteile wird diese Identität haben?
  - ○ Welche Nachteile wird diese Identität haben?
- Was muss ich sein?
  - ○ Was ist meines, was habe ich adaptiert?
  - ○ Warum will ich jemand anderer sein, als ich bin?
- Wie kann ich werden, was ich sein will?
  - ○ Wer / was wird mich dabei unterstützen?
- Wer ist dadurch noch betroffen?
- Was wird durch die neue Identität anders sein?

Setting der Teambesprechung   C

● Am Beginn der ersten Besprechung steht eine Willenserklärung aller Teilnehmer, im Team mitzuarbeiten.

● Es gilt als vereinbart, dass die Teilnehmer während der gesamten Teambesprechung anwesend sind, also nicht später kommen oder früher gehen – Notfälle ausgenommen.

● Alle Handys sind abgeschaltet – wirklich abgeschaltet; auch das Blicken auf ein vibrierendes oder blinkendes Handy stört die Teambesprechung.

● Dringende persönliche Nachrichten werden an eine vorher bestimmte Person (Sekretariat, Telefonzentrale) umgeleitet und erreichen die Teilnehmer erst in der Pause, die dem Eintreffen der Nachricht folgt.

● Durch eher kurze Pausen und strikte Einhaltung des Zeitplans sorgt der Moderator dafür, dass möglichst wenige Teilnehmer an ihren Arbeitsplatz zurückkehren.

● Gemeinsame Pausengestaltung, vor allem gemeinsames Mittagessen.

Stimmungsbarometer   C

Name oder anonym	☹	☺	☺
....	....	....	....
....	....	....	....
....	....	....	....
....	....	....	....
....	....	....	....
....	....	....	....
....	....	....	....
....	....	....	....
....	....	....	....
....	....	....	....
....	....	....	....
....	....	....	....
....	....	....	....

Stress F

- Was ist Ihre persönliche Definition von Stress?
- Seit wann haben Sie Stress?
- Was verursacht diesen Stress?
  - ○ Gab es diese Ursache schon früher?
  - ○ Hatten Sie da auch schon Stress?
- Welche Nachteile hat dieser Stress für Sie?
- Welche Vorteile hat dieser Stress für Sie?
- Wodurch würden Sie bemerken, dass der Stress weg ist?
- Wer würde das sonst noch bemerken, wie und wann?
- Was würden Sie in diesem Fall tun (was Sie jetzt noch nicht tun)?

Synergien F

- Welche Synergien können Sie bei der Lösung Ihres Problems nutzen?
- Haben Sie persönliche Beziehungsnetzwerke zur Verfügung?
- Steht Ihr Anliegen in Zusammenhang mit ähnlichen, schon gelösten Problemen?

Teamziel C

- Wie lautet das Ziel des Teams?
  - ○ Hat sich das Ziel seit der letzten Team-Coaching-Einheit geändert?
  - ○ Wenn ja, warum?
  - ○ Woran wird das Team erkennen, dass dieses Ziel erreicht ist?
- Was ist das Ziel dieser Teambesprechung?
  - ○ Woran wird das Team erkennen, dass dieses Ziel erreicht ist?

Tetralogisches Holon:
Checklisten zur Einordnung des Klientenanliegens   C

Die nachfolgenden Formulare und Checklisten dienen dem Coach zum Einordnen des Anliegens des Klienten.   **→ Tetralogisches Holon**

ÜBERBLICK

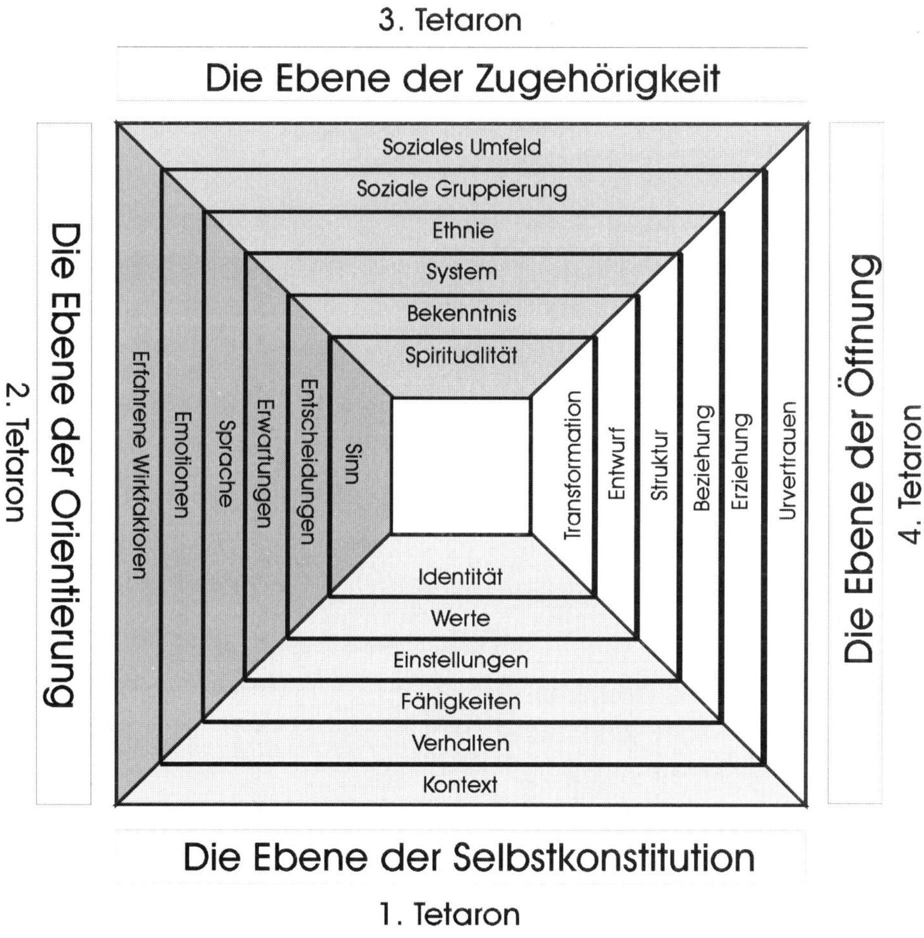

3. Tetaron

Die Ebene der Zugehörigkeit

Die Ebene der Orientierung — 2. Tetaron

Die Ebene der Öffnung — 4. Tetaron

Soziales Umfeld
Soziale Gruppierung
Ethnie
System
Bekenntnis
Spiritualität

Erfahrene Wirkfaktoren
Emotionen
Sprache
Erwartungen
Entscheidungen
Sinn

Transformation
Entwurf
Struktur
Beziehung
Erziehung
Urvertrauen

Identität
Werte
Einstellungen
Fähigkeiten
Verhalten
Kontext

Die Ebene der Selbstkonstitution
1. Tetaron

ERSTES TETARON: EBENE DER SELBSTKONSTITUTION

- ❑ Identität
- ❑ Werte
- ❑ Einstellungen
- ❑ Fähigkeiten
- ❑ Verhalten
- ❑ Kontext

ZWEITES TETARON: EBENE DER ORIENTIERUNG

- ❑ Sinn
- ❑ Entscheidungen
- ❑ Erwartungen
- ❑ Sprache
- ❑ Emotionen
- ❑ Erfahrene Wirkfaktoren

DRITTES TETARON: EBENE DER ZUGEHÖRIGKEIT

- ❑ Spiritualität
- ❑ Bekenntnis
- ❑ System
- ❑ Ethnie
- ❑ Soziale Gruppierung
- ❑ Soziales Umfeld

VIERTES TETARON: EBENE DER ÖFFNUNG

- ❑ Transformation
- ❑ Entwurf
- ❑ Struktur
- ❑ Beziehung
- ❑ Erziehung
- ❑ Urvertrauen

Veränderung   **F**

- Wenn die Veränderung nicht stattfände, welche Nachteile hätte das für Sie?
- Wenn die Veränderung nicht stattfände, welche Vorteile hätte das für Sie?
- Wenn die Veränderung stattfände, welche Nachteile hätte das für Sie?
- Wenn die Veränderung stattfände, welche Vorteile hätte das für Sie?
- Was geschähe, wenn Sie die Veränderung verweigerten?
- Was können Sie tun, um die mit dieser Veränderung verbundenen Vorteile zu erreichen?
- Welche Unterstützung / welche Ressourcen benötigen Sie dafür?
  - Wie können Sie diese Ressourcen beschaffen?

Veränderungstiefe   **F**

- Welche Veränderungen haben Sie in Ihrem bisherigen Leben durchgemacht?
- Waren diese Veränderungen freiwillig herbeigeführt oder von außen – von Ihrem privaten oder beruflichen Umfeld – aufgezwungen?
- Wie stark haben diese Veränderungen Ihr Leben beeinflusst?
- Wie stark haben diese Veränderungen Ihre Werte geformt oder gefestigt?
- In welchem Zeitraum haben diese Veränderungen stattgefunden?
- In welcher Zeitspanne wurden diese Veränderungen von Ihnen in Ihr Leben integriert?

Vereinbarungen für Team-Coaching   **C**

In der ersten Teamsitzung sind klare Vereinbarungen zu treffen über:

- das Ziel des Teams,
- die im Rahmen der Teamarbeit zu behandelnden Inhalte,
- die vereinbarten Vorgehensweisen,
- die angewandten Methoden,
- das vereinbarte Setting /die Spielregeln.

Am Beginn jeder Teamsitzung ist eine klare Vereinbarung zu treffen über:

- die Ziele dieser Sitzung in Relation zum Gesamtziel des Teams,
- die Inhalte dieser Teamsitzung, die Tagesordnung,
- die geplanten Vorgehensweisen in dieser Teamsitzung.

Ziel-Check   C

Relevanz

- Ist im gegenwärtigen Stadium des Coaching-Prozesses das ursprünglich vereinbarte Ziel noch relevant?
- Ist das nächste zu erreichende Teilziel noch relevant?
- Muss das Ziel/müssen Teilziele neu definiert werden?

Kriterien

- Sind im gegenwärtigen Stadium des Coaching-Prozesses die ursprünglich definierten Kriterien zur Zielerreichung noch relevant?
- Was sind die Erfüllungsbedingungen?
- Regelmäßig durchgeführter Future Pace dient zur Überprüfung der Relevanz der definierten Coaching-Ziele.   **→ Future Pace**
- Effekte/Auswirkungen/Ökologie
- Die Auswirkungen der angestrebten oder bereits erreichten Veränderungen auf das Umfeld des Klienten sind durch regelmäßige Ökologie-Checks zu überprüfen   **→ Ökologie-Check**
- Veränderungsweg/-stadien/-stationen/-zeitraum
- Diese Kriterien für den Weg des Zielerreichens wurden vom Coach und vom Klienten bereits am Beginn des Coaching festegelegt. Regelmäßiges Überprüfen ist wichtig und notwendig.   **→ Zielvereinbarung**

Meilensteine

- Festgelegte Meilensteine dienen zur Überprüfung, ob zum vereinbarten Zeitpunkt ein vereinbarter Abschnitt des Wegs zum Ziel realisiert wurde.
                                                    → Meilensteine formulieren

Hindernisse

- Hindernisse auf dem Weg des Zielerreichens sind dazu da, überwunden zu werden. Um das zu ermöglichen, gibt es eine Grundvoraussetzung: Sie müssen erkannt werden, und zwar rechtzeitig.
- Ist das Hindernis so schwerwiegend, dass es eine Korrektur des vereinbarten Ablaufs nach sich ziehen muss?
- Kann der Klient das Hindernis aus eigener Kraft überwinden oder sind zusätzliche Ressourcen notwendig?
- Wie reagiert der Klient auf ein auftauchendes Hindernis? Sieht er es als Herausforderung oder macht es ihn mutlos?   **→ SMARTE-POWER-Modell**

Zielvereinbarung   C

Definition der Ausgangssituation

- Wo steht der Klient jetzt?
- Was soll verändert werden?
- Was soll unverändert bleiben?

Definition des erwünschten Zielzustandes

- realistisch
- positiv formuliert
- konkret formuliert (Vergleiche vermeiden)
- wahrnehmbar und messbar
- kontextualisiert (wann, wo, mit wem)

Die Kontrolle des Weges zum Ziel

- Definition von Meilensteinen auf dem Weg zur Zielerreichung.
- Wie können Abweichungen erkannt werden?

Die Auswirkungen auf die Ökologie

- Was waren die Vorteile des alten Verhaltens?
- Was sind die Nachteile am neuen Verhalten?
- Welche Konsequenzen hat das neue Verhalten auf das Umfeld des Klienten?

Klärung der Voraussetzungen

- Was waren die Nachteile des alten Verhaltens?
- Was sind die Vorteile des neuen Verhaltens?
- Welche Ressourcen stehen dem Klienten zum Erreichen des Ziels jetzt schon zur Verfügung?
- Welche Ressourcen braucht der Klient noch dafür?
- Wie sind diese Ressourcen zu beschaffen?

→ Zieldefinition

Verzeichnis der Akronyme

Ich habe alle in diesem Buch vorkommenden Akronyme in diesem Abschnitt überblickartig zusammengefasst. Akronyme dienen als „Eselsbrücken" und machen es einfacher, sich Prozesse und Abläufe zu merken.

B.E.L.L.A.

Das B.E.L.L.A.-Prinzip stammt von Wolfgang Brylla (siehe auch Seite 101):

B – Beschreiben des Ziels
E – Erkennen von Hindernissen und Einschränkungen
L – Lösen von Hindernissen und Einschränkungen
L – Losgehen zum Ziel
A – Ankommen am Ziel

C.C.C.C.C.C. = DIE 7 Cs = „THE SEVEN SEAS OF COACHING"

Die 7 Weltmeere des Coaching – das Prozessmodell (siehe auch Seite 42):

C – *Contacting*/Kontaktaufnahme
C – *Contracting*/Vereinbarungen
C – *Clearing*/Klären
C – *Chunking*/Teilen und zusammenfügen
C – *Concepting*/Modelle bauen
C – *Changework*/Veränderungen ermöglichen
C – *Controlling*/Steuerung

C.H.A.N.G.E.S.

CHANGES – die 7 Aspekte der Transformation oder der Veränderung (siehe auch Seite 38) beinhalten:

C – *Creativity*/Kreativität
H – Hilfe zur Selbsthilfe
A – Antrieb zur Veränderung
N – Nutzen der Veränderung
G – Glaube an die Veränderung
E – Erwarten der Veränderung
S – Sinn erleben

C.L.E.E.R. I.T.®

Ein Leitfaden zum Strukturieren bei der Auftragsklärung, von Martina Schmidt-Tanger (siehe Seite 104 ff.):

C	– *Contact*	**Wie?**
L	– Leiden, Symptome	**Was?**
E	– Entwicklungsgeschichte	**Woher?**
E	– Effekte der Veränderung	**Wozu?**
R	– Ressourcen	**Womit?**
I	– Identifizierte Person(en)	**Wer?**
T	– *Target*, Ziel	**Wohin?**

C.L.I.E.N.T.S.

C – *Client*/Coachee/Einzelklient
L – Lernende und Lehrende
I – Identitätsthematik/Menschen auf der Suche nach der Identität
E – Effizienz & Effektivität/Menschen unter Leistungsdruck
N – Neuausrichtung/Menschen in Veränderung
T – Team und Gruppe
S – Stressgeplagte Menschen

(Siehe auch Seite 22)

F.A.L.A.F.E.L.

Die Kompetenzen des Coachs (siehe auch Seite 89):

F – Fachkompetenz
A – Analytische Kompetenz
L – Linguistische Kompetenz
A – Ablauf- und Prozesskompetenz
F – Führungskompetenz
E – Entwicklungskompetenz
L – Link- oder Vernetzungskompetenz

H.E.L.P.

Der Ressourcen-Check H.E.L.P. von Martina Schmidt-Tanger[118] umfasst:

H – Helfende Hände
E – Effekte
L – Lernen
P – Positives *Pacen*

H.E.L.P.E.R.S.

Die 7 Ressourcen:

H – Helfender Kontext
E – Effekte /Auswirkungen
L – Lernen
P – Positives Pacen
E – Erwartungen
R – Ressourcen (andere)
S – Synergien

L.E.I.T.E.R.

Auftragsklärung mit dem L.E.I.T.E.R.-Format von Martina Schmidt-Tanger[119] (siehe auch Seite 155):

L – Leiden
E – Entwicklungsgeschichte, Ursache, Grund
I – Identifizierte Personen
T – Target, Ziel
E – Effekte
R – Ressourcen

L.E.A.V.E.

Der Problem-Check L.E.A.V.E. von Martina Schmidt-Tanger (siehe auch Seite 153) umfasst:

L – Leiden
E – Entwicklungsgeschichte des Problems
A – Auswirkungen des Problems
V – Verluste
E – Evidenz des Problems

P.O.R.T.A.L.E.

Die Türen zur Welt des Coaching (siehe auch Seite 32) sind folgende:

P – Problemursprünge
O – Outcome / Ziel
R – Ressourcen
T – Transformation / Veränderung
A – Antriebslosigkeit
L – Lebenslust
E – Energie

R.A.F.A.E.L.

Das R.A.F.A.E.L.-Modell von E. Hauser (siehe auch Seite 175) beinhaltet:

R – Report
A – Alternativen
F – Feedback
A – Austausch
E – Erarbeitung von
L – Lösungsschritten

R.E.A.C.H.

Das R.E.A.C.H.-Modell von Martina Schmidt-Tanger (siehe auch Seite 176) umfasst:

R – Relevanz
E – Evidenz / Offensichtlichkeit
A – Auswirkungen
C – Change / Veränderungsweg
H – Hemmungen und Hindernisse

R.E.S.U.L.T.S.

R – Ressourcen
E – Entwicklung
S – Selbsterfahrung
U – Urteilskraft
L – Lösungen und Loslösungen
T – Teamfähigkeit
S – Selbstbewusstsein

(Siehe auch Seite 86)

S.C.O.R.E.

Das SCORE-Modell stammt von Robert Dilts:

S	– Symptom	=	Ist-Zustand
C	– Cause	=	Ursache
O	– Outcome	=	Ziel
R	– Resources	=	Ressourcen
E	– Effect	=	Längerfristige Auswirkung des Ziels

SMART PURE CLEAR

Das SMART-PURE-CLEAR-Modell stammt von JohnWithmore (siehe auch Seite 186):

S – *Specific* / Spezifisch
M – *Measurable* / Messbar
A – *Attainable* / Erreichbar
R – *Realistic* / Realistisch
T – *Time phased* / Zeitlich gegliedert

P – *Positively stated* / Positiv formuliert
U – *Understood* / Verstanden
R – *Relevant* / Bedeutsam
E – *Ethical* / Moralisch

C – *Challenging* / Lockend
L – *Legal* / Gesetzlich
E – *Environmentally sound* / Umweltverträglich
A – *Agreed* / Akzeptiert
R – *Recorded* / Protokolliert

S.M.A.R.T.E. P.O.W.E.R.

SMARTE POWER – mein zusammenfassendes Modell zum Ziel-Check (siehe auch Seite 187) bedeutet:

S   –   Sinnesspezifisch
M   –   Messbar
A   –   Attraktiv/Aktiv
R   –   Realistisch
T   –   Terminiert
E   –   Extern beobachtbar

P   –   Positiv
O   –   Oekologisch
W   –   Widerstände
E   –   Effekte
R   –   Ressourcen

V.A.K.O.G.

V   –   Visuell = Sehen
A   –   Auditiv = Hören
K   –   Kinästhetisch = Fühlen
O   –   Olfaktorisch = Riechen
G   –   Gustatorisch = Schmecken

(Siehe auch Seite 213)

V.O.G.E.L.-P.A.

Das 7 x 7-Phasen-Modell der Moderation (siehe auch Seite 64) umfasst:

V   –   Vorbereitung
O   –   Orientierung
G   –   Goaling/Zielfindung
E   –   Erfassung
L   –   Lösungsfindung

P   –   Projektplan
A   –   Abschluss

Z.E.N.T.R.A.L.

Das Z.E.N.T.R.A.L.-Format von Martina Schmidt-Tanger beinhaltet:

Z –	Ziel der Maßnahme	**Wohin?**
E –	Effekte der Zielerreichung	**Wozu?**
N –	Nutzen / Gewinn des Problems	**Warum noch immer?**
T –	Tiefe bzw. vermutete Ursache des Problems	**Woher?**
R –	bisheriger Ressourceneinsatz	**Womit?**
A –	Auswirkungen des Leidens	**Was noch?**
L –	Leiden, die Symptome selbst	**Was?**

Anmerkung: Die Fragen zu den jeweiligen Punkten werden in der umgekehrten Reihenfolge zu den Buchstaben oben gestellt! (Quelle: Martina Schmidt-Tanger, *Gekonnt coachen*, Paderborn: Junfermann, 2004, S. 61–63 u. 170–171)

Fragenkategorien

Fragenarten

Dieser erste Abschnitt gibt Ihnen einen Überblick über unterschiedliche Fragen-arten. Er dient als Ergänzung der weiter unten aufgeführten und für das Coaching besonders relevanten Eröffnungsfragen, Klärungsfragen und der Fragenarten des NLP. Die Zitate dieses Kapitels (und die Seitenzahlen!) stammen aus dem empfeh-lenswerten Buch *Die Magie des Fragens* von Klaus Grochowiak und Stefan Heilig-tag[120].

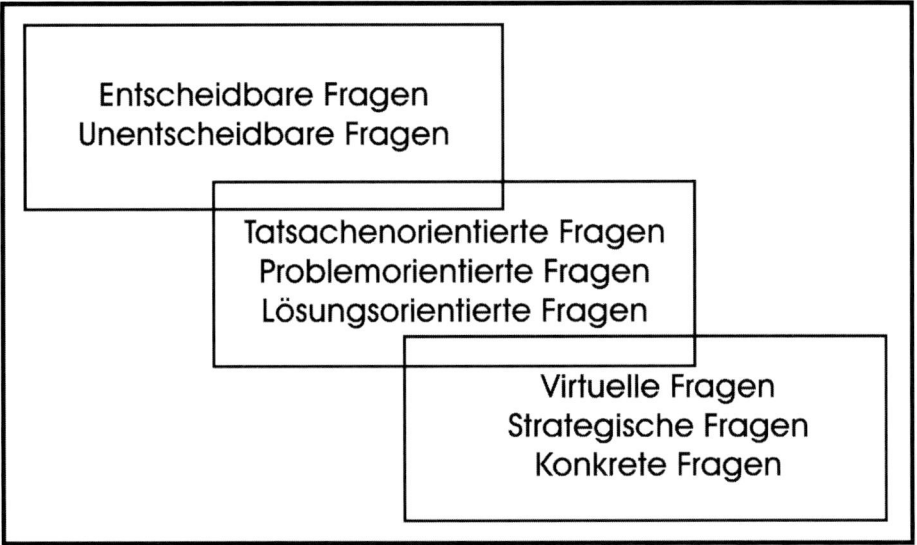

ENTSCHEIDBARE FRAGEN ODER GEGENSTANDSFRAGEN (S. 63)

Klare Antwort erwünscht. Entscheidbare Fragen sind solche, auf die es eine klare Antwort gibt, welcher Fragender und Antwortender zustimmen können.

Beispiel: „Wo sind Sie geboren?"

UNENTSCHEIDBARE FRAGEN (S. 64)

Vielzahl von Antworten möglich. Unentscheidbare Fragen sind solche, auf die es eine Vielzahl von Antworten gibt. Alle diese Antworten können angezweifelt werden, für jeden dieser Zweifel gibt es gute Gründe. Eine Einigung über die Antwort wird schwer oder überhaupt nicht zu erzielen sein.

Beispiel: „Was ist der Sinn des Lebens?"

Die zweite Hauptgruppe umfasst die für jedes Coaching-Gespräch wesentlichen Fragen:

VIRTUELLE FRAGEN (S. 65)[121]

Richtungsweisende Antworten. Die virtuellen Fragen sind die Kernfragen des NLP. Sie lenken die Aufmerksamkeit des Befragten in eine bestimmte Richtung. Ein Beispiel dafür ist folgender Teil der Wunderfrage von Steve de Shazer:

„Nachdem Ihr Problem gelöst ist, was werden Sie tun, was Sie jetzt noch nicht tun?"   **➜ Wunderfrage**

Dieser Fragentyp tritt auch im „inneren Dialog", im Selbstgespräch auf. Beispiel: „Was sollte ich jetzt tun?"

Wichtig für den Coach ist es, diesen inneren Dialog des Klienten zu erkennen und die Ursachen und Hintergründe zuzuordnen.

STRATEGISCHE FRAGEN (S. 66)

Innerer Dialog des Coachs: Strategische Fragen sind vorerst nach Grochowiak „diejenigen Fragen, die sich Therapeuten selbst stellen, um das weitere Vorgehen zu bestimmen". Auch hier handelt es sich um einen inneren Dialog des Coachs.

Innerer Dialog des Klienten. Darüber hinaus wird der Coach bestrebt sein, im inneren Dialog des Klienten zu wirken und hier strategische Fragen auszulösen. Das hilft dem Klienten beim Überwinden von Problemen. Beispiel: „Was hat mich daran gehindert, das zu tun?"

KONKRETE FRAGEN (S. 67)

Das sind Fragen, die vom Coach ohne Hintergedanken und suggestive Absicht gestellt werden. Beispiel: „Welchen Beruf haben Ihre Eltern?"

Grochowiak unterscheidet auch nach der Fragenrichtung in:

TATSACHENORIENTIERTE FRAGEN (S. 403 + 412)

Darunter fallen alle konkreten Fragen wie etwa nach den Familien- und Arbeits-bedingungen des Klienten, nach der Familiengeschichte, nach dem Anliegen, nach dem Problem. Solche Fragen wird der Coach meist am Beginn des Coaching, in der Clearing-Phase stellen.

PROBLEMORIENTIERTE FRAGEN (S. 364, 367, 369)

Diese Fragen des Coachs werden sich meist auf die Vergangenheit beziehen. Sie haben zum Ziel, ein genaues Bild des Anliegens oder Problems zu erhalten. Es wird hier zwischen konkretisierenden Fragen (Fragen nach Details) und schluss-folgernden Fragen unterschieden.

LÖSUNGSORIENTIERTE FRAGEN (S. 364)

Diese Fragen sind in die Zukunft gerichtet. Es wird auch hier zwischen konkreti-sierenden Fragen („Woran werden Sie erkennen, dass das Problem gelöst ist?") und schlussfolgernden Fragen unterschieden („Wo können Sie das auf dem Weg zum Ziel gewonnene Wissen noch anwenden?).

Fragentypen des NLP

Die folgenden Vorschläge für Fragen entstammen den Fragentypen des NLP:

ZIELFRAGEN / PROBLEMFRAGEN

Fragen nach dem Anliegen des Klienten und nach dem Ziel vertiefen das Ver-ständnis des Klienten für sein eigenes Anliegen und geben dem Coach wichtige Hintergrundinformationen. In dem bereits erwähnten Buch von Robert Dilts (*Die Magie der Sprache*) wird folgendermaßen zwischen problemorientierten und lösungsorientierten Fragen unterschieden:

Problemorientierte Fragen sind zum Beispiel:

● Fragen nach detaillierten Ausprägungen des Anliegens:
  „Was genau ist Ihr Anliegen?"

- Fragen nach Zusammenhängen:
  „In welchem Zusammenhang hatten Sie schon ein ähnliches Anliegen?"
  „Welches Anliegen, das Sie schon hatten, hatte ähnliche Auswirkungen?"

- Fragen nach der Intensität des Problems:
  „Wann war das Problem am stärksten?"
  „Auf einer Skala von 1 bis 10 – wie stark war das Problem da?"
  „Auf einer Skala von 1 bis 10 – wie stark ist das Problem jetzt?"

Lösungsorientierte oder Zielfragen sind alle jene Fragen, die das zu erreichende Ziel des Klienten im Fokus haben:

- Fragen zur Zielformulierung,

- Fragen zur Zielerreichung.

KONKRETISIERUNG / AKZEPTIERENDE WIEDERHOLUNG

Diese Fragentypen bauen Rapport auf und zeigen dem Klienten, dass der Coach ihn und sein Anliegen akzeptiert. Gleichzeitig wird das Anliegen des Klienten hinterfragt und konkretisiert.

Konkretisierung des Anliegens des Klienten geschieht durch Fragen wie:

- „Formulieren Sie Ihr Anliegen nochmals anders!"

- „Was genau meinen Sie damit?"

- „Habe ich Sie richtig verstanden, Sie meinen …?"

Der Coach zeigt Akzeptanz für das Anliegen des Klienten durch Wiederholen des Anliegens in Frageform:

- „Ihre Beziehungen scheitern immer nach spätestens sieben Monaten, obwohl Sie sich immer bemühen?" **→ Fragen zur Klärung**

RESSOURCENFRAGEN

Ziel dieser Fragen ist es für den Coach, herauszufinden, was der Klient braucht, um sein Ziel zu erreichen. Beispiele:

- „Wie viel Zeit steht Ihnen für die Bewältigung Ihres Anliegens zur Verfügung?"

- „Was haben Sie bisher schon getan, um Ihr Ziel zu erreichen?"

- „Wer könnte Sie bei der Zielerreichung unterstützen?"

REFRAMINGFRAGEN

Robert Dilts nennt im Zusammenhang mit der Revision von Glaubenssätzen[122] folgende Fragentypen:

- „Warum ist es wünschenswert/möglich/angemessen/der Mühe wert, das angestrebte Ergebnis zu erreichen?"
  „Warum sind Sie fähig/verantwortlich, das angestrebte Ziel zu erreichen?"
- „Nennen Sie eine Auswirkung oder ein Erfordernis dieses Glaubenssatzes."
- „Was muss geschehen, damit dieser Glaubenssatz unterstützt wird?"
- „Was geschieht parallel zu diesem Glaubenssatz?"
- „Nennen Sie eine wichtige Bedingung für diesen Glaubenssatz."
- „Welche Absicht liegt diesem Glaubenssatz zugrunde?"
- „Welche Einschränkungen/Resultate stehen zu diesem Glaubenssatz in Beziehung?"
- „Welche Alternativen oder Einschränkungen gibt es bezüglich dieses Glaubenssatzes?"
- „Welchen ähnlichen Glaubenssatz haben Sie sich bereits zu Eigen gemacht?"

➜ Sleight of Mouth

FRAGEN ZU EMOTIONEN

Fragen zu Emotionen schwächen die analytische Ebene und stärken die emotionale. Sie helfen, das Anliegen des Klienten emotional zu erfassen. Beispiele sind folgende Fragen:

- „Auf einer Skala von 1 bis 10 – wie fühlen Sie sich heute?"
- „Wenn Sie an Ihr Anliegen denken, wie fühlen Sie sich dann?"
- „Können Sie die Gefühle beschreiben, die das in Ihnen auslöst?"

FRAGEN ZUR ÖKOLOGIE

Fragen zur Ökologie überprüfen, wie das Umfeld, das System des Klienten auf die Lösung seines Problems reagieren wird. Der Klient geht motiviert in den Veränderungsprozess, weil er für jemand anderen Dinge verbessern will. Das reicht zwar für die Definition eines eigenen Ziels nicht aus, kann aber als positiver Antrieb genutzt werden.

➜ Checkliste: Ökologie-Check

FRAGEN ZUM *FUTURE PACE*

Hier geht es um die Konkretisierung eines neuen Verhaltens, das im Rahmen des Coaching gefunden wurde. Durch einen „Blick in die Zukunft" kann die Auswirkung der Problemlösung bereits jetzt erkannt werden.

Beispiele sind folgende Fragen:

- „Versetzen Sie sich in die Zukunft, nach dem Zeitpunkt, an dem Sie Ihr Problem gelöst haben."
- „Wer ist von dieser Veränderung noch betroffen?"
- „Was hat die Lösung des Problems für Auswirkungen auf diese Menschen?"
- „Welcher Zeitrahmen steht zur Integration dieser Menschen zur Verfügung? Bis wann muss diese Integration abgeschlossen sein?"   ➔ **Future Pace**

Systemische Fragemethoden nach S. Radatz

Sonja Radatz nennt ein Qualitätskriterium für Fragen des Coachs an den Klienten: „Je länger der Kunde braucht, desto einschneidender war die Frage." Als allgemeine Merkmale systemischer Fragen führt sie an:

- Es sind offene (kommunikationsausschließende) Fragen,
- sie bringen den Kunden zum Denken,
- sie fokussieren sich auf das „Innen" und nicht auf das „Außen",
- sie sind niemals Suggestivfragen,
- sie lassen die Antwort offen,
- sie sind häufig Gegenfragen.

Eröffnungsfragen

Wir unterscheiden 7 Arten von Eröffnungsfragen.[123]

Wer fragt, bekommt Antworten – diese einfache Weisheit gilt auch für das Coaching. Wesentlich bei den Fragen des Coachs ist, welche Ebenen er beim Klienten anspricht und welche Vorannahmen dahinterstecken. Fragt der Coach: „Haben Sie ein Ziel für dieses Coaching?", steckt dahinter die Vermutung, dass der Klient kein Ziel hat. Fragt der Coach: „Was ist Ihr Ziel für dieses Coaching?", dann steckt dahinter bereits die Vorannahme, dass der Klient tatsächlich ein Ziel hat.

THEMEN-FOKUS

Mögliche Frage des Coachs: „Was ist Ihr Anliegen?" Das Wort Problem sollte vermieden werden, da negative Vorannahmen dahinterstehen.

ZIEL-FOKUS

Mögliche Fragen des Coachs:

- „Was ist Ihr Ziel für dieses Coaching?"
- „Welches Ziel müssen Sie *vor* diesem Ziel erreichen?" (Hinunterchunken)
- „Wenn dieses Ziel erreicht ist – was ist Ihr nächstes Ziel?" (Hinaufchunken)

→ **Chunking**

KONTEXT-FOKUS

Mögliche Fragen des Coachs:

- „Was ist die Ursache für Ihr Anliegen?"
- „Wer in Ihrem Umfeld könnte etwas dazu beitragen, dass Sie Ihr Ziel erreichen?"
- „Wer oder was in Ihrem Umfeld könnte Sie daran hindern, Ihr Ziel zu erreichen?"
- „Welche Ressourcen benötigen Sie zur Lösung Ihres Anliegens?
- „Welche Informationen benötigen Sie zur Lösung Ihres Anliegens?"

FÄHIGKEITEN-FOKUS

Mögliche Fragen des Coachs:

- „Welche Fähigkeiten haben Sie, die Sie zum Erreichen Ihres Zieles benötigen?"
- „Welche Fähigkeiten müssen Sie dafür noch erwerben?"
- „Mit Hilfe welcher Fähigkeiten haben Sie in der Vergangenheit schon Ziele erreicht?"

HANDLUNGS-FOKUS

Mögliche Fragen des Coachs:

- „Was wäre der nächste Schritt?"
- „Was möchten Sie für sich tun?"

WERTE-FOKUS

Mögliche Fragen des Coachs:

- „Worum geht es Ihnen bei diesem Coaching?"
- „Was ist für Sie besonders wichtig?"
- „Welche Werte bestimmen Ihr Leben?"
- „Welche Werte streben Sie an?"

IDENTITÄTS-FOKUS

Mögliche Fragen des Coachs:

- „Wie würden Sie sich selbst beschreiben?"
- „Mit welchen dieser Merkmale sind Sie zufrieden?"
- „Was wollen Sie an sich selbst verändern?"

Fragen zur Klärung

Als Grundlage für die nachfolgenden Fragenbeispiele nehme ich folgendes Anliegen des Klienten an:

„Ich möchte endlich eine dauerhafte Beziehung – bisher sind alle meine Beziehungen nach spätestens sieben Monaten gescheitert, obwohl ich mich immer sehr bemühe."

BESTÄTIGUNG UND AKZEPTANZ

Bestandteil des notwendigen *Pacing* sind Fragen wie: „Ihre Beziehungen scheitern immer nach spätestens sieben Monaten, obwohl Sie sich immer sehr bemühen?"

Der Coach wiederholt im Prinzip die Klage des Klienten und verpackt sie in eine Frage. Der Klient fühlt sich verstanden, der Kontakt ist vertieft.

FRAGEN NACH DEM HIER UND JETZT

- „Wie geht es Ihnen jetzt, wenn wir über Ihr Anliegen sprechen?"
- „Was ist jetzt für Sie besonders wichtig?"

FRAGEN NACH DER TIEFENSTRUKTUR

Fragen zu VAKOG:

- „Wenn Sie an Ihre letzte gescheiterte Beziehung denken, sehen Sie da ein Bild vor sich?"

- „Wenn Sie an Ihre letzte gescheiterte Beziehung denken, fällt Ihnen da etwas ein, was Sie gehört haben?"

- „Wenn Sie an Ihre letzte gescheiterte Beziehung denken, wie fühlen Sie sich da?"

Konkretisierungsfragen = Meta-Modell-Fragen

Es ist Aufgabe des Coachs, Meta-Modell-Verletzungen[124] zu erkennen. Hat er eine relevante Verletzung erkannt, wird er sie hinterfragen. Beispiele:

- **Tilgung – Modaloperator**
  Klient: „Ich kann nicht mit meiner Freundin darüber reden."
  Coach: „Was würde geschehen, wenn Sie es doch täten?"

- **Generalisierung – Universalquantor**
  Klient: „Alle Frauen sind gegen mich."
  Coach: „Tatsächlich alle?"

- **Verzerrung – Vorannahme**
  Klient: „Wenn meine Freundin wüsste, wie sehr ich mich kränke, würde sie sich nicht so verhalten."
  Coach: „Woher wissen Sie, dass Ihre Freundin *nicht* weiß, dass Sie sich kränken?"

Fragen zu den Meta-Programmen

- **Motivationsrichtung** („hin zu" statt „weg von"):
  - Wozu gibt Ihnen die neue Aufgabe Gelegenheit?
  - Was können Sie bei der Lösung der Aufgabe lernen bzw. ausprobieren?
  - Was hat für Sie bei der Lösung der neuen Aufgabe einen so großen Reiz / so hohen Wert, dass Sie sich entscheiden, die Aufgabe zu lösen?
- **Motivationsquelle** (internal/external):
  - Woher wissen Sie, dass das Ergebnis gut ist? Von Ihnen selbst oder von anderen?

○ Welche neuen Möglichkeiten ergeben sich, wenn Sie die weniger vertraute Perspektive wählen?

● **Motivationale Entscheidungsfaktoren** (*matching/mismatching*):

○ Diese Aufgabe ist so ähnlich wie … (Analogie, Metapher).

○ Wie haben Sie bisher ähnliche Aufgaben gelöst?

○ Was können Sie davon auf die jetzige Aufgabe übertragen?

○ Was ist neu/anders an dieser Aufgabe (verglichen mit anderen) und was können Sie daher zum ersten Mal ausprobieren?

● **Informationsgröße** (detailliert/global):

○ Gehen Sie vom Großen aus (von der Grundidee/vom generellen Ziel) und kommen dann Schritt für Schritt zu den Details – oder fangen Sie mit einem konkreten Punkt an und lassen dann die Idee oder die Gesamtstruktur wachsen?

○ Welche neuen Möglichkeiten ergeben sich, wenn Sie umgekehrt vorgehen?

● **Informationsorientierung:**

○ Wollen Sie die Aufgabe allein lösen?

○ Wie können Sie sich Tipps/Unterstützung/Ratschläge/sonstige Ressourcen von anderen holen?

○ Wollen Sie die Aufgabe mit anderen (zum Beispiel im Team) lösen?

○ Wie können Sie andere dafür gewinnen?

○ Wie wäre dann die Aufgabenverteilung?

○ Wie erfolgt dann die gegenseitige Unterstützung?

● **Informationsverarbeitungstempo:**

○ Wie machen Sie es, wenn Sie sich entscheiden, die Aufgabe schnell zu lösen?

○ Wie machen Sie es, wenn Sie sich entscheiden, die Aufgabe langsam zu lösen? **➜ Meta-Programme/Sorting Styles**

Diese Fragen können in das Coaching-Gespräch eingebunden werden – die Antworten darauf ermöglichen es dem Coach, die Motivationsfaktoren des Klienten zu erkennen und darauf zu reagieren.

Fragen zu den neurologischen Ebenen

● **Kontext, Umgebung**

  ○ In welcher Umgebung befindet sich Ihr Ziel?

  ○ Welche Dinge / Gegenstände umgeben Sie jeden Tag, mit welchen Dingen umgeben Sie sich?

  ○ Mit wem haben Sie etwas zu tun?

  ○ Welche Informationen:
    – tauschen Sie aus?
    – geben Sie?
    – nehmen Sie?
    – werden von Ihnen verlangt?
    – verlangen Sie von anderen?
    – sind in Ihren früheren Lösungsversuchen enthalten und wertvoll?

  ○ Wie lassen sich diese Informationen in die jetzige Lösung integrieren?

● **Handlungen**

  ○ Was sind Ihre täglichen Handlungen?

  ○ Welche Lösungsversuche haben Sie bisher schon unternommen?

● **Fähigkeiten**

  ○ Wie vollziehen Sie Ihre Handlungen?

  ○ Welche Dinge können aufgrund Ihrer Fähigkeiten nur von Ihnen getan werden?

  ○ Welche Fähigkeiten haben Sie bei Ihren bisherigen Lösungsversuchen noch nicht voll eingesetzt?

  ○ Was hat Sie bisher daran gehindert, Ihre Fähigkeiten voll einzusetzen?

  ○ Was wären Beispiele dafür, wo Sie diese relevanten Fähigkeiten „automatisch" und ohne darüber nachzudenken haben einsetzen können?

● **Einstellungen**

  ○ Wovon werden Sie geleitet?

  ○ Wofür stehen Sie ein?

  ○ Wozu das Ganze?

  ○ Gab es bei Ihren bisherigen Lösungsversuchen hinderliche Überzeugungen über das Erreichen des Ziels / über andere / über Sie selbst?

❍ Wie könnten diesbezüglich Ihre neuen, förderlichen Überzeugungen lauten?

❍ Welche „Musterbeispiele" kennen Sie aus Ihren Leben für die Gültigkeit dieser neuen Einstellungen?

● **Identität**

❍ Nachdem Sie Ihr Ziel erreicht haben, wer und was werden Sie dann eigentlich sein?

❍ Was wäre ein mögliches Bild, eine Metapher dafür? („Da bin ich wie ein/eine …")

● **Zugehörigkeit**

❍ Von welchem größeren Ganzen sind Sie ein Teil?

❍ Was ist da noch?

Fragen zu den „Disney-Teilen"

● **Fragen zum Träumer**

❍ „Stellen Sie sich vor, dass es für Sie keinerlei Einschränkungen und Begrenzungen gibt. Auf welche Weise könnten Sie Ihr Anliegen dann kreativ lösen?"

❍ „Welche kreativen Lösungsmöglichkeiten für Ihr Anliegen sehen Sie ganz spontan vor sich?"

● **Fragen zum Handelnden**

❍ „Welche Vorgehensweise könnte Ihr Anliegen lösen?"

● **Fragen zum Denker**

❍ „Wenn Sie Ihre Ideen und Ihre Pläne so vor sich sehen – was fehlt Ihnen noch für den Erfolg?"   **→ Disney-Strategie**

Zirkuläres Fragen

Die Methode des zirkulären Fragens stammt aus der Familienberatung[125]. Fritz B. Simon[126] nennt sie „eines der wichtigsten Instrumente im Handwerkskoffer des systemischen Therapeuten oder Beraters". Zirkuläre Fragen machen es für den Coach möglich, Einblick in die Logik der Spielregeln sozialer Systeme zu bekommen. Darüber hinaus erhält der Coach durch den gezielten Einsatz zirkulärer Fragen mehr Informationen über komplexe Handlungsabläufe.

Die Struktur zirkulärer Fragen:

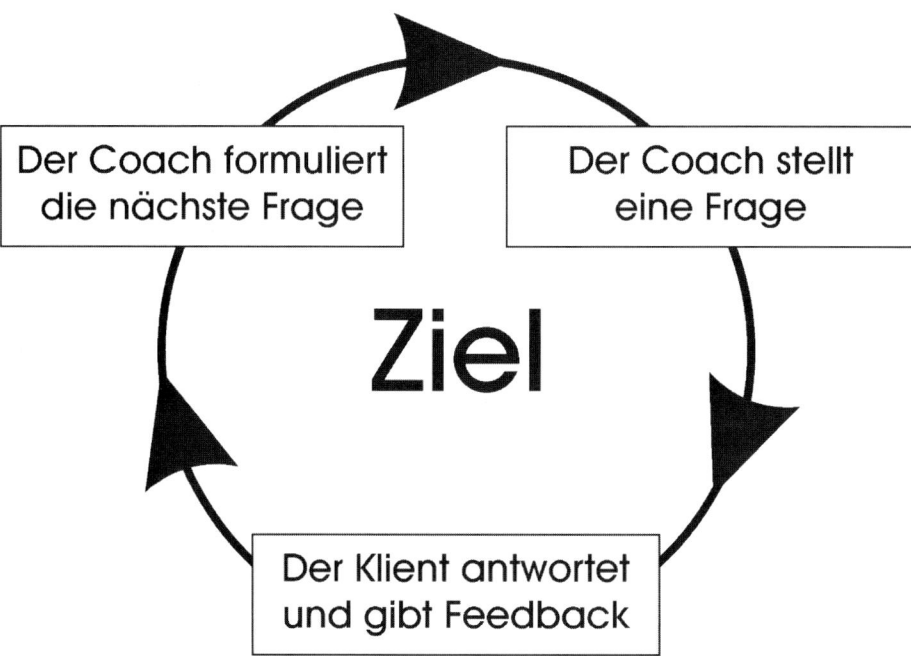

- Coach und Klient haben ein definiertes Ziel.
- Der Coach stellt eine Frage.
- Der Klient antwortet und gibt damit dem Coach Feedback.
- Der Coach formuliert auf der Basis dieser Antwort die nächste Frage.

Es gibt drei Grundformen zyklischer Fragen:

Fragen nach der Beziehung	„Wie wirkt sich Ihr Anliegen auf Ihre Beziehung aus?"
Fragen nach den Unterschieden	„Was hat sich seit unserem ersten Treffen verändert?
Reflexive Fragen	„Woran merken Sie, dass Sie Ihr Ziel erreicht haben?"

Ein Beispiel für zirkuläres Fragen ist die so genannte „Wunderfrage" von Steve de Shazar[127].

Wunderfrage – Steve de Shazar

Sie kann in vielen Variationen angewandt werden und gibt dem Coach Aufschluss über das, was hinter dem Anliegen des Klienten steht – und auch, wie ernst es der Klient mit seinem Anliegen meint. Sie ist auch ein Beispiel für zirkuläres Fragen.

Folgender Ablauf ist ein Beispiel:

„Ich habe eine seltsame Frage: – Stellen Sie sich vor, Sie gehen schlafen – und mitten in der Nacht geschieht ein Wunder: Ihr Problem ist gelöst!"

„Das geschieht, während Sie schlafen, daher wissen Sie nicht, dass es geschehen ist."

„Sie wachen am Morgen auf und Sie erkennen, dass dieses Wunder geschehen ist."

„Woran würden Sie merken, dass das Problem gelöst ist?"

„Wer merkt das noch und wann?" → Zirkuläres Nachfragen:
  „Woran würde X es bemerken?"
  „Wie erkennen Sie, dass X es bemerkt hat?"
  „Wer würde es noch bemerken?"

„Was war die letzte Situation, an die Sie sich erinnern können, in der es so war wie am Tag nach dem Wunder?"

„Auf einer Skala von 0 bis 10: Wenn 10 für den Tag nach dem Wunder steht und 0 für den Zeitpunkt, an dem Ihr Anliegen am schlimmsten war, wo stehen Sie jetzt?"

Teil IV

Anhang

Anmerkungen

1 Robert Dilts ist nach John Grinder und Richard Bandler einer der wichtigsten Entwickler des NLP.

2 Unter Akronym (von griechisch *ákron* = Spitze und *ónoma* = Name, Wort) versteht man ein aus den Anfangsbuchstaben/Spitzen mehrerer Wörter gebildetes Kurzwort.

3 Vgl. Martina Schmidt-Tanger, *Veränderungscoaching*, Paderborn: Junfermann, 1998, S. 60

4 Viktor Frankl, *Der Mensch vor der Frage nach dem Sinn*, München: Piper, 1985

5 Martina Schmidt-Tanger, a.a.O.

6 Wolfgang Brylla, www.wbseminare-nlp.de

7 Johne Withmore, *Coaching für die Praxis*, Frankfurt: Campus, 1996

8 In Erweiterung des Ressourcenchecks „H.E.L.P." von M. Schmidt-Tanger, a.a.O., S. 90 und 187

9 Virginia Satir (1916–1988) war die Begründerin der Familientherapie und Mitglied des Instituts Palo Alto.

10 Unter *Pacen* (engl. *pace* = Schritt) versteht man im NLP die Übernahme einzelner Verhaltensweisen des Gesprächspartners (verbal und nonverbal), um die Kontaktaufnahme zu erleichtern und Vertrauen zu schaffen.

11 In diesem Fall geht es entweder um Selbst-Modeling oder Fremd-Modeling. Modellieren war ein Kernelement der Arbeit von Richard Bandler und John Grinder und damit eine der Grundlagen von NLP. Man versteht darunter die Analyse und Imitation der Strategie von Menschen, die eine Aufgabe scheinbar mühelos erledigen oder besondere Fähigkeiten besitzen.

12 Viktor Frankl, a.a.O.

13 Siehe auch: Fritz Maywald, *Einfach exzellent. Lustvoll zu Spitzenleistungen*, Wien: Edition VaBene, 2003
Felix von Cube, *Lust an Leistung. Die Naturgesetze der Führung*, München: Piper, 1998

14 Dieses Kapitel basiert auf Arbeiten von Robert Dilts.

15 Das Meta-Modell der Sprache beschäftigt sich mit der Oberflächen- und Tiefenstruktur der Sprache.

16 Unter Killerphrasen versteht man Redewendungen bzw. Äußerungen, die eine Konversation erschweren, den anderen „mundtot" machen oder sogar jedes weitere Gespräch verhindern. Nach Clark (1973) sind Killerphrasen Scheinargumente, die dazu dienen sollen, die Vorstellungen und Ideen eines anderen als zur Problemlösung nicht geeignet hinzustellen.

17 Die Analyse, Definition und Veränderung der vom Klienten im Zusammenhang mit seinem Anliegen gezeigten Vorgehensweisen.

18 Analyse und Definition der Vorgehensweise von Personen, die das persönliche Ziel des Klienten bereits erreicht haben.

19 In seinem Buch *Von der Vision zur Aktion* gibt Robert Dilts dazu einige nützliche Tipps.

20 *Partsintegration* ist eine Sonderform des *Reframing* („Verhandlungsreframing"), im NLP auch *Visual-Squash*-Prozess genannt.

21 Das Grundprinzip des „Law of Requisite Variety" von William Ross Ashby besagt sinngemäß, dass Vielfalt nur mit Vielfalt bewältigt werden kann.

22 Swish-Prozess aus dem NLP

23 Friedemann Schulz von Thun, *Miteinander reden 3. Das „innere Team" und situationsgerechte Kommunikation*, Reinbek: Rowohlt, 1998, S. 21 ff.

24 Klaus Grochowiak und Stefan Heiligtag, *Die Magie des Fragens*, Paderborn: Junfermann, 2002

25 Virginia Satir (1916–1988) war die Begründerin der Familientherapie und Mitglied des Instituts Palo Alto.

26 Martina Schmidt-Tanger, a.a.O., S. 99–111

27 Viktor Frankl, a.a.O.

28 „Vergifteter Auftrag" = wenn dem Coach zum Beispiel eine Aufgabe übertragen wird, die in die Verantwortung des Managements fällt (wie etwa die Motivation der Mitarbeiter).

29 Die Begriffe Alpha, Gamma und Omega stammen aus der Rangdynamik von Raoul Schindler.

30 Quelle: www.coachfederation.de

31 Quelle: www.eca-online.de

32 Siehe Curriculum zum Coach (DVNLP), im Anhang.

33 Quelle: www.coachingdachverband.at

34 Martina Schmidt-Tanger, a.a.O.

35 Quelle: www.schreyoegg.de

36 Quelle: www.artop.de, Ausbildung zum Coach – Systemisch-interaktives Coaching-Curriculum 2004

37 Quelle: www.supervision-eas.de

38 Quelle: www.dgsv.de

39 Quelle: www.oevs.or.at

40 Astrid Schreyögg ist Autorin mehrerer Lehrbücher über Coaching und Supervision (Campus, Junfermann) und Herausgeberin der Zeitschrift *Organisationsberatung, Supervision, Coaching*. Quelle: www.schreyoegg.de

41 Quelle: www.coachingdachverband.at

42 Quelle: www.kfunigraz.ac.at

43 Quelle: www.lebensberater.at

44 Anker können in allen Repräsentationssystemen gesetzt und ausgelöst werden: Visuelle Anker durch Bilder und Farben, auditive Anker durch Geräusche und Klänge, kinästhetische Anker durch Berührung oder Bewegung, olfaktorisch-gustatorische Anker durch Geruch und Geschmack.

45 Gertrud Höhler, *Die Sinn-Macher. Wer siegen will, muss führen*, Berlin: Econ, 2002, S. 167 f.

46 Unter Wertehierarchie versteht man die hierarchische Reihung jener Faktoren, die unser Verhalten bestimmen.

47 Peter Schellenbaum, *Nimm deine Couch und geh!*, München: Kösel, 1992, S. 81

48 Peter Schellenbaum, ebenda, S. 224

49 Wolfgang Bernard, *In sich hinausgehen*, Kirchzarten: VAK, 1996, S. 27 ff.

50 Peter Schellenbaum, a.a.O., S. 39

51 Wolfgang Bernard, a.a.O., S. 68

52 Quelle: www.wbseminare-nlp.de

53 „Chunk" ist ein Slangausdruck aus der Informationstechnologie und bedeutet Informationseinheit. Vom engl. *chunk* = „großes Stück".

54 Robert Dilts, *Die Magie der Sprache*, Paderborn: Junfermann, 2001, S. 26

55 Martina Schmidt-Tanger, a.a.O., S. 163–166

56 David Bohm (1917–1994) war Nobelpreisträger, amerikanischer Quantenphysiker und Chaosforscher sowie Schüler von Robert Oppenheim. Durch Kontakt zu Jiddu Krishnamurti (indischer Weisheitslehrer 1895–1986) fand er Interesse an übergreifenden Fragestellungen aus Physik und Philosophie.

57 „Diskussion" stammt von lat. *discutere* = zerschlagen.

58 Ein Facilitator ist nach Bohm ein Teilnehmer, der den Dialogprozess in Gang hält, gegebenenfalls Teilschritte zusammenfasst und sich sonst im Hintergrund hält. Ziel ist es, auf den Facilitator verzichten zu können.

59 Irvin D. Yalom, *Theorie und Praxis der Gruppenpsychotherapie*, Stuttgart: Pfeiffer bei Klett-Cotta, 1999, S. 21–74 und 100–116.
Yalom war Professor für Psychiatrie an der *Stanford University School of Medicine*.

60 Das griechische *kátharsis* bedeutet Reinigung; in der Psychoanalyse: Abreagieren der krankheitserregenden Ursachen.

61 Irvin D. Yalom, a.a.O., S. 127–163

62 Friedemann Schulz von Thun, a.a.O., S. 14

63 Die von dem Amerikaner Robert McDonald entwickelte Psychoteleologie ist das Studium des unendlichen positiven Sinns und Zwecks (*purpose*) des Geistes.

64 Robert McDonald ist einer der Pioniere des NLP.

65 Horst Rückle, *Coaching*, Landsberg/Lech: verlag moderne industrie (REDLINE GmbH, Frankfurt/Main, ein Unternehmen der Süddeutscher Verlag Hüthig Fachinformationen, www.redline-wirtschaft .de), 2000, S. 178–182. Mit frdl. Genehmigung des Verlags.

66 Christopher Rauen, *Coaching*, Göttingen: Hogrefe, 2003, S. 190–204. Mit frdl. Genehmigung des Verlags.

67 VAKOG = **v**isuell, **a**uditiv, **k**inästhetisch, **o**lfaktorisch, **g**ustatorisch, also Bilder, Klang, Gefühl, Geruch und Geschmack.

68 P. Hersey und Kenneth H. Blanchard, *Situational Leadership,* zitiert nach Frank D. Peschanel, a.a.O., S. 227–237

69 Rangdynamik von Gruppen nach Raoul Schindler.

70 Morris E. Massey, *The people puzzler: Understanding yourself and others*, Reston, 1979; Seminarmitschrift aus *Master Time Line Therapy* ® von Tad James

71 Paul Watzlawick: „Pragmatische Axiome. Ein Definitionsversuch", in: *Menschliche Kommunikation: Formen, Störungen, Paradoxien*, hrsg. von Paul Watzlawick, Janet H. Beavin, Don D. Jackson, Bern: Huber, Nachdruck der unveränderten Auflage 2000, S. 53

72 Schultz von Thun, *Miteinander reden 1. Allgemeine Psychologie der Kommunikation*, Reinbek: Rowohlt, 1998, S. 13, 14, 26 ff.

73 Schultz von Thun, *Miteinander reden 2. Differentielle Psychologie der Kommunikation*, Reinbek: Rowohlt, 2000, S. 38–55

74 Ralf Dahrendorf, *Gesellschaft und Freiheit*, München: Piper, 1961, S. 225–230

75 Marshall B. Rosenberg, *A Model for Nonviolent Communication*; dt. Ausgabe: *Gewaltfreie Kommunikation*, Paderborn: Junfermann, 2004, S. 25–26

76 Clare W. Graves, amerikanischer Psychologe und Professor am *Union College*, New York

77 Friedrich Glasl: *Konfliktmanagement*, Bern: Haupt, 1980, S. 233–309

78 J. Z. Rubin, D. G. Pruitt, S. H. Kim: *Social Conflict – Escalation, Stalemate and Settlement*, McGraw-Hill, 1994

79 Christoph Thomann, *Klärungshilfe. Konflikte im Beruf*, Reinbek: Rowohlt, 2000, S. 22–25 und S. 33–39

80 Fritz B. Simon, *Unterschiede, die Unterschiede machen*, Frankfurt: Suhrkamp, 3. Auflage, 1999, S. 268

81 Quelle: www.scci.at

82 Das engl. *to brief* bedeutet eine Mission vorbereiten, *to debrief* bedeutet eine Mission aufbereiten.

83 Martina Schmidt-Tanger, a.a.O., S. 89–185

84 Robert Dilts, a.a.O., S. 21

85 Alfred Korzybski (1879–1950)war der Begründer der allgemeinen Semantik.

86 Quelle: Martina Schmidt-Tanger, www.nlp-professional.de, Vortrag „Coaching", Berlin 2002

87 Gregory Bateson (1904–1980) war Anthropologe, Sozialwissenschafter und Kybernetiker.

88 Robert Dilts, *Die Veränderung von Glaubenssystemen. NLP und Glaubensarbeit*, Paderborn: Junfermann, 1993, S. 15

89 Sonja Radatz, *Beratung ohne Ratschlag. Systemisches Coaching für Führungskräfte und Beraterinnen*, Institut für systemisches Coaching und Training 2000, S. 137 ff.

90 ebenda

91 Fritz Maywald, a.a.O.

92 Von *pace*, engl. für „Gangart".

93 Die Psychoenergetik entstand aus der Lehre von Iwan Pawlow über die bedingten Reflexe. Als Vater der Psychoenergetik gilt Peter Schellenbaum.

94 Vgl. auch Peter Schellenbaum, *Nimm deine Couch und geh!*, München: Kösel, 1992, S. 54

95 Martina Schmidt-Tanger, *Veränderungscoaching*, Paderborn: Junfermann, 1998, S. 99–113

96 Irvin D. Yalom, a.a.O., S. 391–425

97 Unter Verwendung von: Heinz-Jürgen Herzlieb, *Von der Führungskraft zum Coach*, Berlin: Cornelsen, 2002

98 E. Hauser, *Coaching von Mitarbeitern*, 1993, zitiert nach Christopher Rauen, a.a.O., S. 181

99 Martina Schmidt-Tanger, a.a.O.

100 Unter Ökologie versteht man in diesem Zusammenhang das Gleichgewicht in Systemen.

101 Leslie Lebeau (ehem. Cameron-Bandler)

102 Peter Schellenbaum, a.a.O., S. 80 f.

103 Frank Farrelly (*1931) ist der Begründer des provokativen Stils.

104 Quelle dieses und aller weiteren Zitate: Robert B. Dilts, *Die Magie der Sprache*, Paderborn: Junfermann, 2001

105 ebenda

106 John Withmore, *Coaching für die Praxis*, Frankfurt: Campus, 1996, S. 64 f.

107 Das SOLIO-Modell wurde von Roman Braun (Trinergy® International), Wien, aus langjährigen Beobachtungen und Modellierarbeit zusammengestellt.

108 „Dreieck der Systemprinzipien" nach Roman Braun (Trinergy® International), Wien

109 Leroy Little Bear war Blackfoot Indianer und „Director of Native Studies" der Harvard Universität.

110 Den *Talking Stick* gibt es nach wie vor in Ritualen von Indio-Schamanen.

111 Nach Alexej N. Leontjew: *Tätigkeit, Bewusstsein, Persönlichkeit. Studien zur Kritischen Psychologie*, Köln: Pahl-Rugenstein, 1982

112 Der Begriff „soziales Panorama" stammt vom niederländischen Kollegen und Sozialpsychologen Lucas Derks.

113 Aus der Transaktionsanalyse

114 Ein Coping-Mechanismus ist eine psychische Schutzreaktion, eine Art Ablenkung und Selbstaufbau.

115 Peter Schellenbaum, a.a.O., S. 110

116 ebenda

117 Die Bezeichnungen Alpha, Gamma und Omega beziehen sich auf die Rangdynamik nach Raoul Schindler.

118 Martina Schmidt-Tanger, a.a.O., S. 90

119 Martina Schmidt-Tanger, www.NLP-professional.de, Vortrag „Coaching", Berlin 2002

120 Klaus Grochowiak und Stefan Heiligtag, *Die Magie des Fragens*, Paderborn: Junfermann 2002, S. 62–67, 364, 367, 369, 403, 412

121 Vgl. Leslie Lebau (ehem. Cameron Bandler)

122 Robert Dilts, a.a.O., S. 128+129

123 Unter Einbeziehung der neurologischen Ebenen nach Robert Dilts.

124 Unter Meta-Modell-Verletzungen versteht man Tilgungen, Generalisierungen und Verzerrungen.

125 Dieser Begriff wurde in den siebziger Jahren erstmals von Mara Selvini Palazzoli geprägt.

126 Fritz B. Simon und Christel Rech-Simon, *Zirkuläres Fragen*, Heidelberg: Carl Auer Systeme, 1999

127 Steve de Shazer ist einer der Begründer des *Mind Research Institute* (MRI) und der lösungsfokussierten Kurzzeittherapie.

Literaturverzeichnis

Wichtige Literatur zum Thema Coaching

Bähre, Marianne: *Coaching. Das systemische Konfliktgespräch*, Diplomarbeit im Fachgebiet Arbeits- und Organisationspsychologie, Universität Osnabrück, 2001

Besser-Siegmund, Cora, und Siegmund, Harry: *EMDR im Coaching*, Paderborn: Junfermann, 2001

Braun, Roman: *Die Coaching-Fibel*, Wien: Linde, 2004

Buchner, Dietrich: *Manager-Coaching*, Paderborn: Junfermann, 1996

Dilts, Robert: *Professionelles Coaching mit NLP*, Paderborn: Junfermann, 2004

Fallner, Heinrich, und Pohl, Michael: *Coaching mit System*, Opladen: Leske + Budrich, 2001

Fischer-Epe, Maren: Coaching: *Miteinander Ziele erreichen*, Reinbek: Rowohlt, 2003

Glasl, Friedrich: *Konfliktmanagement*, Bern: Paul Haupt, 1980

Greif, Siegfried: *Handbuch Selbstorganisiertes Lernen*, Göttingen: Hogrefe, 1998

Greif, Siegfried, Runde, B., und Seeberg, I.: *Prozess und Ergebnisevaluation bei Veränderungen mit dem Change Explorer*, http//www.psycho.uni-osnabrueck.de/fach/aopsych/, 2003

Haberleitner, Elisabeth, Deistler, Elisabeth und Ungvari, Robert: *Führen, Fördern, Coachen*, München: Piper, 2003

Hallanzy, Annegret: *Visionsorientierte Veränderungsarbeit*, Band I, Paderborn: Junfermann, 1996; Band II: 1997

Heine, Antje: Team- und Projektcoaching. Eine Prozessanalyse zur Teamentwicklung, Diplomarbeit im Fachgebiet Arbeits- und Organisationspsychologie, Universität Osnabrück, 2003

Herzlieb, Heinz-Jürgen: *Von der Führungskraft zum Coach*, Berlin: Cornelsen, 2002

Jäger, Roland: *Praxisbuch Coaching*, Offenbach: Gabal, 2001

Kensok, Peter, und Dyckhoff, Katja: *Der Werte-Manager*, Paderborn: Junfermann, 2004

König, Eckard, und Volmer, Gerda: *Systemisches Coaching*, Weinheim: Beltz, 2001

Königswieser, Roswitha: *Systemische Intervention*, Stuttgart: Klett Cotta, 2002

Kostka, Claudia: *Coachingtechniken*, München/Wien: Carl Hanser, 2002

Kubowitsch, Karl: *Power Coaching*, Wiesbaden: Gabler, 1995

Lindner, Elisabeth, und Wawra, Kurt: *Beziehungscoaching*, Wien: Emilia, 2000

Looss, Wolfgang: *Coaching für Manager*, Landsberg/Lech: moderne industrie, 1991

Looss, Wolfgang: *Unter vier Augen*, Landsberg/Lech: moderne industrie, 1997

Mahlmann, Regina: *Einzelcoaching: Kompetenz entwickeln*, Weinheim: Beltz, 2001

Moran, Linda, Musselwhite, Ed, und Zenger, John: *Effektives Team-Coaching*, Berlin: Econ, 1997

Müller, Gabriele: *Systemisches Coaching im Management*, Weinheim: Beltz, 2003

Müller, Gabriele, und Hoffmann, Kay: *Systemisches Coaching*, Heidelberg: Carl-Auer-Systeme-Verlag, 2002

Offermanns, Martina: *Braucht Coaching einen Coach?*, Dissertation am Fachbereich Humanwissenschaften der Universität Osnabrück, 2004

Poggemöller, N.: *Mehrebenen-Coaching von Projektteams*, Diplomarbeit im Fachgebiet Arbeits- und Organisationspsychologie, Universität Osnabrück

Radatz, Sonja: *Beratung ohne Ratschlag*, Wien: Edition Institut für systemisches Coaching und Training,, 2000

Rauen, Christopher: *Coaching*, Göttingen: Hogrefe, 2003

Rauen, Christopher: *Coaching Tools*, Bonn: Verlag Managerseminare, 2005

Rauen, Christopher: *Handbuch Coaching*, Göttingen: Hogrefe, 2002

Rückle, Horst: *Coaching*, Landsberg/Lech: verlag moderne industrie (REDLINE GmbH, Frankfurt/Main, ein Unternehmen der Süddeutscher Verlag Hüthig Fachinformationen, www.redline-wirtschaft .de), 2000

Schmidt, Gregor: *Business Coaching*, Wiesbaden: Verlag Frankfurter Allgemeine, 1995

Schmidt-Tanger, Martina: *Gekonnt coachen. Zwischen Provokation und Präzision*, Paderborn: Junfermann, 2004

Schmidt-Tanger, Martina: *Veränderungscoaching*, Paderborn: Junfermann, 1998

Schreyögg, Astrid: *Coaching*, Frankfurt/Main: Campus, 1998

Schreyögg, Astrid: *Konfliktcoaching*, Frankfurt/Main: Campus, 2002

Schulz von Thun, Friedemann: *Praxisberatung in Gruppen*, Weinheim: Beltz, 2003

Senner, Peter Josef: *Kunden-Coaching*, Würzburg: Max Schimmel, 1998

Stahl, Thies: *Am Anfang war der Wunsch*, Paderborn: Junfermann, 2005

Thomann, Christoph: *Klärungshilfe: Konflikte im Beruf*, Reinbek: Rowohlt, 2000

Vogelauer, Werner: *Coaching-Praxis*, Neuwied: Luchterhand, 2004

Vogelauer, Werner: *Methoden-ABC im Coaching*, Neuwied: Luchterhand, 2004

Whitmore, John: *Coaching für die Praxis*, Frankfurt/Main: Campus, 1996

Willms, Jan-Fredo: *Ein Coaching zur Umsetzung persönlicher Ziele – Entwicklung, Durchführung und Evaluation*, Diplomarbeit im Fachgebiet Arbeits- und Organisationspsychologie, Universität Osnabrück, 2004

Weitere Literatur

Beck, Don E., und Cowan, Christopher C.: *Spiral Dynamics*, Oxford: Blackwell Business, 1996

Becker, Georg E.: *Lehrer lösen Konflikte*, Weinheim: Beltz, 2000

Berghaus, Margot: *Luhmann leicht gemacht*, Stuttgart: utb, 2004

Bernard, Wolfgang: *In sich hinausgehen*, Kirchzarten: VAK, 1996

Besser-Siegmund, Cora: *Magic Words*, Paderborn: Junfermann, 2001

Besser-Siegmund, Cora, und Siegmund, Harry (Hrsg.): *Erfolge bewegen – coach limbic*, Paderborn: Junfermann, 2003

Boerner, Moritz: *Byron Katies THE WORK*, München: Goldmann, 1999

Braun, Roman: *Die Macht der Rhetorik*, Frankfurt/Wien: Wirtschaftsverlag Ueberreuter, 2001

Bronfenbrenner, Urie, und Lüscher, Kurt: *Ökologische Sozialisationsforschung*, Stuttgart: Klett Cotta, 1976

Charvet, Shelle Rose: *Wort sei Dank*, Paderborn: Junfermann, 1998

Conrad, Beatrice, Jacob, Bernhard, und Schneider, Philipp: *Konflikt-Transformation*, Paderborn: Junfermann, 2003

Dahrendorf, Ralf: *Gesellschaft und Freiheit*, München: Piper, 1961

de Shazer, Steve: *Der Dreh*, Heidelberg: Carl-Auer-Systeme, 2002

de Shazer, Steve: *Worte waren ursprünglich Zauber*, Dortmund: Verlag Modernes Lernen, 1998

Derks, Lucas: *Das Spiel sozialer Beziehungen*, Stuttgart: Klett Cotta, 2000

Dilts, Robert B.: *Die Magie der Sprache*, Paderborn: Junfermann, 2001

Dilts, Robert B.: *Die Veränderung von Glaubenssystemen*, Paderborn: Junfermann, 1993

Frankl, Viktor: *Der Mensch vor der Frage nach dem Sinn*, München: Piper, 1985

Frankl, Viktor: *Trotzdem Ja zum Leben sagen*, München: dtv, 2003

Grochowiak, Klaus, und Heiligtag, Stefan: *Die Magie des Fragens*, Paderborn: Junfermann, 2002

Hartkemeyer, Martina, Hartkemeyer, Johannes, und Dhority, L. Freeman: *Miteinander denken*, Stuttgart: Klett Cotta, 1998

Höhler, Gertrud: *Die Sinn-Macher. Wer siegen will, muss führen*, Berlin: Econ, 2002

Huber, Michaela: *Trauma und Traumabehandlung, Teil 1: Trauma und die Folgen*, Paderborn: Junfermann, 2003

Huber, Michaela: *Trauma und Traumabehandlung, Teil 2: Wege der Traumabehandlung*, Paderborn: Junfermann, 2003

Hugo-Becker, Annegret, und Becker, Henning: *Psychologisches Konfliktmanagement*, München: Beck-Wirtschaftsberater im dtv, 1996

Krebs, Charles T.: *Nährstoffe für ein leistungsfähiges Gehirn*, Kirchzarten: VAK, 2004

Landsberg, Max: *Das Tao des Coaching*, Frankfurt a.M.: Campus, 1996

Luhmann, Niklas: *Einführung in die Systemtheorie*, Heidelberg: Carl-Auer-Systeme, 2004

Meyer, Annegret, und Stender, Jens: *Systemisches NLP*, Paderborn: Junfermann, 1995

O'Connor, Joseph, und Seymour, John: *Neurolinguistisches Programmieren*, Kirchzarten: VAK, 2000

Oerter, Rolf, und Montada, Leo: *Entwicklungspsychologie*, Weinheim: Beltz, 2002

Offermanns, Martina: *Das systemische Konfliktgespräch. Ein Personalentwicklungsinstrument für Leiter von Veränderungsprojekten*, Unveröffentlichte Diplomarbeit im Fachgebiet Arbeits- und Organisationspsychologie, Universität Osnabrück, 1998

Peschanel, Frank D.: *Phänomen Konflikt. Die Kunst erfolgreicher Lösungsstrategien*, Paderborn: Junfermann, 1993

Proksch, Stephan, und Janach, Gudrun: *Das Ende der Eiszeit*, Wien: Wirtschaftskammer Österreich, 2004

Riemann, Fritz: *Grundformen der Angst*, München: Ernst Reinhard, 1996

Rombach, Heinrich: *Über Ursprung und Wesen der Frage*, Kiel: Alber, 2001

Rosenberg, Marshall B.: *Gewaltfreie Kommunikation*, Paderborn: Junfermann, 2004

Schellenbaum, Peter: *Nimm deine Couch und geh!*, München: Kösel, 1992

Schmidt-Tanger, Martina: *NLP-Modelle. Fluff & Facts*, Kirchzarten: VAK, 1998

Schulz von Thun, Friedemann: *Miteinander reden*, Reinbek: Rowohlt, 1998

Simon, Fritz B.: *Unterschiede, die Unterschiede machen*, Frankfurt a.M.: Suhrkamp, 1999

Simon, Fritz B.: *Zirkuläres Fragen*, Heidelberg: Carl-Auer-Systeme, 1999

Sparrer, Insa: *Wunder, Lösung und System*, Heidelberg: Carl-Auer-Systeme, 2004

Stumpf, Siegfried, und Alexander, Thomas (Hrsg.): *Teamarbeit und Teamentwicklung*, Göttingen: Hogrefe, 2003

Thomann, Christoph, und Schulz von Thun, Friedemann: *Klärungshilfe. Handbuch für Therapeuten, Gesprächshelfer und Moderatoren in schwierigen Gesprächen*, Reinbek: Rowohlt, 2000

Turner, Diane, und Greco Thelma: *Der Persönlichkeits-Kompass*, Bern: Scherz, 2000

Varga von Kibed, Matthias, und Sparrer, Insa: *Ganz im Gegenteil*, Heidelberg: Carl-Auer-Systeme, 2005

Watzlawick, Paul, Beavin, Janet H., und Jackson, Don D.: *Menschliche Kommunikation: Formen, Störungen, Paradoxien*, Bern: Huber, 1969

Wilber, Ken: *Eros, Kosmos, Logos (EKL)*, Frankfurt a.M.: Fischer, 2001

Wilber, Ken: *Ganzheitlich handeln*, Freiamt: Arbor, 2001

Wilber, Ken: *Integrale Psychologie*, Freiamt: Arbor, 2001

Yalom, Irvin D.: *Existentielle Psychotherapie*, Bergisch Gladbach: Edition Humanistische Psychologie, 1989

Yalom, Irvin D.: *Theorie und Praxis der Gruppenpsychotherapie*, Stuttgart: Klett Cotta, 1999

Coaching-Verbände

Coaching-Verbände und Verbände, die sich mit dem Thema Coaching beschäftigen oder ein Curriculum anbieten:

DBVC
Deutscher Bundesverband Coaching e.V.
Lyoner Straße 15, 60528 Frankfurt/M., Deutschland
Tel.: 069-66 36 66 62
E-Mail: info@dbvc.de
Internet: www.dbvc.de

DVCT
dvct - Deutscher Verband für Coaching und Training e.V.
Elbchaussee 28, 22765 Hamburg, Deutschland
Tel.: 040-22 60 80 07
E-Mail: info@dvct.de
Internet: www.dvct.de

ECA
European Coaching Association e.V.
Steinstraße 23, 40210 Düsseldorf, Deutschland
Tel.: 0211-32 31 06
E-Mail: info@eca-online.de
Internet: www.eca-online.de, www.eca-coach-finder.de

IGC
Interessengemeinschaft Coaching
Christopher Rauen
Rosenstraße 21, 49424 Goldenstedt, Deutschland
Tel.: 04441-78 18
E-Mail: christopher@rauen.de
Internet: www.rauen.de, www.coaching-report.de,
           www.ig-coaching.de, www.ig-coaching.com

ProC
Professional Coaching Association
Martina Schmidt-Tanger
Klausenerstraße 8, 48151 Münster, Deutschland
Tel.: 0251-2 84 12 17
E-Mail: office@proc-association.de
Internet: www.proc-association.de

EAS
European Association for Supervision e. V.
Kirchröder Str. 92, 30625 Hannover, Deutschland
Tel.: 0511-55 42 52
Internet: www.supervision-eas.org

ANSE
Assoziation nationaler Verbände für Supervision in Europa
c/o Lukashof 5, 37539 Bad Grund, Deutschland
Tel.: 05327-8 29 80 88
E-Mail: anse-info@supervision-eu.org
Internet: www.supervision-eu.org/anse

ÖVS
Österreichische Vereinigung für Supervision
Heinrichsgasse 4/2/8, A-1010 Wien
Tel.: 001-533-08-22
E-Mail: office@oevs.or.at
Internet: www.oevs.or.at

ACC
Kaiserin-Elisabeth-Straße 14, A-2340 Mödling
Tel.: 02236-205 224
E-Mail: info@coachingdachverband.at
Internet: www.coachingdachverband.at

ICF (International Coach Federation, nationale Vertretung:)
ICF Deutschland
c/o Coaching Center Berlin
Berliner Straße 26 b, 13507 Berlin, Deutschland
Tel.: 030-43 40 02 94
E-Mail: office@coachfederation.de
Internet: www.coachfederation.de, www.coachfederation.org

ICF Schweiz
ICF Switzerland,
Gabriela Müller
Lindenweg 16 B, CH-3110 Münsingen
Internet: www.coachfederation.ch

ICF (international)
International Coach Federation
1444 „I" Street NW Suite 700, Washington, DC 20005
Tel.: 888-423-3131, 202-712-9039
E-Mail: icfoffice@coachfederation.org
Internet: www.coachfederation.org

DVNLP e. V.
Lindenstraße 19, 10969 Berlin, Deutschland
Tel.: 030-2 59 39 20
E-Mail: dvnlp@dvnlp.de
Internet: www.dvnlp.de

ÖDV-NLP
Eisenstädter Straße 1, A-7011 Siegendorf
Tel.: 0676-7257364
E-Mail: office@oedv-nlp.at
Internet: www.oedv-nlp.at

Stichwortverzeichnis

Namensverzeichnis

Über den Autor

Babak Kaweh wurde 1959 in Teheran geboren. Er absolvierte das Medizinstudium (in Köln) und außerdem umfassende Ausbildungen in verschiedenen Fachbereichen, die eines gemeinsam haben: die Arbeit mit Menschen. Er ist Coach, Psychotherapeut (EAP), Feldenkrais-Lehrer, NLP-Lehrtrainer, Trinergy®-Trainer, Unternehmensberater und akkreditierter Wirtschaftstrainer, Systemischer Aufstellungsleiter, Heilpraktiker, Lebens- und Sozialberater. Babak Kaweh arbeitet seit 1988 als Coach, Moderator und Trainer in der Wirtschaft und im Gesundheitswesen. Seit 1993 lebt er in Wien. Als langjähriges Verbands-Vorstandsmitglied (ÖDV) ist er an der Weichenstellung für die Ausrichtung zukünftiger Coachs und die Fortbildung praktizierender Coachs beteiligt. Nähere Informationen sowie aktuelle Seminarangebote des Autors unter: www.coachingakademie.com

Joseph O'Connor, John Seymour:
Neurolinguistisches Programmieren: Gelungene Kommunikation und persönliche Entfaltung

Diese umfassende Gesamtdarstellung beschreibt anschaulich die wesentlichen Grundlagen, Methoden und Instrumente des NLP, zum Beispiel: wie Sie Ziele formulieren und erreichen; wie Sie Zugang zur Welt der anderen erhalten; wie Sie sich neue Fähigkeiten, Verhaltensweisen und Gefühle aneignen; wie Sie Ihre Erfahrungen in den passenden Rahmen stellen.

Mit seinem systematischen Aufbau, seiner klaren und humorvollen Sprache sowie zahlreichen Beispielen dient das Buch sowohl als Standardlektüre für NLP-Interessierte wie auch als Nachschlagewerk für fortgeschrittene NLP-Anwender.

369 Seiten, 20 Abbildungen, Paperback (13 x 20,5 cm)
ISBN 3-924077-66-5

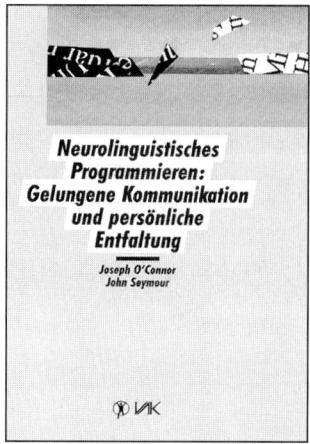

Martina Schmidt-Tanger, Jörn Kreische:
NLP-Modelle
Fluff & Facts – Das Basiskurs-Begleitbuch

In diesem Ausbildungsbegleitbuch ist jedem der grundlegenden NLP-Konzepte ein eigenes Kapitel gewidmet. Klare Durchführungshinweise, Übungsanleitungen für Kleingruppen und Selbstexperimente erleichtern das Nachvollziehen. Witzige Zeichnungen vermitteln die NLP-Ideen nonverbal.

4. Auflage 2005 (mit neuem Cover)
122 Seiten, zahlr. Abbildungen, Großformat (21 x 29,7 cm)
ISBN 3-924077-97-5

Wolfgang Bernard:
In sich hinausgehen
Mit NLP zum Ur-Credo

Viele Menschen verspüren eine Sehnsucht nach etwas, was über unseren gewöhnlichen Alltag hinausgeht. Den Zugang zu diesem alles vereinenden Bewusstsein versperrt uns ein Glaubenssystem, das allen anderen zugrunde liegt: unser „Ur-Credo". Aus ihm hat sich unsere „trennende Identität", unser Ich entwickelt. Jeder muss sich in der frühen Kindheit eine solche Identität schaffen; im Erwachsenenalter jedoch wird sie zum Haupthindernis für innere Befreiung.

Das Buch stellt den vom Autor entwickelten „Ur-Credo-Prozess" vor. Auf diesem Weg können wir unseren „essentiellen Wert" zum Leben erwecken, das Beste von allem, was in uns angelegt ist.

180 Seiten, Paperback (15 x 22 cm)
ISBN 3-924077-80-0

www.vakverlag.de · www.vakverlag.de · www.vakverlag.de

Constanze Potschka-Lang:
Seinen Platz finden
Ein Erfahrungsbuch zum Familienstellen

Das kommt in den besten Familien vor: Dieses Handbuch zeigt, wie sich Konflikte, die in familiären Beziehungen ihren Ursprung haben, mit Hilfe des Familienstellens nach Bert Hellinger lösen lassen. Anschaulich, spannend und hautnah erklärt die Autorin die Prinzipien anhand typischer Themen wie Adoption, Tod oder Bindung an frühere Partner.

Erstmalig in der deutschsprachigen Fachliteratur wird aufgezeigt, wie Familienstellen und kinesiologische Einzelarbeit sich verbinden lassen.

283 Seiten, 75 Abbildungen, 2 Fotos, Paperback (15 x 21,5 cm)
ISBN 3-935767-17-X

Joseph O'Connor:
NLP – das WorkBook

Joseph O'Connor macht Lust auf NLP, diese Richtung der Psychologie, die analysiert, wie Kommunikation funktioniert, wie wir unsere subjektive Wirklichkeit erschaffen und wie wir außergewöhnliche Erfolge erzielen. Sein Basislehrbuch kann als Grundkurs des NLP (für Practitioner) eingesetzt werden, enthält aber auch Weiterführendes: Es erklärt die Prinzipien des NLP, es vermittelt alle grundlegenden NLP-Techniken (mit vielen Übungen) und es zeigt, wann und wie sie einzusetzen sind – dies alles ebenso strukturiert wie leicht verständlich und unterhaltsam.

336 Seiten, 30 Abbildungen, Paperback (17,5 x 24,5 cm)
ISBN 3-935767-57-9

Joseph O'Connor, Andrea Lages:
Coaching mit NLP

Dieses Buch bietet das Handwerkszeug für erfolgreiches Coaching. Es vermittelt auf unterhaltsame Weise die Struktur des Coaching-Prozesses und die Kompetenzen, die man vom ersten Gespräch bis zum Erreichen der Ziele braucht – etwa die Fähigkeit, treffende und wirkungsvolle Fragen zu stellen. Jedes Kapitel bringt Beispiele aus der Praxis, eine Zusammenfassung der wichtigsten Erkenntnisse sowie Aufgaben zur praktischen Anwendung. Dieses Arbeitsbuch der beiden ausgewiesenen Coaching- und NLP-Experten beweist auch: NLP ist maßgeschneidert für gutes Coaching. Eine lohnende Lektüre für Einsteiger (auch ohne Vorkenntnisse in NLP!) wie für bereits erfahrene Coachs und für Therapeuten, Trainer, Mentoren oder Berater.

240 Seiten, 17 Abbildungen, Paperback (17,5 x 24,5 cm)
ISBN 3-935767-58-7